口絵１　ニュージーランド、オラケイ・コラコの温泉を囲む微生物の生態系。青緑色の長い筋はシアノバクテリアを含んでいる。さまざまな代謝をする細菌や古細菌が棲む現代の温泉は、初期の地球にどんな生命がいたのかを示唆してくれている。

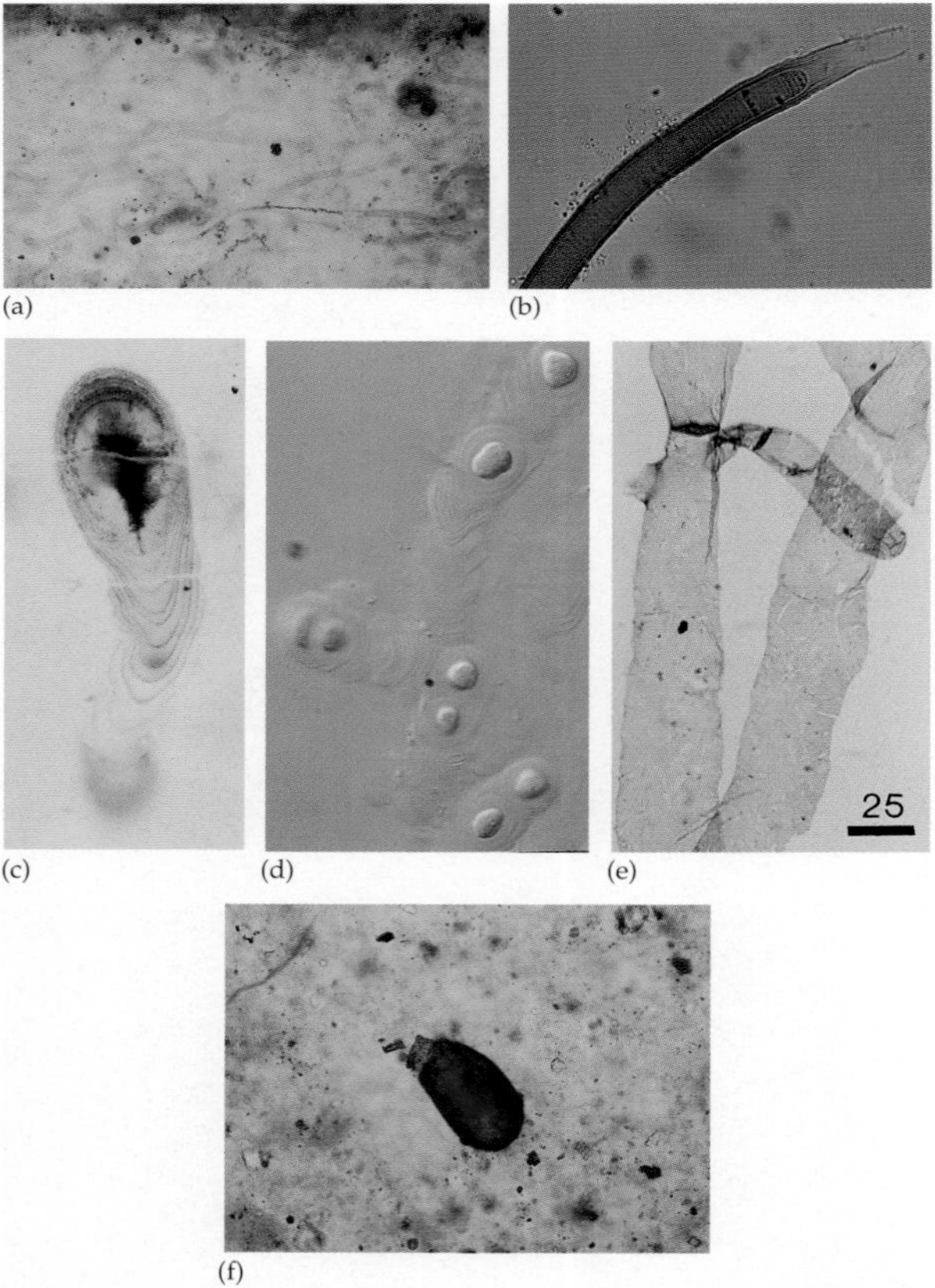

口絵２　アカデミカーブリーン層群のチャートや頁岩に存在する化石と、それに対応する現生生物。(a)スピッツベルゲンのチャートに含まれる、マットを形成する微生物のフィラメント状化石。チューブの直径は約 10 ミクロン。(b)リングビア属のシアノバクテリア。(a)の化石に対応する現生生物（この標本は直径 15 ミクロン）。リボン状の細胞を覆う鞘に注目。細菌で容易に分解できないので、中の細胞ではなくこの鞘が化石に残りやすい。(c)ポリベッスルス・ビパルティトゥス。柄を伸ばす特異な微生物で、スピッツベルゲンの

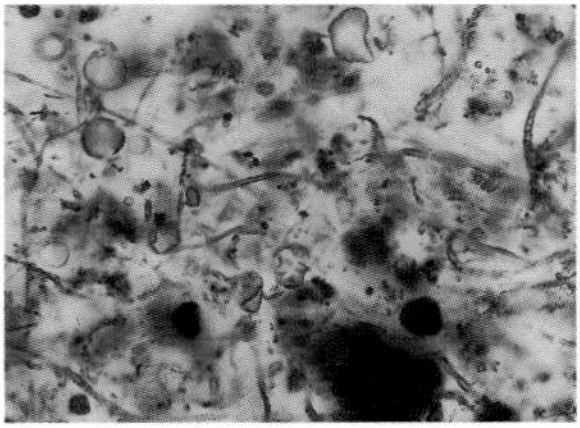

(a)

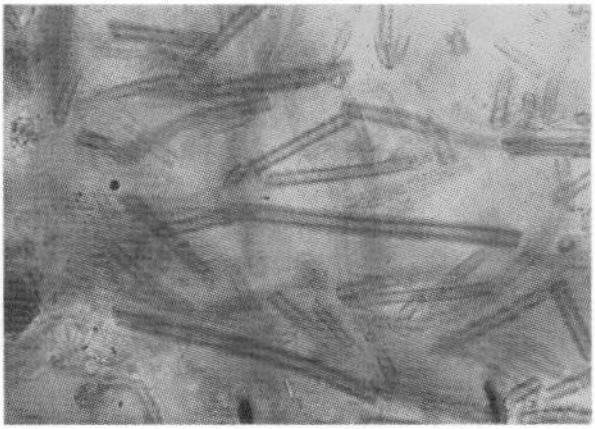

(b)

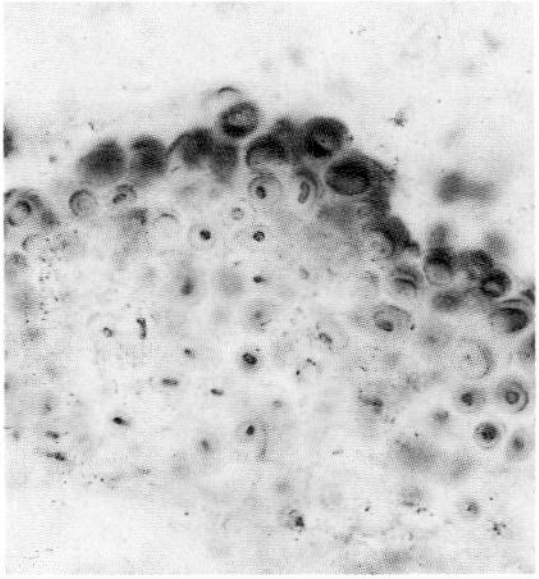

(c)

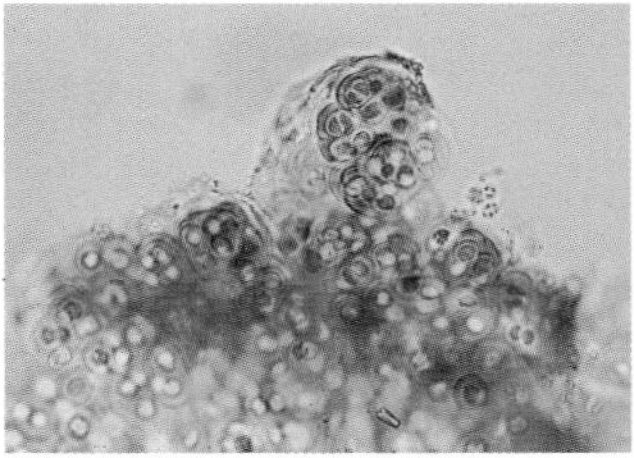

(d)

口絵３　原生代初期の微化石とそれによく似た現生生物。(a)微化石がぎっしり詰まったガンフリント・チャートの顕微鏡写真。(b)レプトトリクス。ガンフリントの化石群に見つかるフィラメントに似ているとされる現生の鉄細菌。a、b どちらの写真でも、フィラメント状の生物の直径は 1〜2 ミクロン。(c)カナダのベルチャー諸島で見つかった原生代初期のチャートに存在するシアノバクテリア「エオエントフィサリス」。(d)よく似た現生種エントフィサリス。（細胞を囲む卵形の鞘は c、d どちらの写真でも 6〜10 ミクロンの大きさ）（写真 c はハンス・ホフマン提供、d はジョン・ボールド提供）

口絵２（続き）　チャートに存在する。標本の直径は約 35 ミクロン。(d)柄を伸ばす現生のシアノバクテリア。バハマ諸島のアンドロス島の干潟でクラストを形成しているもの。各標本の直径は 15 ミクロン。これはポリベッスルスに対応する現生生物で、6〜8 億年前の化石から予想した環境をもとに発見された。(e)スピッツベルゲンの頁岩からとれた多細胞の化石。現生の緑藻クラドフォラ（和名シオグサ）に対応する生物（チューブの直径は 25 ミクロン）。(f)瓶（かめ）形をした小さな原生動物の微化石（化石の長さは 100 ミクロン。詳しくは第 9 章を参照）。（写真 b はジョン・ボールド提供、e はニコラス・バターフィールド提供）

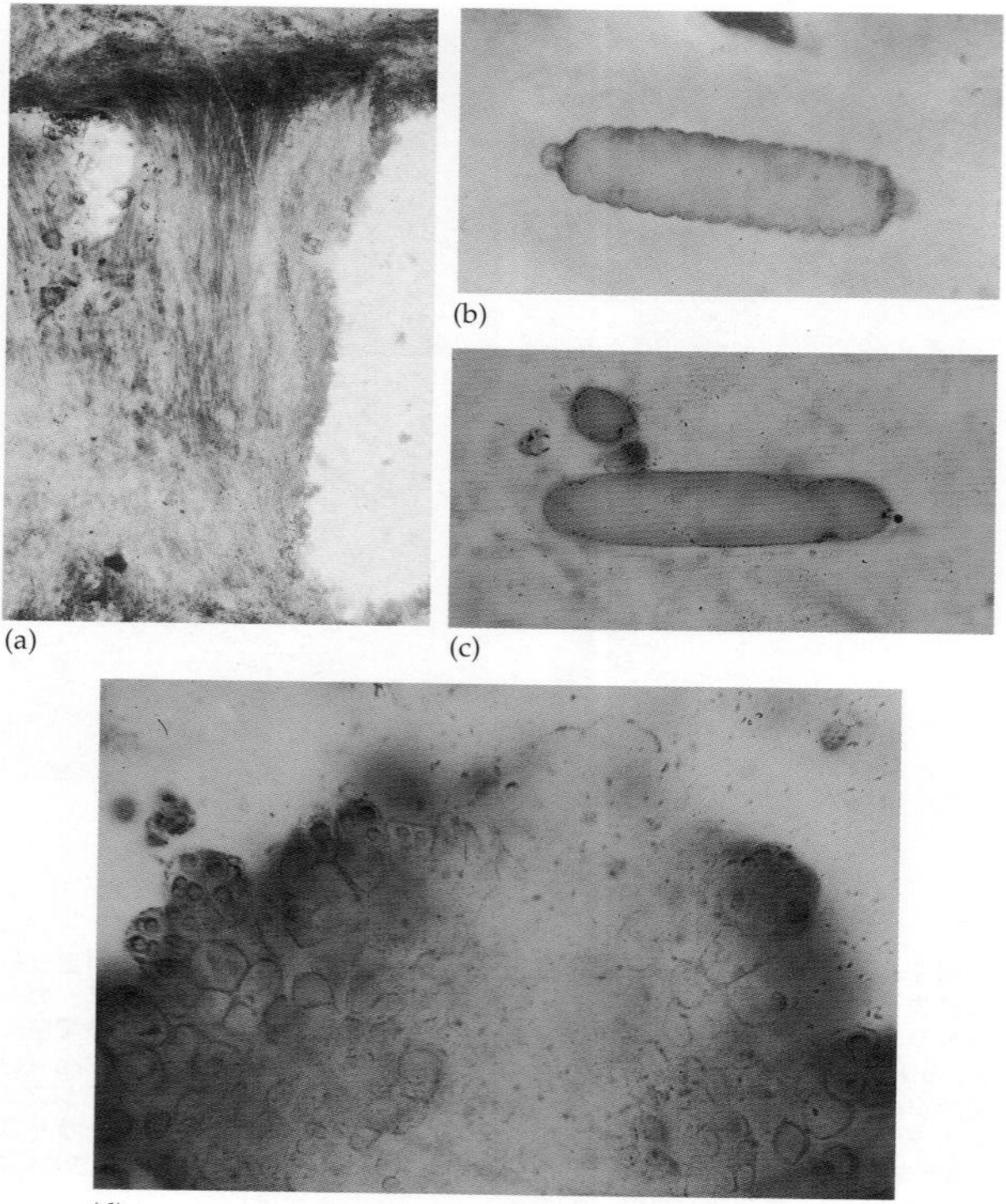

(a) (b) (c) (d)

口絵4　15 億年前のビリャフ層群のチャートに存在するシアノバクテリアの微化石。(a)多数のチューブ状のフィラメントが逆立ってできた房（ふさ）。炭酸カルシウムのセメントが非常に早い時期に形成されて、この方向に固まった（各フィラメントの直径は約 8 ミクロン）。(b)フィラメント状のシアノバクテリア。細胞が長さ方向に並んでいる様子を示す。この標本は、わずかに色のついた化石で、もとは急速にセメント化した炭酸塩堆積物のなかで形成されたものだ（化石の長さは 85 ミクロン）。(c)アルケオエリプソイデス。大きな（この写真では長さ 80 ミクロン）葉巻形の化石で、アナベナのようなシアノバクテリアの、生殖に専門化した細胞と見なされている。(d)15 億年前にマットを形成していたエオエントフィサリスのコロニー。現生のものについては口絵 3d を参照。

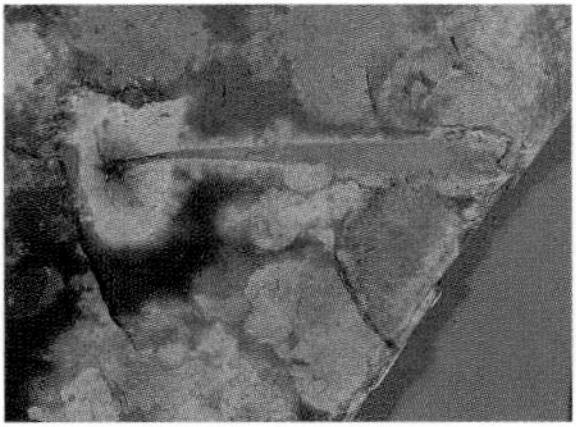
(a)

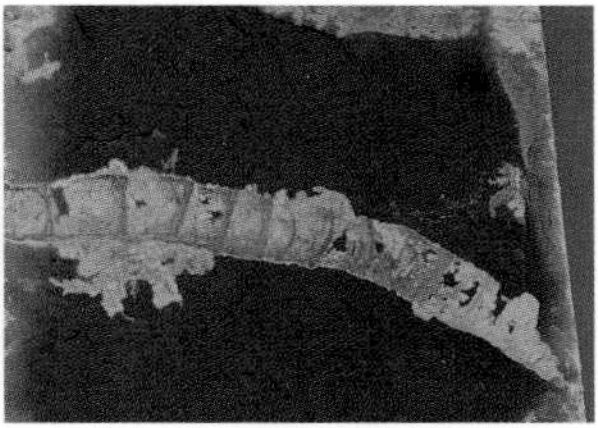
(b)

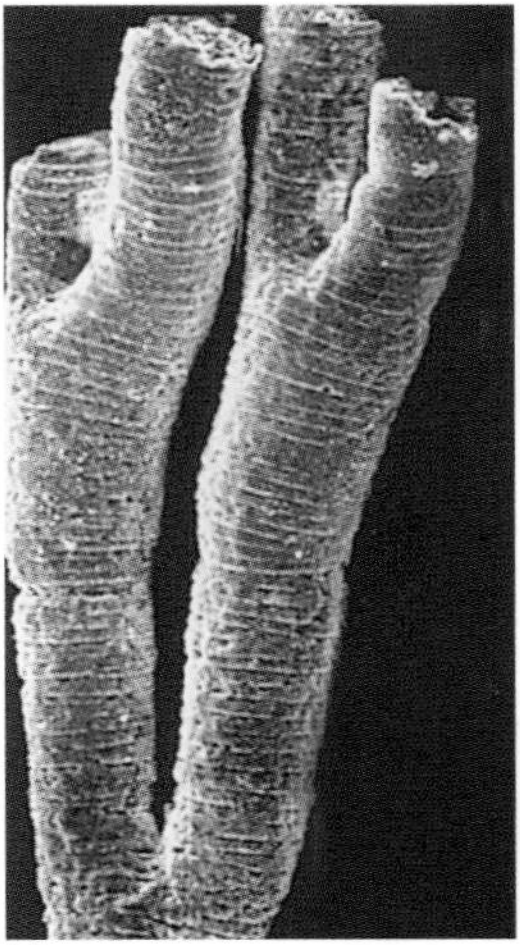
(c)

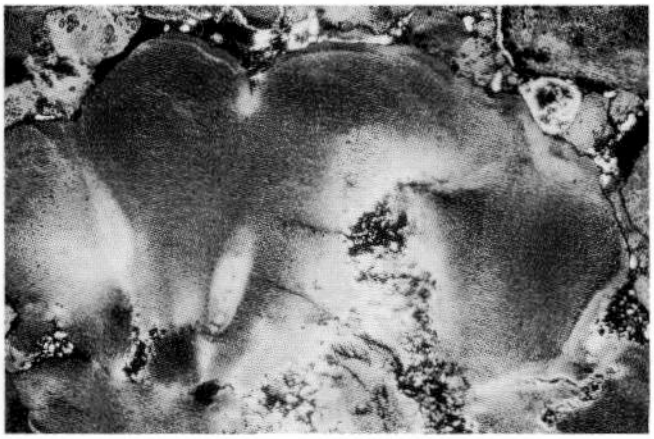
(d)

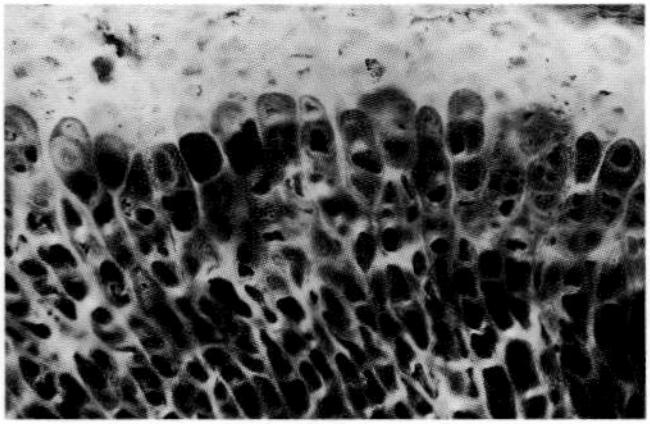
(e)

口絵5　ドウシャントゥオの岩石に存在する真核生物の化石。(a)ミャオへの頁岩から見つかった海藻の圧縮化石。標本の長さは約5センチ。(b)やはりミャオヘで見つかった、よくわからないが動物起源かもしれないチューブ状の化石。標本の長さは約7.5センチ。(c)ドウシャントゥオのリン酸塩岩に保存されていた、微小な（直径150ミクロン）分岐型チューブ。特徴的な仕切り壁をもつ。初期のサンゴ様生物が作った可能性がある。(d)および(e)は、ドウシャントゥオのリン酸塩岩に含まれる多細胞の紅藻類。(d)はある藻類の断面で、「細胞の噴水」と、生殖組織と解釈された筒状の空所が見える。標本の幅は1ミリ。黒っぽい点の1個1個が細胞である。(e)は、保存状態のよい細胞群（1個の大きさは6〜10ミクロン）を高倍率で見たもの。

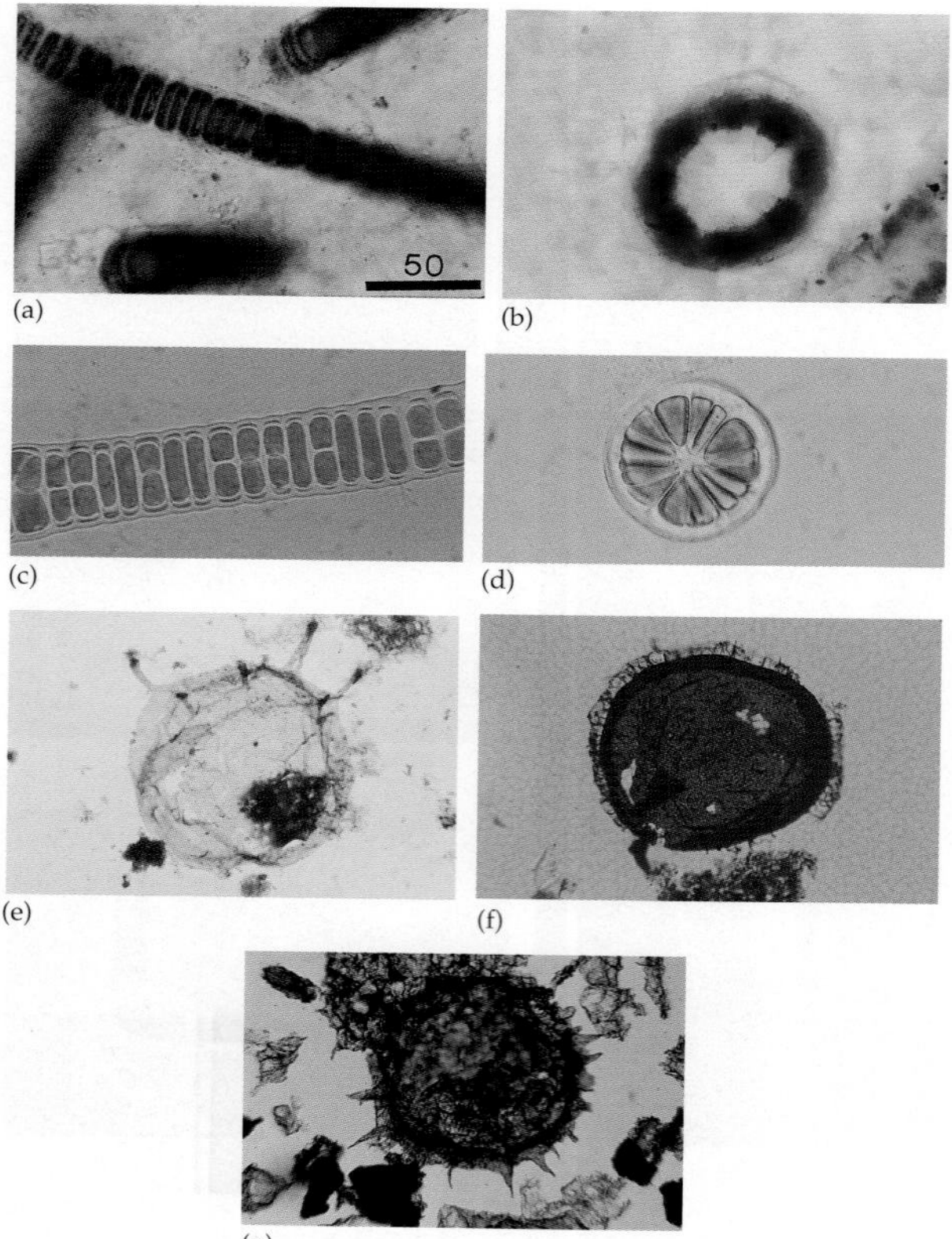

口絵6　原生代の真核生物の化石。(a)と(b)は、カナダの北極地方でとれた約12億年前のチャートから見つかる化石、バンギオモルファを示している。(c)と(d)は、現生の紅藻類バンギア（和名ウシケノリ）を示す。いずれの標本も、断面の直径は約60ミクロン。(e)タッパニア。北オーストラリア産の15億年前の微化石。化石の直径は120ミクロン。(f)装飾がふんだんに施された微化石（直径200ミクロン）。中国の約13億年前の岩石から見つかり、藻類の胞子と解されている。(g)オーストラリアの約5億7000万～5億9000万年前の岩石から見つかった、大きな（200ミクロン以上）トゲだらけの微化石。（写真a～dはニコラス・バターフィールド提供）

(a)

(b)

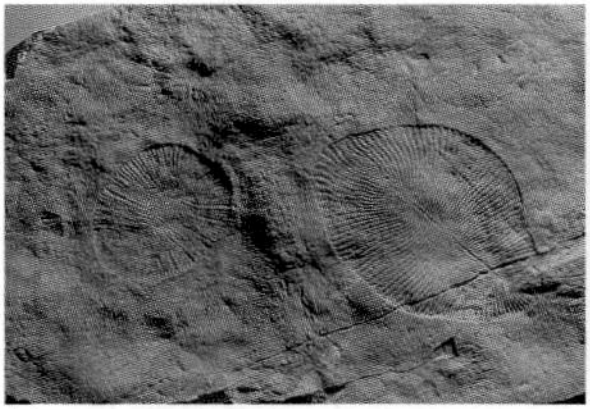
(c)

(d)

(e)

口絵7　ナミビアなどのエディアカラ化石。(a)スワルトプンティア。ナマ層群の原生代最後の地層で見つかった3枚羽根の化石。写真の化石では2枚の羽根しか見えていない。(b)マウソニテス。南オーストラリア産の10センチほどの円盤で、イソギンチャク様の動物かウミエラに似たコロニーの付着器と考えられている。(c)ディキンソニア。ヴェンド生物群の化石で最も有名かつ議論を呼んでいるもの。この標本は南オーストラリアのエディアカラ丘陵で発掘された。(d)球形の緑藻類ベルタネリフォルミス。ウクライナの原生代最後の砂岩で見つかったもの。標本の直径は1〜2センチ。(e)プテリディニウム。これも3枚羽根の化石で、ナマ層群の砂岩で見つかったもの。(写真bとcはリチャード・ジェンキンス提供)

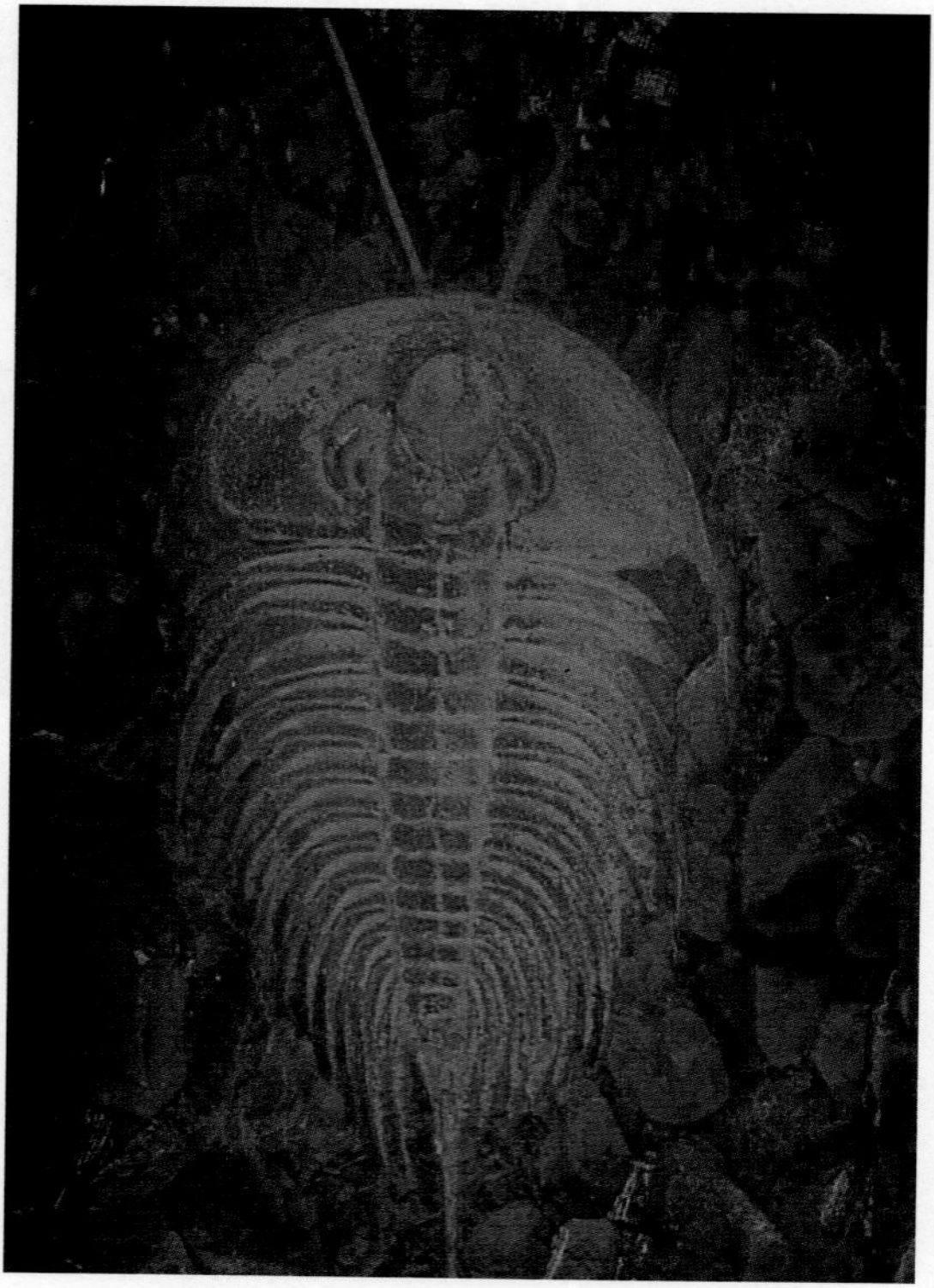

口絵８　三葉虫のオレネルス。カンブリア紀初期の動物が途方もない複雑さを獲得していたことを示している。（写真はブルース・リーバーマン提供）

生命　最初の30億年

地球に刻まれた進化の足跡

アンドルー・H・ノール
斉藤隆央 訳

光文社未来ライブラリー
0024

LIFE ON A YOUNG PLANET
The First Three Billion Years of Evolution on Earth
by
Andrew H. Knoll

両親へ。
生まれも育ちも、
私は幸運でした。

新版へのまえがき

世界じゅうのコンピュータが故障するなど、実際には起こらなかった大惨事が予言されていた世紀の変わり目に、私は自分のしてきたことを語る頃合いだと考えた。それまで二〇年以上ものあいだ、私は未知の惑星について解き明かすことに没頭していた。動物も植物もなく、大気に酸素がほとんどないような惑星だ。それは若い地球で、この地球が、初期の異質な状態から今日われわれの知る世界へどのように移行したのかは、地球科学が語るべき最大の物語だと私には思えたのである（今も思っている）。その探究は、ある面では古生物学で、微生物の化石を探して太古の岩石を丹念に調べる必要があった。またある面では系統学で、遺伝子に残された情報から生命の系統樹のあらましを描き出した。地質に残る生命の記録を推測する、広範な系図学だ。さらに別の面では地球化学の課題であり、太古の岩石の化学的組成をもとに過去の地球環境を再現しようとした。それにより、生命の起源から、三〇億年以上あとに動物が海全体に広がるまでの、長大な生命史の物語を明らかにできるのだろうか？　またそれに対応する、大気中の酸素濃度の上昇やときたまあった地球規模の氷河期をたどる環境史を構成できるのか？　そしてなによりも、そんな生命と環境の物語を組み合わせて、生物とそれをとりまく環境が歴史を通じてどのように共進化を遂げてきたのかを理解できるのだろうか？　その結果を記したのが、二〇〇三年に米国で初版を刊行した『生命　最初の30億年』（斉藤隆央訳、紀伊國屋書店、二〇〇五年）である。この著作の新版を出すと決まったことで、私の過去の取り組みを振り返り、この分野がここ十数年でどう進歩を遂げたかを考える機会が与えられた。

一歩下がって見渡せば、全体像はほぼ変わっていない。太古代〔始生代〕（二五億年前まで）の地球の見つけにくいわずかな記録は、酸素がほとんどない世界における微生物の生態系を物語っている。中間の長い時代には、原核生物のほか原生生物も生息し、多少の酸素がある大気の下で多様性と細胞の複雑さを獲得していった。そして六億年前ごろに、生命と環境に劇的な変化が起こり、大型の動物と豊富な酸素が存在する（おおよそ）われわれになじみのある世界が到来した。したがってこの分野のおおまかな描写は今なお正しそうなので、読者に単なる事実の羅列を提供するのではなく、地球科学者の仕事ぶりを感じてもらえたらいいと思っている。

それでも、私が本書の初版で語って以降、世界で多くの人がこの地球の物語に大きな貢献をしてきている。たとえば、生命の歴史を酸素によって大きく三つの章に分けるのは今なお理にかなっているが、その環境の歴史を細かく見るとそう単純ではなくなっており、新たな論争が生じている。太古代の大気に酸素はせいぜい微量しかなかったと今も考えられてはいるが、現在、いくつかの証拠は、非常に早い時期の海に、少なくとも断続的に、もっと多くの酸素がたまりはじめていたことを示唆している。微妙でまだ議論のさなかにあるが、この地球のいち早い「酸素のひと吹き」は、二四億年前の「大酸化事変」より数億年も昔にさかのぼる。さらに、酸素が大気や海洋表層にたまりだしたとき、かなり高濃度になってのち、二〇億年前までにまた減少したことをうかがわせる証拠も増えている。

私が『生命 最初の30億年』を書いたころ、原生代（二五億〜五億四二〇〇万年前）については、特異な環境が明らかになりだしたところだった。太古代より酸素が豊富だが、顕生代（五億四二〇〇万年前以降）よりは少なかったと。ドナルド・キャンフィールドのよく考え抜かれたモデルをもとに、エアリアル・アンバーと私は、原生代の環境がどのようなもので、それが進化の道筋にどう影響を及ぼしたのかについて、あらましを描いてみたが、データがわずかしかなかった。幸い、地層に含まれる鉄の分布からモリブデンの同位体組成まで、代用となるさまざまな化学的データにより、ここ一〇年の研究が地球史における特異な中間の時代についての考えを補強してくれている。大気中にどれだけの酸素があったのかは今なお研究テーマとなっているが、最近の推測によれば、酸素濃度はほとんどその時代を通じて低いままで、ひょっとしたら現在の濃度の数パーセントだった（あるいはさらに低かった）のかもしれない。

いくつかの地質学的データは、原生代の末ごろに地球の深海で大規模な酸化（酸素化）が起きたことを示唆しているが、別の調査結果からは、この事象があったにしても、原生代の低い酸素濃度からわれわれになじみのある高い酸素濃度への上昇は長い期間に及び、古生代に入ってもしばらく続いていたことがうかがえる。地球における第二の酸素革命の始まりは、化石記録に大型動物が現れる時期と一致しているが、環境の変化が動物の進化をうながしたのか、動物の進化が環境の変化を推し進めたのかは、今も論争の的となっている。どちらも正しいのかもしれない。酸素極小層――現代の海洋において酸素の乏しい水塊――を対象とした最近の研究によれば、肉食動物など代謝の激しい動物の生存に必要な酸素濃度は比較的低い可能性があるため、生理的に最低限の環境条件に達したのは原生代の終わり近くだったとしても不思議はない。

とはいえ、地球全体の酸素濃度は現代をはるかに下回っていたが。そしてなにより、酸素と動物が織り合わさった歴史はカンブリア爆発では終わらず、顕生代という「目に見える動物の時代」に入ってもしばらくは続いていたことになる。

化石記録そのものについてはどうだろうか？　やはり、二〇〇三年に示したおおかなイメージは変わっていないが、新たな発見が新たな知見をもたらしつづけている。太古代初期の海に棲む生命については、まだわかっていることは少ない。微生物のマットが地球最古のストロマトライトの形成に果たした役割を裏づける証拠は増え、同位体の証拠も、三五億年前に海洋全体で微生物が炭素と硫黄をどちらも循環させていたことを物語っている。しかし、エマニュエル・ジャヴォーらがすでに三二億年前の頁岩からもっともらしい微化石の存在を明らかにしているものの、さらに古い岩石に含まれる生物起源のものかもしれない微細構造は、まだ古生物学者に挑戦を突きつけている。これに対し、原生代の微化石の記録は、二〇〇三年にもすでに多かったがさらに増えつづけ、シアノバクテリアの遺物のリストがますますふくれあがるだけでなく、まったく新しい部類の微化石——たとえば初期の真核細胞を覆っていたリン酸塩の殻——も加わっている。微化石も分子時計も、真核生物が原生代の初期に現れたものの、爆発的に新種が生まれていったのはずっとあとであることを示している。この知見は、ほかの真核細胞を摂取する真核細胞がかなり遅くなって進化を遂げたことの説明になるかもしれない。そんな機能上の革新が、肉食動物が動物のカンブリア爆発をうながしたと考えられているのとほぼ同じように、原生生物の多様化も進めたのではなかろうか。

新たな大型化石はエディアカラ紀の岩石から分類記載されつづけており、その異質な形は今なお独創的な解釈を想起させている。大きな変化はひとつある。いまや多くの古生物学者は、エディアカラ紀の地層に多く見られるキルト構造［訳注　袋状に区画された体節のような構造］の化石を、有機分子を吸収することによって摂食し、拡散によって酸素とほかのガスを交換していた単純な構造の動物――上下の細胞層が液状やゼリー状の中身を包んだものにすぎない――と見なしている。この考えは荒唐無稽ではない。現生のセンモウヒラムシは、最初に海水の水槽で発見された微小な動物で、まさにこのようにして生きており、それを考えたら、あなた自身もそうだ。あなたの身体も、食物を飲み込み、消化によって分解したのちに、腸から有機分子を吸収している。

私は本書の初版を出して以降、実質的に変わっていないと言いたいわけではない。ひと月ごとに、初期の地球とそれが養っていた生命についての理解は、深みと広がりを増している。それでも、おおまかな全体像――数十億年にわたって地球のシステムに見られた変化のおおよそのパターン――は、傾向という点ではかなりよく描けている。原因という根本的な問題は、今も活発な研究対象でありつづけているが。しかし、『生命 最初の30億年』で検討したトピックのひとつについては、すっかり様変わりした。

「宇宙へ向かう古生物学」と題した最終章で私は、当時関心を集めつつあった地球外生命の議論を、火星起源の隕石に生物の痕跡があるという――今ではおおかた打ち捨てられているが――有力な主張に触発されて記した。そのころから、太陽系内を旅したローバー（惑星面の探査車）やオービター（惑星を周回する宇宙機）による調査のほか、太陽以外の恒星をめぐる惑星の画期的な発見によって、惑星探査は一変している。私の著書が刊行された二〇〇三年に、NASAは二機のローバーを火星に向けて打ち上げた。そのローバー、スピリットとオポチュニティは、火星の環境史についてこれまでにない知見を与え、われわれの近隣の惑星に対し、地質学者の目による裏付けのある見方を初めて提供してくれた。そしてなんと、火星に着陸して一〇年経っても、オポチュニティは太古の火星の堆積岩を調べ、地球以外の若い惑星の物理的・化学的な記録を遠くから送りつづけている［訳注 二〇一八年に太陽電池の充電ができなくなって通信途絶し、二〇一九年に運用終了している」。さらに最近では、もっと新しくて装備の優れたキュリオシティというローバーが火星探査に加わり、火星の歴史の初期に生まれた湖がハビタブル（生命の居住が可能）だったという、かつてはありえない（少なくとも検証できない）とされていた考えに、地質学的な証拠を提示している。また一方で、ケプラーという宇宙望遠鏡が宇宙に対するわれわれの認識を覆し、近隣の恒星をめぐる惑星の候補を何千個も発見している。その大半は比較的小さく、少なくとも数個はかなり地球に似ており、われわれのものに似た惑星が――それにひょっとしたら生命も――われわれの銀河に広く散らばっていることを裏付けている。

書籍は未来にも過去にも目を向けることができるが、書かれた時と場所を記録することも避けられない。『生命 最初の30億年』は、生物学者と地球科学者が手を取り合って、われわれの惑星の歴史について統合的なイメージを作り上げていたその時期を記録している。いまやわれわれは、生命進化の道筋を、地球の変化に富む環境史にはめ込むことでようやく理解できるのだとわかっている。それは地球の長い歴史による教訓であり、人間のテクノロジーが地質に爪痕を残す環境的な影響力として現れている今の時代に対する教訓でもある。外に目を向けて生命の第二の例を探すにせよ、未来に目を向けて地球規模の変化が増している時代を賢く切り抜けようとするにせよ、過去からの地球と生命の記録は、われわれの行動の指針となりうる根本的に重要な経験のリストを提供してくれるのだ。

プロローグ

生命の歴史に思いを馳せて

ウォルト・ホイットマンは、「博学な天文学者の講義を聞いたとき」という短い詩のなかで、科学の講義を受けた晩のことを語っている。証明や数字が次々と現れ、重苦しい空気がたちこめると、

ついにわたしは席を立ち、人知れず外に出て、神秘な夜の湿った空気のなかを、
たったひとりでひっそりとさまよい、そしてときおり、
深い沈黙の底から星を見上げた。

〔『草の葉』(酒本雅之訳、岩波書店)より引用〕

一世紀以上も前に書かれたのに、ホイットマンの詩には、現代でも驚くほど多くの読者が共感を示す。かつて、宇宙とそのなかでのわれわれの位置づけを理解しようとした人々は、自然の神秘を見事な物語にまとめ上げた。ところが科学は畏怖を統計に置き換えてしまう、とホイットマンはほのめかしているのである。

だが、驚異を味わうには、理解するより無知であるほうが本当にいいのだろうか？　古生物学者として、私はそうは思わない。私にとって、生命の長い歴史にかんする科学的な説明は、物語としての活気と謎に満ちている。ルーシー〔訳注　一九七四年にエチオピアで発見されたアファール猿人に付けられた女性の名前〕の頭蓋骨や小さな骨は、博物館に大切に展示されているが、これは三〇〇万年前に人類が現れたアフリカの温暖なサバンナへと私をいざなう。恐竜は、さらに二〇～七〇倍も昔へさかのぼらせ、驚くべき動物たちが闊歩《かっぽ》する中生代の森を想像させる――ティラノサウルスと聞いて私が息子のように畏怖を覚えなくても、それは結局、大人になったがゆえの短所だろう。もっと古いのは三葉虫で、このカンブリア紀の海を支配していた節足動物は、五億年ほど前に熱帯の海の浅瀬を這い回っていた。

動物の化石は、科学者はもちろん一般大衆の興味も引き、生命史の驚くべき割合を明らかにしている。それでも、地球の途方もない進化の叙事詩において、ごく最近にあたる章を記録しているにすぎない。生命史全体はなんと四〇億年にわたる。窒息性の空気の下に硫黄の海が広がる異質な世界に始まり、酸素でなく鉄で呼吸をする細菌やそうした微生物のキメラ［訳注　二種以上の遺伝的に異なる組織からなる生物］を経て、ついにわれわれになじみのある世界――酸素とオゾンがあり、低地を木々が覆い、動物が泳いだり歩いたり飛んだりしている世界――に至るのだ。千一夜物語を語ったあのシェヘラザードさえ、これ以上魅力的な話はまず思いつけなかっただろう。

さらに、話はここで終わりでもない。なんとか明らかにした事実がまた新たな疑問を生み出すのだから、終わるはずがないのだ。かつて、二〇世紀の代表的な物理学者ジョン・アーチボルド・ホイーラーは、われわれは無知の大海に浮かぶ島に暮らしていると言った。このメタファーは、洞察に富んだ推論ももたらす。知識が蓄えられて少しずつ島が大きくなると、それに比例して海岸線――知識と無知の境界――も広がるのだ。生命史について、われわれにわからないことはたくさんあり、それは孫の代になってもきっと変わらないのである。一方、もしも知るべきことが全部わかってしまったとしたら、科学への興味は失われてしまうだろう。教科書は事実の集成として科学を記述しているように見えて、実は未知のことがらを整理して問う手だてなのだ。

さて、本書は、歴史——恐竜より前、三葉虫より前、あらゆる動物より前の生命の歴史——について記した本だ。話は、カンブリア紀の海で多様な動物が生まれた出来事で始まる。そこから場面は移り、もっと古い時代の海で形成された岩石の話になる。そして初期の生命の歴史の調べ方を明らかにしたのち、地球で最も早い時期の生物の断片的な記録を探り、生命の起源について考えてから、再び地質年代を順にたどり、化石や分子の痕跡を頼りにカンブリア「爆発」まで戻る。動物が一挙に多様化したこのカンブリア爆発は、今では、先カンブリア時代の長い生命史の頂点だったと同時に、その古い生命史からの脱却も意味していたと見なされている。

本書を著すにあたって、私には三つの目標がある。ひとつは明白だ。「歴史物語は」とC・ヴァン・ウッドワードは書いている。「歴史家が生み出す最終産物だ。物語は、彼らが歴史をまとめ、読者を納得させるための場となる」。私にとって、科学の創世記は大いに魅力的な物語であり、正しく語れば、人類の生物学的な過去ばかりか、現代のわれわれを取り巻く生命や地球も理解しやすくなる。現在の生物の多様性は、四〇億年近い進化の産物なのだ。したがって、生命の長い進化史を把握すれば、

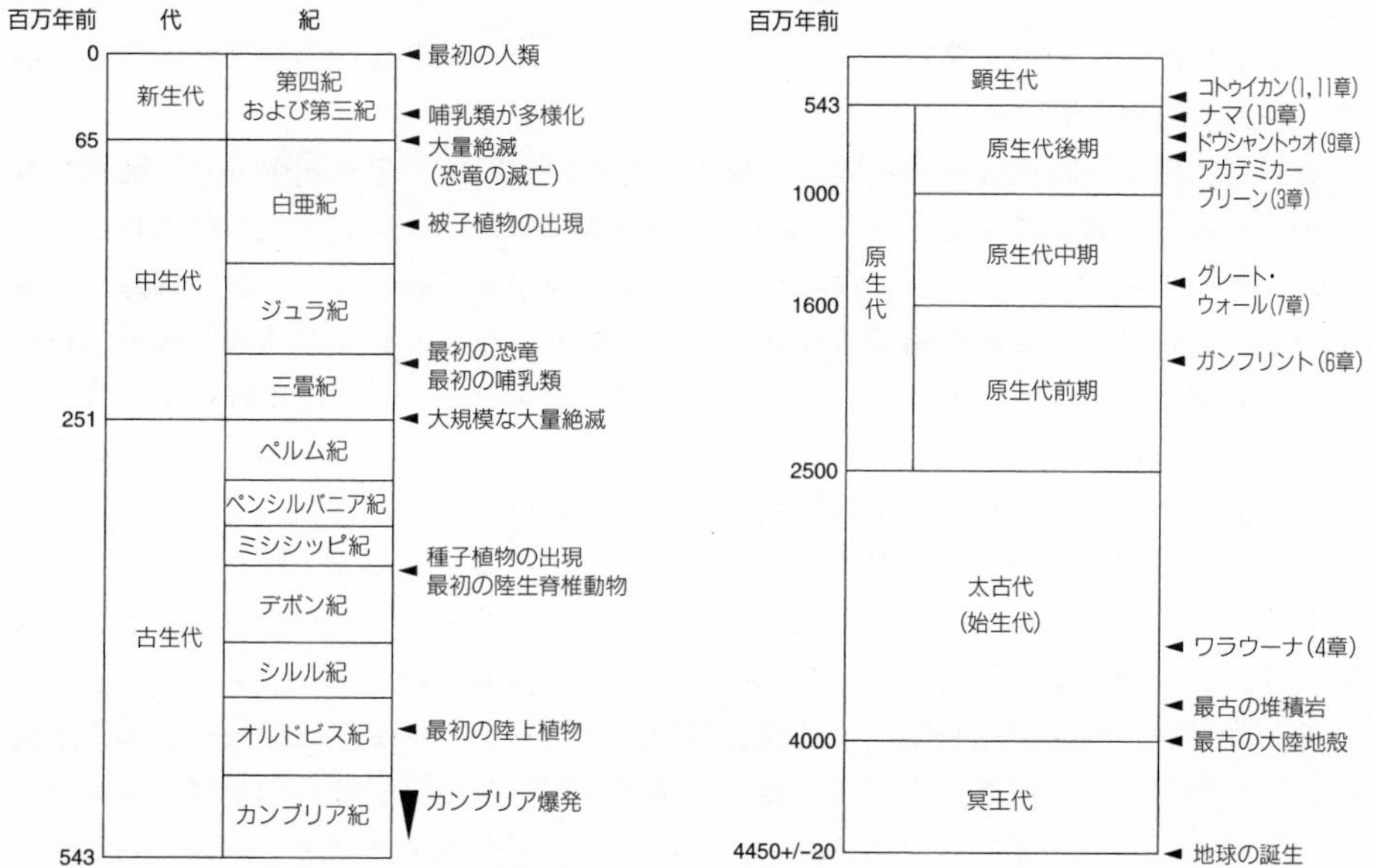

図１　地質年代区分。顕生代［訳注　古生代・中生代・新生代をまとめた呼び名］の生物進化における大きな出来事と、本書で論じる先カンブリア時代の層群を、時間的に示している。

この惑星の管理者としての責任も含め、世界におけるわれわれの位置づけがいくらかわかるようになるだろう。

第二の目標は、初期の進化の話を具体的に語ることだ。一般に生命史は、博物学者にとっての「アブラハムの子孫」［訳注　聖書の創世記に詳しく述べられ、ユダヤ人はアブラハムから綿々と続く子孫とされる］として語られる。細菌から原生動物が生まれ、原生動物から無脊椎動物が生まれ、無脊椎動物から魚類が生まれ……などといった具合である。こうした一般的な知識のリストは記憶できるが、考えをめぐらす余地はあまりない。そこで私は、この物語をひとつのプロジェクトとして語ることにした。岩石や化石を地球上の辺鄙《へんぴ》な場所で見つけ、実験室で調べ、現在も観測可能なプロセス（ただし環境は必ずしも現在観測できるとは限らない）に照らしてとらえるというプロジェクトだ。古生物学というきわめて伝統的な科学研究における発見を、分子生物学や地球化学の新しい知見と合わせて、ひとつに織り上げようとするわけである。

ある意味で、従来の古生物学と本書で語る研究はまったく別物に思え、両者の研究者は、望遠鏡の筒を正反対の穴から覗いて過去を見ている。恐竜の骨は大きくて見ごたえがある——夜も眠れなくなるほどだ。しかし、生息する動物の大きさを別にすれば、恐竜の「世界」もわれわれの世界とよく似ている。一方、はるか以前の地球史は、微生物の化石やかすかに残る化学的なシグナルによって語られる。にもかかわらず、それらが綴る物語はドラマチックで、何度も絶滅を経験し、大気の組成が変わり、生物の革命が起きて、現在の地球ができあがったことを示している。

一〇億年以上も前に起きた出来事を知りたい場合、どうしたらいいだろうか？　一五億年前の干潟に光合成細菌が生息していた事実を学ぶことと、微生物の化石を見て光合成をしていたと認識し、それを取り囲む岩石が太古の干潟で形成された事実を明らかにし、一五億年前の化石と推定するための方法を知ることは、まるっきり違う。今では知られていることをどうやって最初に知るかという認識論的なテーマは、本書で繰り返し現れる。人間によるプロジェクトとして、これは、分子内の空間から、火星やそれ以上に遠い宇宙空間にまで及ぶ、探究の話でもある。そしてシベリアで酷寒の夜を過ごしたことも、中国で温かい友情を交わしたことも、この話に含まれている。

地球と生命の共進化

最後の目標として、われわれの生物学的な過去をとどめるかけらを発掘し評価したのちに、後戻りして、入り組んだ歴史全体を照らす一般原理を見つけられるかどうか、問うてみたい。初期の生命の歴史に共通する壮大なテーマは何なのか？　私のなかに棲む宇宙生物学者は、火星で採取したサンプルをぜひとも見てみたいと思っており、われわれ地球の生物のもつどの要素が、どこであれ生命が存在すれば見つかり、一方でどの特徴が、この惑星の歴史特有の産物なのだろうかと問うている。その答えはまだわからないが、宇宙のどこかにいる生命を探す手だては、この疑問についてどう考えるかによって大きく違ったものとなる。

進化の歴史にひとつ明白なテーマが存在するとしたら、それは生物の多様性が次第に高まるということだ。個々の（少なくとも真核生物の）生物種は、地質学的な変遷のなかで現れては消え、それらの絶滅は、競争と環境変化の激しい世界における個体群の不安定さを明確に示している。だが、形態的・生理的な生態が多様な集団は、増加の歴史をたどる。進化を長い目で見ると、まぎれもなく、生態系の機能のルールに従って時間とともに数を増していく。先述の「アブラハムの子孫」のアプローチでは、生物が次々と新旧交替を遂げていくように見えるが、それでは生物の歴史に内在するこの基本的な性質がとらえられないのである。

進化の歴史に見られるもうひとつの大きなテーマとして、地球と生命の共進化が挙げられる。生物も環境も時が経つにつれ劇的に変化を遂げ、しかも多くは同時に変化してきた。気候や地理的な条件、さらには大気や海の組成が変わると、進化の道筋に影響が及び、そのようにして生物の革命が起きると、今度はそれが環境に影響を及ぼす。じっさい、地球の長い歴史から浮かぶ全体像は、生物と環境の「相互作用」である。化石に記録された進化の叙事詩は、発生学的な可能性と生態学的な機会との継続的な相互作用を見事に映し出している。

このように生物の歴史を長期的な視野に立って眺めると、最高に壮大なテーマが与えられる。生命は若い地球で起きた物理的なプロセスから生まれた。同じプロセス——地殻や海洋や大気のプロセス——が、地球の表面を何度も作り変えながら、長いあいだ生命を維持してきた。そしてついには、生命が増殖・多様化し、それ自体が地球を変えるひとつの力となり、地殻変動と、大気や海洋の変質を示す物理化学的な現象とを結びつけた。生命が地球を——ひょっとしたらなにより強力に——決定づける存在として現れたということは、私にはなんとも驚くべき事実に思える。こんなことは、広大な宇宙でどれぐらい起きているのだろう？　これこそ、「深い沈黙の底から星を見上げ」るときに私が考えることなのだ。

畏怖と謙虚さは、かつての創世の物語に必ず付いて回る感情だった。その感情を、科学における創世の物語も呼び起こしてくれるのである。

1　初めに何があった？

北シベリアのコトゥイカン川沿いで見つかる化石は、カンブリア「爆発」――およそ五億四三〇〇万年前に動物の驚くべき繁栄が始まった出来事――の記録をとどめている。チャールズ・ダーウィンが一世紀以上も前に気づいていたように、カンブリア紀の化石は初期の生命進化について根源的な疑問を提示する。このようにすでに複雑な姿をした動物より前に、どんな生物がいたのだろう？　もっと古い岩石は見つけられるのか？　もし見つかるのなら、それは地球にいち早く誕生した生物の記録をとどめているのだろうか？

過去というものは携帯カメラで写されもすれば、型抜きした漆喰の花綵《はなづな》飾りとたるんだカーテンつきのプロセニアム・アーチのなかに堂々と現われることもあるし、あるいはゆるやかに、無声映画時代のラブ・ストーリーさながら、甘美に、ただし焦点もぼやけ、とても信じられない話となって展開することもある。そしてときには、記憶のなかから借りてきたスチール写真の連続にすぎなかったりもする。

ジュリアン・バーンズ『太陽をみつめて』
［加藤光也訳、白水社刊より引用］

北極圏の奥地にて

コトゥイカン川沿いにそびえる断崖が、夕方近くの陽差しを浴びて、ベージュとピンクに輝いている（図2）。ここでなく北米やヨーロッパなら、こうした景色は国立公園として称えられ、そこへ通じる道の脇にはキャンプ場や土産物屋が並んでいることだろう。しかし、ここ北シベリアの原生林では、そのパステルカラーの美しさは人目を引かないばかりか、ほとんど人が目にする機会もない。崖の中ほどにあるくぼみから、私は川よりずっと高いところにいる友人のミーシャ・セミハトフを見上げた。彼の大柄な体を、狭い岩棚がなんとか支えている。足元より下は奈落の底なのに、ミーシャの関心は別のところにあって、すぐ頭上にある堆積岩の層を注視していた。彼の熟練した目で見ると、この幾重にも波形模様の入った石灰岩の層は、大昔にそこが海と接する干潟だった事実を物語っている。干潮時に広々とした海岸線が現れるそ

図2　シベリアのコトゥイカン川沿いにそびえる、化石が産出する断崖。川から断崖の頂上までの高さは90メートルを超え、そこにカンブリア紀初期の約2000万年の歴史が刻み込まれている。

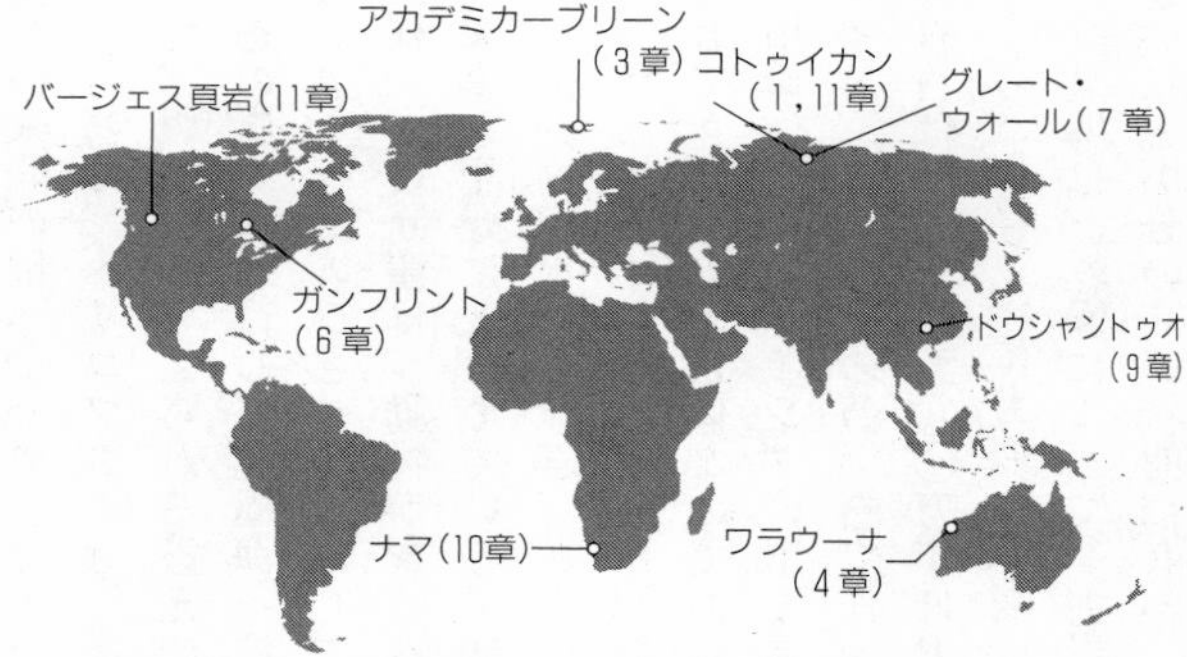

図３　コトゥイカンの断崖の場所を、今後の章で論じる主な場所と一緒に示した地図。

の干潟は、分厚い細菌のマット（皮膜）に覆われ、ときには小さな動物も横切ったのだろう。岩肌に寄りかかり、ミーシャのところより少し古い層を観察し、ノートに書き込み、蚊をはたきながら（順番はこうとはかぎらないが）、何がミーシャと私をこの人里離れた北極圏の奥地まで連れてきたのかと考えた（図３）。文字どおりにとらえて答えれば、旧ソヴィエト時代の大型軍用ヘリが、われわれと、ほかに少数の仲間と、たくさんの道具を一一〇キロほど上流に降ろした。そこからわれわれは、小さなゴムボートに乗ってハックルベリー・フィンよろしくゆっくり川を下った。石灰岩の峡谷を通り、空でくるりと輪を描くハヤブサを仰ぎ、白夜の太陽に向かって遠吠えするオオカミの横を過ぎながら、この美しい未開の地へやってきたのだ。

もちろん、ヘリコプターは、何がわれわれをここへ連れてきたのかという疑問に対して、いくつか考えられる答えのひとつにすぎない。もっと重要で興味深い答えは、ここの崖が、蛇行して北極海へ注ぐコトゥイカン川に何千年も削られてでき、地球史の大きな転機のひとつを記録しているという事実だ。あちこちで知られている岩石と同様、この断崖は、動物が驚くべき多様化を遂げた「カンブリア爆発」として名高い出来事を記録にとどめている。非常に広い意味で、コトゥイカンの崖には、現在の世界──動物が水中を泳ぎ、あるいは、呼吸のできる大気のもとで地面を這ったり歩いたりする世界──の始まりが記録されているのだ。それこそが、われわれをここまで連れてきたものの正体なのである。

川岸付近には、インドの川で見かける沐浴用の階段のように、自然が石灰岩とドロマイト（苦灰岩）の薄い層で作った太古の階段が、水面から上へ延びている。これらの岩石は、五億四五〇〇万年ほど前、現在のフロリダ・キーズ〔訳注　フロリダ南岸沖に連なるサンゴ礁の島々〕にも似た温暖な浅い海に石灰の泥が堆積してできた。散在する石膏の結晶塊は、乾燥によって、海岸の水が一時的にきわめて丈夫な細菌以外は生息できないほど塩分の高い状態になった事実を物語っている。これらの岩石には動物の化石はめったになく、あっても単純なものだ。少数の不規則に蛇行する溝が地層面を乱しているが、これは、小さなミミズのような生物が餌を求めて水底の泥を這った跡である。

川面から三メートルほど上に、いきなり石英質砂岩に変わる場所があり、先カンブリア時代とカンブリア紀の境界[1]を示している。歴史的に、顕生代（文字どおり、「目に見える生命の時代」）の研究しやすい古生物学の領域と、それより若い地球という未知の領域とを隔てる境界線なのだ。数百キロ東の火山岩から、この層準［訳注　地層のなかの特定の面あるいは厚さをもった部分］は、五億四三〇〇万（プラスマイナス一〇〇万）年前のものだとわかる。砂岩の段丘の上には、紫と赤と緑の頁岩《けつがん》が急峻な斜面をなし、その上に目のくらむような石灰岩の崖が壁のようにそびえている。頁岩には、水際の砂が海面上昇によってはるか西へ運ばれた形跡が認められ、増水の出来事が刻まれて

1　一般に地質年代は、大きく四つの時代（累代という）に分けられる。顕生代（五億四三〇〇万〜〇年前）、原生代（二五億〜五億四三〇〇万年前）、太古代［始生代］（およそ四〇億〜二五億年前）、そして冥王代（地球の形成から記録が残っている最初の時期までで、およそ四五億五〇〇〇万〜四〇億年前）だ。カンブリア紀は顕生代の最初の紀にあたるので、それ以前の時代をまとめて、正式ではないが、一般に「先カンブリア時代」と呼ぶ。一九ページの地質年代区分を参照。

いる。しかし堆積物がたまっていくと、海は再び浅くなり、積み重なる石灰岩の層は次第に太古の海岸に近い環境を記録するようになる。崖の頂上付近に見られるいびつな面は、堆積物が露出し、コトゥイカン川以前にあったが消えてしまった川の浸食を受けた跡だ。その後、海が失った領域を取り戻すと、この層は再び水底に沈んだ。

砂岩の段丘の岩石には、小さな骨格の化石が含まれている。最下層には数種類しかなく、方解石でできた長さ一ミリほどの中空の円錐だ（図4a）。しかし、足を滑らせて自分のキャリアを縮めぬよう、ゆっくりと慎重に崖を登っていくと、化石の種類も量も増えていく。また同時に、足跡や這い跡や穿孔といった行動の形跡も、数と複雑さを増す。崖の頂上付近、川面から九〇メートル以上の高さの、約五億二五〇〇万年前と推定される岩石には、一〇〇種類近くの「殻」が含まれている（図4b）。あるものは、崖の下部で見つかる小さな円錐と同様、大半の現生動物と違い三回対称性をもつ〔訳注　ここでは、三つの円を三角形に配置して重ね合わせたような断面形状が（互いに一二〇度ずつ回転した関係にある）三つの対称軸をもつことを指している〕。一方、それとは別に、軟体動物の遺骸と見られる小さならせん状の殻や、腕足動物が作った二枚貝状の骨格もあり、少しばかり上層には、多くの体節に分かれた三葉虫の化石も散在する。ロシアの古生物学者が丹念に収集して記録したこれらの化石は、カンブリア紀の海で生物の多様化が

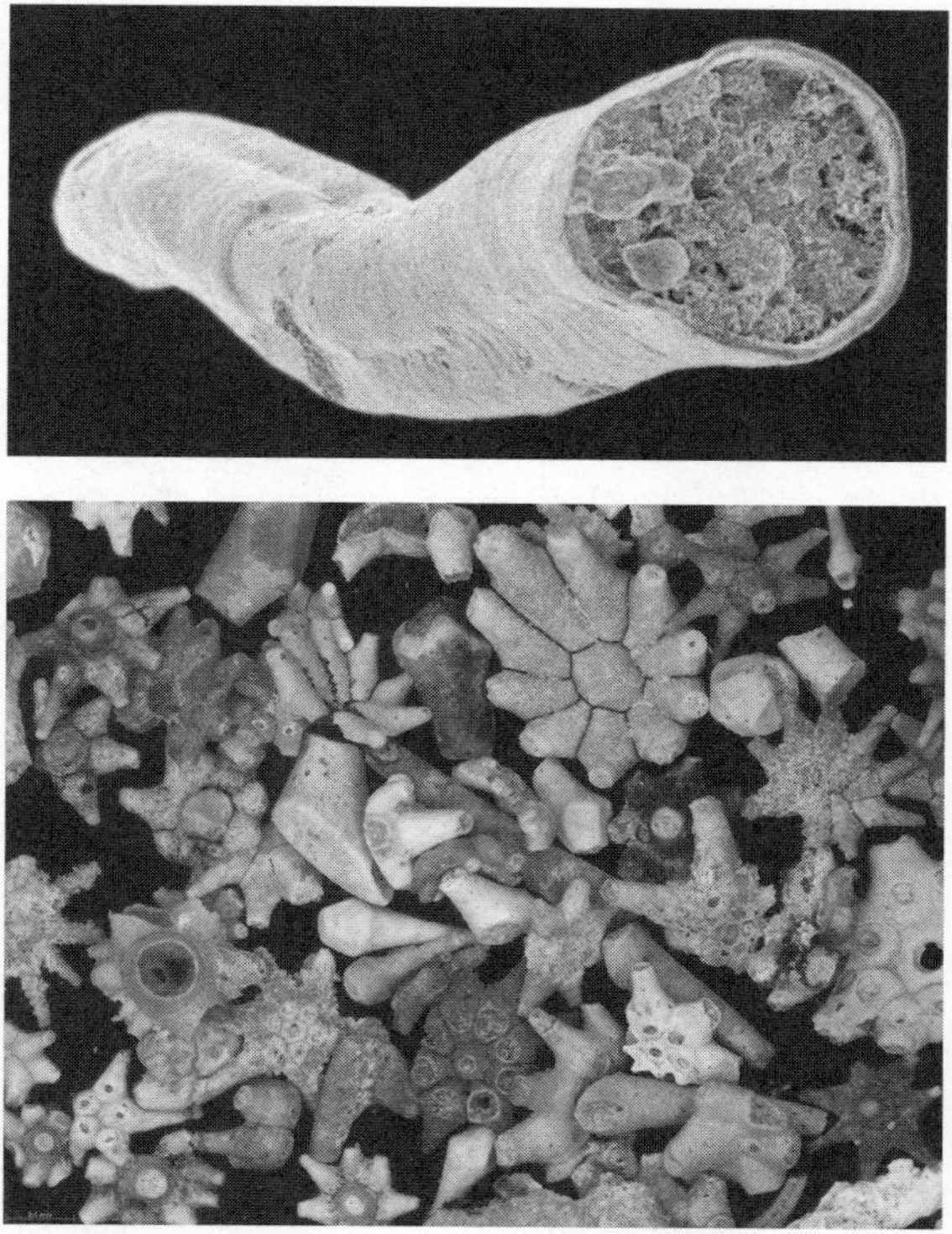

(a)

(b)

図４　カンブリア紀初期の岩石に見られる微小な殻の化石。(a)アナバリテス・トリスルカトゥス。コトゥイカン川沿いにあるカンブリア紀の地層の最下層で見つかる微小な骨格。この標本は、中国で見つかった同時代の岩石のもの。(b)コトゥイカンの崖の高所で見つかるタイプの微小な殻の化石。ここに見えるものの大半は、チャンセロリアの骨片だ。チャンセロリアとは、カンブリア紀の岩石（だけ）に広く見つかる謎めいた袋状の動物である。（写真はステファン・ベングトソン提供）

急激に進んだらしいことを物語っている。二〇〇〇万年も経たないうちに、海底は、われわれにとって異質な姿から（少なくとも大雑把に見て）なじみのある姿へと変貌した。同じドラマは世界じゅうでその時代の岩石に記録され、このとき以来地球の海をにぎわわせてきた動物たちの最初の祖先を垣間見せてくれている。

ダーウィンは化石記録をどう見たか

チャールズ・ダーウィンは、こうした変化のパターンに注目した。ダーウィンはその知識を受け継いだ現代のわれわれと同様、化石記録に自説の証拠――カンブリア紀から現代に至る生命進化を忠実に記録した証拠――を見て取っていたと思う人もいるだろう。実を言うと、『種の起源』〔邦訳は渡辺政隆訳、光文社古典新訳文庫など〕で地質学を扱った二章は、決して自説を賛美するものではない。むしろ慎重に語った言い訳であり、自然選択による進化は化石の裏付けがないけれども正しいと主張している。

ダーウィンは、自然選択が緩慢だが連続的なプロセスで、その結果、生物の系統が分岐してだんだんと違いがはっきりしていくと考えていた。別個の種をつなぐ中間の形態が現在の世界でまれなのは、自然選択がいやおうなしにそうするからだ。しかし、歴史的にも中間が見られないのはなぜだろう？　ダーウィンの予想によれば、連続して堆積した地層では、崖の一番下で見つかる生物から、頂上で見つかる形態のまったく違う子孫まで、少しずつ移り変わるはずだった。そうした連続がめったに見つからない事実を、彼は化石記録がきわめて不完全にしか残っていないせいだと考えた。『種の起源』は威厳に満ちた文章の宝庫で、その言葉は明快で啓発的だ。「……変わりゆく方言で書かれ、しかも不完全にしか残されていない世界の歴史である。その歴史についても、われわれの手元には、わずか二、三カ国だけを扱った最後の一巻しかなく、その巻にしても、あちこち短い章が残されているだけで、個々のページもわずか数行ずつしか残っていない」［渡辺政隆訳、光文社古典新訳文庫より引用］

ダーウィンは、人間の記憶について語ったジュリアン・バーンズの言葉が地球の地質学的な記録のメタファーとなることを、喜んで認めただろう。堆積岩は、地球史のドキュメンタリー映画ではなく、間隔の空いたスナップショットの連続を見せてくれるにすぎないのだ。一か所の道路脇や崖で見るかぎり、この見方は十分に妥当で、ダーウィンの主張は素晴らしく現代的だったように見える。今日われわれは、堆積岩が不連続な記録であり、ふたつの層の境界が地層そのものより長い時間を示す場合もあると知っている。だが、堆積の構造は、実際には露頭によく見られるきれいに並んだ層よりも複雑だ。三次元的に見れば、地層はゴッホの風景画に描かれた山並みのようにくびれたり膨らんだりしている。厚くなって性質が変わっている場所もあれば、羽のように薄くなる場所もあるのだ。ある地点で地層の断絶となっている時間は、別の地点では堆積物の層として記録されている。さらに広い視野に立ってみれば、いつなんどきであれ、ある場所で不連続となっている記録は、世界のあちこちのくぼ地に残されている。つまり、ダーウィンが地質の歴史を語る際に使ったメタファーに立ち戻ると、彼の本はあちこち章が抜けていて、残っている章もページが欠けているが、われわれにはテキストのコピーがたくさんあり、抜けている個所はコピーによってまちまちなのである。ここで残っているページを差し込む法則があれば、少なくとも過去六億年については、なかなかうまくできた記録を合成できる。層序学という分野はこの法則を提供しており、化石から読み取れるおおまかな生物のパターンが進化を反映し、岩石記録の著しい不完全さを示しているわけではないことを明らかにしている。

漸進的な変化と「断続平衡」説

生層序学者たちは、一世紀以上も前から、生物種がたいてい完成された状態で化石記録に現れ、長いあいだあまり変化せずにいて、やがて姿を消すという事実を知っていた。種がひとつの地層に一度だけ現れるのなら、このパターンから言えそうな、「形質はあるとき突然変わるのであって連続的に変わるのではない」とする見方はできない。この見方が妥当と言えるのは、種の形態が一般に何層にもわたってほとんど変わらないか、下層から上層へ少なくとも「方向性のある」変化がほとんどない――地層の不完全さによるとは説明しきれないパターンである（ふつうはありそうもないと思える仮定もできないわけではないが）――からだ。これに気づいたナイルズ・エルドリッジとスティーヴン・ジェイ・グールドは、一九七二年、ダーウィンの考えた漸進的な変化でなく、この「断続平衡」の層序パターンこそが、現代の進化論と最もうまくかみ合うと主張した。新しい生物種はたいてい、大きな個体群が少しずつ変化して生じるのではない。むしろ、主流の集団から離れた小さな個体群が急速に分化して生じるのだ。ダーウィンが考えたような変化は起きるが、それは急激かつ局所的に起こり、そのあと子孫の種の個体群が自然選択の制約を受け、ライバルや環境の変化が影響しないかぎりおおよそ同じ状態に保たれる。

一般的な化石種の変遷は、進化論による予想とも地質学的な事実とも折り合いが付けられるが、コトゥイカンの崖に見られる壮麗なパターンはどうだろうか？　この海洋の生物の変化をどう説明したらいいのだろう？　ダーウィンは化石記録にたいてい過渡的形態がないことを気にしていたが、カンブリア紀の初期の地層に突然、複雑な構造をした多様な動物が大量に現れたように見えることに対してもひどく気をもんだ。

もう一つ、よく似てはいるがさらに重大な難題がある。それは、同じグループの多数の種が、知られている最古の化石層に突如として出現しているという事実である。……現時点では、この例は説明できないまま置いておくしかない。そして、私がここで主張している見解に異を唱える手痛い論拠と言われてもしかたない。

［渡辺政隆訳より引用］

もちろん、『種の起源』はこの問題にひとつの解釈を与えており、それは案の定、カンブリア系［訳注　系とは紀に対応する地層区分］の下に大量の記録が抜けているというものだ。カンブリア紀の非常に複雑な形態をした巻き貝や三葉虫より前に生命がなかったわけではなく、その祖先の記録は、深く埋まっているか、損なわれているか、まだ見つかっていない古い地層にある、とダーウィンは書いている。さらに別の印象的なくだりで、彼はこう訴えている。

私の学説が正しいとしたら、間違いなく次のように結論される。シルル紀最古の地層が堆積する前に、シルル紀から現在に至る全期間と同じくらい、もしかしたらそれよりも長い期間が経過していた。そしてまったく未知のその長大な期間、世界には生きものがひしめいていたのだ。〔渡辺政隆訳より引用〕

コトゥイカン川のほとりへ戻ったミーシャと私は、崖に面した砂利の中洲に座り、夕刻の紅茶を飲みながら、ダーウィンのジレンマに思いを馳せる。どうしてこんなにも速く、複雑な進化を遂げられたのだろう？　実はそんなに速く起きたのではないとすれば、それ以前の生命の歴史を刻む岩石はどこにあるのだろうか？

2　一九世紀の半ば、カンブリア系とシルル系をどう定義して区別するかという問題がまだ解決を見ていなかった。ダーウィンは、すでにケンブリッジ大学の恩師アダム・セジウィックが「カンブリア」という名をこしらえていたにもかかわらず、化石を含む最古の地層に対し、ロンドンにいたロデリック・マーチソンのつけた名称シルルを採用した。一八七九年になってようやく、チャールズ・ラップワースがこの難題を一挙に解決した。問題の系のうち、下の部分はカンブリアのまま残し、上の部分はシルルとし、両者の重なりとして議論の的になっている区間をオルドビス（古代ウェールズの荒々しい民族にちなむ）と名づけたのだ。

図５　コトゥイカン川を上っていくと、図２に見られる先カンブリア時代からカンブリア紀に至る連続層とその下のさらに古い地層群とを隔てる傾斜不整合が現れる。

コトゥイカンの崖の地層は、水平に重なってはいない。数百万年のあいだの地殻変動によって、西側へわずかに下がるように傾いている。だから、東へ向かって川を上っていくと、カンブリア紀の化石の層よりもさらに下の層が現れる。二四、五キロも上流へ行けば、地層は六〇メートルほど下がり、そこで急に不整合に出くわす。先カンブリア時代で最も新しい炭酸塩岩やカンブリア紀で最初の動物を含む地層群の、最下層に到達するわけだ（図５）。ここで地層の手がかりは終わりになってしまうのだろうか？

そんなことはない。これらの岩石の下には、さらに古い砂岩と頁岩と炭酸塩岩が続いている。この古い地層群は、新しい地層群に対して鋭角の傾斜をもち、一〇〇〇メートル以上の厚みがある。カンブリア系の最下層は、層序学的な記録の最下層ではない——北シベリアでもそうだし、ほかの多くの場所でもそうだが、地殻構造上の環境により、カンブリア紀の地層が堆積しはじめる一〇億年か二〇億年前、さらには三〇億年前から堆積した岩石が保存されているのだ。

そこでわれわれは、ダーウィンの推論を検証することができる。カンブリア爆発が生物の歴史の始まりなのか？　あるいは、それは地球のはるか過去からの進化が絶頂を迎えた時なのだろうか？

2　生命の系統樹

多様な生物の遺伝子の塩基配列を比べて得られる「生命の系統樹」では、植物や動物は、ひとつの枝の先端近くで分かれた小枝にすぎない。もっと多様で、おそらくもっと歴史の古い生命は、微生物である。先カンブリア時代の岩石に初期生命の証拠を探そうとするのなら、まず細菌と古細菌という、地球の生態系の小さな創造者について知らなければならない。

多くの人は、シェイクスピアの戯曲のおかげで、リチャード三世のことを知っている。だが、歴史として見た場合、この話は胡散臭《うさんくさ》い。なんといっても、シェイクスピアのパトロンは薔薇《ばら》戦争の勝者だからだ〔訳注　敗者のリチャード三世を実際以上に残虐に描いているという話がある〕。とはいえ、個々の話に問題があっても、学者はさまざまな記録をふるいにかけて共通点や補完する見方を手に入れ、偏見のない知識に到達できる。生物の歴史の研究も、ほぼ同じようにして取り組める。コトゥイカン川に沿った化石が産出する崖は、地球の進化の歴史——地質学的な記録——を収めたひとつの巨大な図書館へといざなってくれる。堆積岩には過去の生命や環境の驚くべき記録が保存されているが、すでに述べたように、この記録は連続的ではなく、あるとき突然変わる。そしてまたきわめて選択的で、明るいスポットライトを浴びた生物群がいる一方、暗がりに放置された生物群もいる。たとえば、馬の古生物学的な変遷はよく知られているが、その足元の地中に住むミミズについてはほとんどわかっていないのだ。

だが幸いにも、もうひとつ参考にできる図書館がある。今日のわれわれを取り巻く生物の多様性である。比較生物学は、進化を研究するための手段をいろいろ提供してくれる。古生物学による過去の記録を系統学で、地質学による環境変化の記録を生理学で補ってくれるのだ。偉大な細胞生物学者クリスティアン・ルネ・ド・デューヴは、現生生物の遺伝子には進化の歴史の物語がすべて詰まっているとまで言った。しかし、もしそうなら、それは——シェイクスピアの描いた歴史と同様——勝者の生物の話に限られる。したがって古生物学だけが、三葉虫や恐竜など、もはや地球を彩ってはいない不思議な生物たちの存在を教えてくれるのだ。生命史を理解したければ、地質学と比較生物学の両方から得られる知見を織り合わせなければならない。現生生物をもとに化石をよみがえらせ、化石をもとに生物が現在のように多様になったプロセスを理解するのである。

リンネの分類体系とダーウィン

形態や機能こそとんでもなく多様だが、どんな細胞にも、共通の核となる分子的要素がある。ATP（アデノシン三リン酸：生命の主要なエネルギー通貨）、DNA、RNA、（いくつか小さな例外はあるが）共通の遺伝暗号、DNAからRNAへ遺伝情報を転写する分子機構、さらに、構造を与えたり細胞の機能を制御したりするタンパク質にRNAのメッセージを翻訳する機構などだ。逆の見方をしてもやはり特筆すべき点がある。基本的な分子構造は単一でありながら、生物は途方もなく多様なサイズや形状、生理機能や行動を示すのだ。生命の単一性と多様性は、どちらもなかなか驚きに満ち、比較生物学の二大テーマとなっている。

地球上の生物の多様性には、ちょっと見ただけでも、入れ子状のパターンをもつ類似性があるのに気づくだろう。ヒトとチンパンジーは明らかに違うが、解剖学的・生理学的に共通の特徴を多くもち、両者と馬のあいだよりはるかにお互いがよく似ている。次に、ヒトとチンパンジーと馬は、毛や肺や四肢などのように共通する特徴をもつが、その点でナマズとは違う。さらに、骨格を備えたすべての動物は、解剖学的組織として共通の基本パターンをもち、そのおかげでひとつのグループを形成しているが、設計原理の異なるほかの生物種――たとえば昆虫やクモ――とは違う。

生物種に入れ子状の類似性が見られることは、初期の博物学者もよく知っていた。リンネは一七三〇年代にこれを体系化して階層的な分類体系を提案し、今なおこれが利用されている。しかし、このパターンで系図が描けることにはっきり気づいたのは、チャールズ・ダーウィンだった。「変化をともないながら世代を重ねる」ことで、つまり、共通の祖先から自然選択の影響を受けて進化上の分岐が起きた結果、時とともに生物に違いが生まれたのだ、と彼は書いている。

同じ綱に属する全生物の類縁関係は、ときに一本の樹木で表されてきた。この直喩は大いに真実を語っていると思う。芽を出している緑の小枝は現生種にあたる。前年以前の古い枝は歴代の絶滅種にあたる。……芽は成長して新しい芽を生じていく。そして生命力に恵まれていれば、四方に枝を伸ばし、弱い枝を枯らしてしまう。それと同じで、世代を重ねた「生命の大樹」も枯れ落ちた枝で地中を埋め尽くしつつも、枝分かれを続ける美しい樹形で地表を覆うことだろう。［『種の起

源』（渡辺政隆訳、光文社）より引用〕

ヒトとチンパンジーの類似性は、ふたつの集団が共有する各種特徴を備えた共通祖先に由来するためだと説明できる。両者の違いは、共通祖先から分岐したときに生じた。ここから、ヒトに似た霊長類の最古の化石は、現生人類と比べて、はるかにヒトとチンパンジーに共通の最後の祖先に似ているはずだと古生物学的に予言できる。そして、われわれを明確にヒトたらしめている特徴は、ヒトの系統の比較的新しい化石にしか現れないはずなのである。ヒトの祖先の化石記録は周知のようにかなり不完全だが、アフリカやアジアで発掘された骨の化石は、この予言を裏付けている（とはいえ、ヒトの系統をどんどん昔へさかのぼればチンパンジーの形態に近づくと思ってはならない。ヒトはチンパンジーの子孫ではない。ヒトとチンパンジーの両方が、ホモでもパンでもない〔訳注　それぞれヒトとチンパンジーの属名〕共通祖先から分かれたのだ）。

共通の特徴があるからといって、すべてが「由来の近さ」を決定するのに役立つわけではない（これもまた見事なダーウィンの考えだ）。たとえば、鳥とコウモリと絶滅した翼竜はどれも翼を備えているが、それぞれ骨格の構造が違い、ほかにもさまざまな特徴から、この空飛ぶ動物たちが近縁でないことがわかる。翼はそれぞれの動物で独立に、飛行のために適応進化した。系統生物学では、こうした特徴を「収斂《しゅうれん》」形質という。しかし、進化の関係を調べるのに利用できるのは、共通祖先がいるために共有する特徴（進化研究の用語で「相同」形質）だけだ。実際には、類似した特徴があってもすぐに収斂形質なのか相同形質なのかわかるとはかぎらないので、コンピュータの高度なアルゴリズムを使い、大量の比較生物学的なデータを整理する必要がある。

進化における関係性──「系統史」──を立証するうえで形態的特徴をどう利用したらいいのかを理解することは、霊長類、哺乳類、さらには脊椎動物についてなら、比較的易しい。軟体動物や節足動物についても、少なくともある専門家にはそれができているようだ。だが、軟体動物と節足動物と脊椎動物のすべてを、全動物を収めた進化の大樹のなかに位置づけるには、どうしたらいいのだろう？　さらに大変そうだが、ダーウィンの言った「生命の大樹」の全体、すなわち全生物を取り込む系統史は、どうしたら明らかにできるのだろうか？

私たちは細菌の世界に適応した生き物

木々の茂る山を歩いても、サンゴ礁の海に潜っても、大型脊椎動物を食物連鎖の頂点として、植物（あるいは海藻）と動物で形成された生態系が見られる。こうした生態系には、われわれの目に見えない生物もたくさん存在するが、彼らの寄与にはふつうほとんど関心が向けられない——細菌などのちっぽけで単純な微生物も、もちろんわれわれと同じ世界で暮らしているのだが。

大型動物として、ヒトが自分たちを賛美する世界観をもつのは無理もなかろうが、実はこの見方は大間違いだ。われわれが細菌の世界に適応進化したのであって、その逆ではない。そうなった一因は生命の歴史にあるが、これは多様性と生態系の機能の問題でもある。動物は進化の甘美なトッピングかもしれないが、細菌がケーキの本体なのである。

植物や動物、菌類、藻類、原生動物は、「真核」生物といい、系統学的に、膜で仕切られた核という構造のなかに遺伝物質が存在する細胞組織のパターンを示す。細菌などの「原核」生物は、これと違って細胞に核がない。生物学的な重要性という意味では、真核生物に決定的な強みがあるように見える。真核生物には、サソリやゾウやキノコから、タンポポやコンブやアメーバに至るまで、さまざまな形態がある。これに対し、原核生物はたいてい、微小な球や棒やらせんだ。細菌のなかには細胞が一列につながって単純なフィラメント（糸状体）を形成するものもあるが、もっと複雑な多細胞組織を作れるものはめったにない。

大きさや形という点では、確かに真核生物に軍配が上がるが、形態は生態的重要性を測る尺度のひとつにすぎない。別の尺度として代謝——生物が物質とエネルギーを得る仕組み——もあり、これを基準にすれば、多様性で圧倒するのは原核生物だ。真核生物の生き方は、基本的に三つある。ヒトなどの生物は「従属栄養生物」であり、成長に必要な炭素とエネルギーを得るために、ほかの生物が作った有機分子の摂取によって手に入れている。エネルギーを、われわれの細胞は酸素で糖を二酸化炭素と水に分解する。このプロセスを「好気的（酸素）呼吸」という。だがピンチに陥ると、少量のエネルギーを「発酵」という第二の代謝で得ることもできる。この「嫌気的（無酸素）」プロセスでは、一個の有機分子が二個に分解される——酒の酵母など、少数の真核生物は、ほとんどの時間をこの方法で生きている。真核生物に見られる第三のエネルギー代謝は、植物や藻類がおこなう「光合成」だ。クロロフィル（葉緑素）という色素が太陽光のエネルギーを取り込み、二酸化炭素を有機物に固定するのである。光を生化学エネルギーに転換するために、植物は電子を必要とする。必要な電荷を水が提供し、その際に副産物として酸素ができる。

原核生物の生き方に注目せよ

チャールズ・ディケンズの書いた古典的な贖罪の物語『クリスマス・キャロル』は、ある事実に読者の注意を引きつける言葉で始まる。「マーレイ爺《じい》さんは、ドア用の鋲《びょう》釘《くぎ》のように、完全に死んでいた。……このことははっきりと承知していただかないと、これから語る話がなにも不思議なことではなくなってしまう」〔『クリスマス・キャロル』(中川敏訳、集英社)より引用〕。生命の初期の歴史にも、このディケンズの物語に出てくる守銭奴の死のように、話を理解するために知っておかなければならない「ジェイコブ・マーレイ」的な事実が存在する。その筆頭が、原核生物の代謝の多様性である。この事実は、初期の生命史を探るうえで重要な鍵を握っている。われわれは、原核生物のさまざまな生き方と、こうした微生物が生命の系統樹にどう当てはまるのかを理解しだしてから、元へ戻り、古生物学者としてフィールドに出向かなければならない。

真核生物と同様、多くの細菌も酸素を使って呼吸する。しかし、酸素でなく溶解した硝酸塩（NO_3^-）を使って呼吸する細菌もおり、そのほか、硫酸イオン（SO_4^{2-}）や鉄・マンガンの酸化物を使う細菌がいる。さらに、数種の原核生物は、二酸化炭素（CO_2）を使ってそれを酢酸と反応させ、天然ガスのメタン（CH_4）を発生させる。原核生物はまた、多種多様な発酵反応も生み出してきた。

細菌は、光合成についてもひと味違ったことをする。シアノバクテリアは、クロロフィルなどの色素のおかげで青緑色を帯びている光合成細菌の一群で、真核生物の藻類や陸生植物とほぼ同じように、太陽光を取り込んで二酸化炭素を固定する。ところが、硫化水素（化学式はH_2Sで、「腐った卵」のにおいとよく言われる）がある場合、多くのシアノバクテリアは水の代わりにこの気体で光合成に必要な電子を供与する。この際、副産物として硫黄と硫酸塩ができ、酸素は生成しない。

シアノバクテリアは、五種類ある光合成細菌のうちの一種類にすぎない。ほかの種類では、電子はH_2Sか水素（H_2）か有機分子によってしか供与されず、酸素ができることはない。これらの光合成細菌は、われわれのよく知るクロロフィルではなく、バクテリオクロロフィル（細菌性葉緑素）を使って光を取り込む。シアノバクテリアや緑色植物と同じ生化学的原理で二酸化炭素を固定する光合成細菌もいるが、ほかはまったく違う経路を備え、さらにはすでに有機分子に含まれている炭素を利用する連中もいる。

呼吸や発酵や光合成といった代謝について、細菌のもつバリエーションはこのように実に多様だが、原核生物はさらに、真核生物ではまったく知られていない代謝手段――「化学合成」――も発達させている。化学合成細菌は、光合成生物と同じく二酸化炭素から炭素を手に入れるが、太陽光ではなく化学反応によってエネルギーを取り込む。酸素や硝酸塩（もう少しマイナーなものでは、硫酸塩や酸化鉄やマンガン）を、水素やメタン、あるいは還元された状態の鉄や硫黄や窒素と化合させ、反応で放出されるエネルギーを細胞に取り込ませるのだ。メタン生成原核生物は、進化と生態を探るうえでとくに興味深い。これらの小さな細胞群は、水素と二酸化炭素からメタンができる反応でエネルギーを得る。

代謝経路から見た原核生物の貢献

原核生物の代謝経路のおかげで、地球を生物の住める惑星として維持する化学サイクル（循環）ができあがっている。二酸化炭素を例にとろう。火山が海洋や大気に二酸化炭素を供給する一方、光合成が圧倒的に速くそれを取り除く。じっさいあまりにも速いので、光合成生物は一〇年ほどで現在の大気から二酸化炭素を除去する能力をもっている。もちろん現実にそうなってはいないが、それは主に、呼吸が事実上光合成の反応を逆戻りさせているからだ。光合成生物が二酸化炭素と水を反応させて糖と酸素を生成する反面、呼吸をする生物（本書を読んでいる今のあなたもそうだ）が糖と酸素を反応させて水と二酸化炭素を放出する。光合成と呼吸の両方があるために、炭素は生物圏を循環し、つねに生命と環境が維持されているのである。

シアノバクテリアが二酸化炭素を有機物に固定し酸素を環境へ供給する一方、呼吸する細菌が酸素を消費して二酸化炭素を再生する。この単純な炭素循環はイメージしやすい。植物や藻類もシアノバクテリアと同じことをしており、原生動物や菌類や一般の動物は呼吸する細菌のほうに対応する。原核生物と真核生物は機能的に等価なのだ。しかし、一部の細胞群が海底に沈み、酸素の欠乏した堆積物のなかに埋もれるとしてみよう。すると真核生物の代謝の限界が明らかになる。炭素循環を成立させるには、酸素を使わない反応（「嫌気性」反応）が必要なのである。現代の海底の堆積物中では、有機物を再循環させるうえで、硫酸塩の還元と、鉄やマンガンを使う呼吸が、好気的呼吸と同じぐらい大きな役割を果たしている。さらに一般的に言えば、酸素のない環境に炭素がさらされるところでは必ず、細菌が炭素循環に欠かせない存在となっている。真核生物は、どこにでもいるわけではない。

原核生物が本質的に重要な役割を果たしていることは、生物に必要な別の元素でも言える。それどころか、硫黄や窒素の生物地球化学的循環では、これらの元素を循環させる主な代謝経路はどれも原核生物のものだ。具体的に、タンパク質や核酸など、生物のもつ化合物の生成に必須の元素である窒素を考えてみよう。われわれは、窒素ガスにどっぷり浸かって暮らしている（体積にして空気の約八〇パーセントは窒素（N_2）なのだ）。だが、この莫大な窒素の宝庫を、われわれは生体で直接利用できない。ヒトも含め動物は、ほかの生物を食べることによって必要な窒素を手に入れている。実を言うと、窒素ガスは、ヒトにかぎらずウシやトウモロコシにも利用できない。植物は土壌からアンモニウム（NH_4^+）や硝酸塩を取り出せる。だがこれらの化合物はそもそもどうやってできるのだろうか？　アンモニウムは、死んだ細胞が腐敗して放出される。硝酸塩は、アンモニウムを酸化する細菌によって作られる。酸素の豊富な環境では、こうしてできる硝酸塩が植物（あるいは水中なら藻類やシアノバクテリア）に利用される。しかし、水浸しの土壌のように酸素の欠乏した環境では、別の細菌が硝酸塩を使って呼吸し、生成する窒素を大気へ戻す（肥料として農地に撒かれた硝酸塩の多くは、このようにして消費される）。

それでもまだ問題は解決できていない。土壌中や海水中のアンモニウムや硝酸塩は死んだ細胞から生じ、硝酸塩呼吸をする細菌が、生物に使える形の窒素をせっせと環境から取り除く。では、何が生物による窒素循環を焚き付け、止まらないようにしているのだろう? 答えはこうだ。ある種の生物が、細胞に蓄えたエネルギーを使って、大気中の窒素をアンモニウムに転化しているのである。真核生物には、このようにして窒素を固定できるものはいないが、多くの原核生物にはそれができる(農業ではよく、輪作のなかのある期間にダイズなどのマメを作るが、そうした植物が土壌に窒素を戻してくれるからである。しかし、この窒素固定は、マメ自身ではなく、マメの根の小さなこぶに棲みついた細菌がおこなっている)。雷が大気を切り裂くときにも少量の窒素が固定されるが、生物に必要な窒素の大半は細菌が供給している。

炭素、窒素、硫黄などの元素の循環は、相互に絡み合って、地球の生命の鼓動を生み出す複雑なシステムを形成している。生物にはタンパク質などの分子のために窒素が必要なので、窒素が固定されなければ炭素循環は成立しえない。そしてまた、窒素の代謝は鉄を含む酵素を利用するため、生物に利用できる鉄ができなければ窒素循環も成立せず……それゆえ炭素循環も成立しえない。地球以外の惑星に、大型の生物や知的生命がいるかどうかはわからない。だが、長期間生態系が維持されていれば、生物に必要な元素を生物圏全体に循環させるために、このような相補的な代謝が用意されているはずだ。

そろそろ、動植物が原核生物の世界に適応進化したのであって、その逆ではない、と前に私が言ったわけがわかるのではなかろうか。細菌の細胞の数が多いといった些末な意味で「原核生物の世界」と言っているのではない。原核生物の代謝が、生態系の基本回路を形成しているからだ。哺乳類でなく細菌こそが、生物圏の効率的かつ長期的な活動を支えているのである。

リボソームRNAから見た「生命の系統樹」

この素晴らしく多様な原核生物を、真核生物とともに整理して組み合わせ、生物全体を網羅する系統史を作り上げるにはどうしたらいいだろう? サイズや形状を基準にしても、生理機能に着目してもうまくいかない。生物は、キノコとゾウ、あるいは大腸菌とセコイアのようにばらばらで、違いがありすぎるから、形態や機能だけでは信頼性の高い系統樹が作れない。問題を解決するには、生命をひとつに結びつけるもの、すなわち、すべての生物に共通する分子的特性に立ち戻らなければならない。エミール・ツッカーカンドルとノーベル賞受賞者ライナス・ポーリングは、一九六五年に公表した革命的な論文で、分子は進化の歴史の記録として読めると主張した。四肢や頭蓋の解剖学的構造と同様、ＤＮＡやタンパク質の化学構造も系統進化を反映している。たとえば呼吸に使われるタンパク質シトクロムＣを構成するアミノ酸の長鎖は、ヒトとチンパンジーでわずかに違い、ヒトやチンパンジーとウマとでは大きく違う。同様に、これらのタンパク質の遺伝暗号を指定する遺伝子の塩基配列も異なる。

イリノイ大学のカール・ウーズは、この基本概念をもとに決定的な成果を出した。彼は、科学の修行期間をリボソームの研究に費やした。リボソームとは、細胞内にあってタンパク質が作られる部位のことだ。ウーズは、すべての生物にリボソームがあり、すべてのリボソームにＲＮＡとタンパク質でできた機能的な複合体があり、これらの複合体には必ず少数のサブユニットが含まれていることに気づいた。そして、さまざまな生物のあいだで、リボソームの小さなサブユニットに見つかるＲＮＡ分子の塩基配列を比べることによって、系統学を一躍微生物の世界にまで持ち込み、真の意味で「生命の系統樹」の種《たね》を播《ま》いた。

図6に生命の系統樹を示す。現生生物の系統関係を、リボソームの小さなサブユニットのＲＮＡをコードする遺伝子の分子配列を比較して表したものである。細か

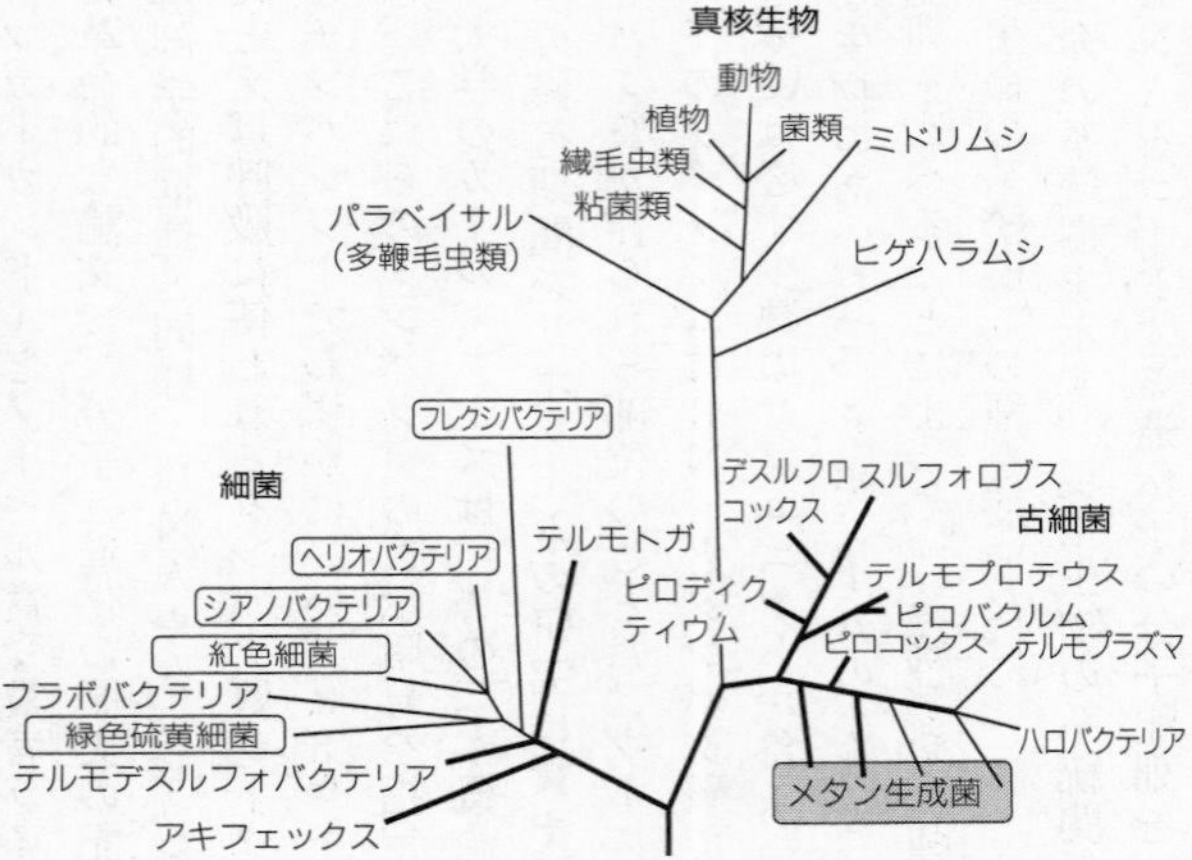

図6　生命の系統樹。現生生物の系統関係を、あらゆる細胞に見つかるリボソームの小さなサブユニットのRNAについて、遺伝子の分子配列を比較して表したもの。細菌、古細菌、真核生物からなる3つの大きな枝に注目。枝の長さは、遺伝子の分子配列を比べた場合の違いの程度を示す。しかし、遺伝子が変化する速度は同じとはかぎらないので、枝の長さは必ずしも時間に対応しない。光合成生物のいる細菌のグループは四角で囲み、メタン生成古細菌は影付きの囲みに入れた。太線は超好熱菌 ── 高温の環境に住む生物群 ── を表す。(カール・ステッターの描いた系統樹を改変)

い点はなお専門家のあいだで意見の違いがあるが、ダーウィンの言った「生命の大樹」を完全に描けたことが二〇世紀後半の知的偉業のひとつに数えられるという点は、どの生物学者も認めている。

この系統樹を見て最初に気づくのは、三本の大枝に分かれていることだ。ウーズはこの大枝を「ドメイン」と名づけた。このうちふたつのドメインは驚くに当たらない。真核生物と細菌がそれぞれ違う大枝に相当するのだ。ところが、三番目のドメインは、一九七七年、ウーズが当時ポスドクの研究生だったジョージ・フォックスとともに提唱して学界に衝撃を与えた。このドメイン「古細菌」は、細胞組織としては原核生物にあたり、長いあいだ、（かりにこうした生物について考えられる機会があったとしても）変わった代謝をする細菌と見なされていた。だが、リボソームRNAの遺伝子を比べてみると、これらの微生物が、細菌と真核生物の違いと同じぐらい、通常の細菌と離れていることがわかった。しかも系統樹にすると、古細菌は細菌よりむしろ真核生物に近い（系統学では、関係が近いと共通祖先が近いことを意味している。だがこれは系統の話であって、類似性とは関係ない）。

一九九六年、古細菌メタノコックス・ヤンナスキイのゲノム（DNAに暗号化された遺伝情報）の全配列が公表され、この微生物が、すでにゲノムの配列が決定されている複数の細菌と一一～一七パーセントしか共通の遺伝子をもっていないことが明らかになった。五〇パーセント以上の遺伝子は、真核生物にも細菌にも見つかっていないもので、古細菌がほかのふたつのドメインの生物とは明らかに違うことを裏付けていた。とはいえ、古細菌も、細菌と共通する重要な形質をいくつかもっている。たとえば、（最も明白なのが）原核生物に特有の細胞組織、リボソームの分子構造、一個の環状染色体の遺伝子配列などだ。また一方、古細菌は、DNA転写の分子的な仕組みや特定の抗生物質に対する感受性など、真核生物と共通する特性ももっている。さらに、細菌と真核生物に共通で、古細菌では違う形質もある――その筆頭が細胞膜の性質だ。

では、どれが何と近縁なのかは、どうしたらわかるのだろう？　さらに言えば、この系統樹の「根」はどこに位置づけられるのだろうか？　従来の方法では、三本の大枝に分かれた木の根はわからない。形質の分布についてもう少し考えを深めると、なぜなのかわかる。三つのドメインに共通のATPや遺伝暗号などは、系統関係については なんら情報を与えないが、三系統の最後の共通祖先がもっていた形質の推測には役立つ。一方、細胞壁〔訳注　細胞膜の外側に形成される構造。真核生物の植物と、細菌と、古細菌に見られる〕の組成など、系統ごとに異なる特性は、系統関係についても祖先の形質についても情報を与えてくれない。三つのドメインのうちのふたつに共通する形質なら、系統樹を完成させるのに良い指針となりそうだが、そのような分布には、いくつか同程度に妥当な説明が考えられる。たとえば細胞膜については、脂肪酸でできた膜が最後の共通祖先にあったと仮定すれば、この形質が細菌と真核生物には受け継がれたが、古細菌に至る途中でイソプレノイド〔訳注 イソプレンを構成単位とする天然有機化合物の総称〕の膜に置き換わったと考えられる。一方、イソプレノイドの膜が共通祖先にあって、細菌と真核生物の共通祖先で脂肪酸の膜に変わったと考えることもできる。前者の可能性と同様、後者の系統樹でも、進化上の変化は一度で済むのだ（もちろん、どの形質を最後の共通祖先がもっていたのかが確実にわかれば、一部の可能性を排除できるが、これを知る手だてはない）。

根はどこかという問題に対する巧みな解答は、一九八九年に提示されている。日本の岩部《いわべ》直之《なおゆき》のチームとアメリカのピーター・ゴガーテンのチームが、三種類の生物はひとつの根にまとめられないが、それらのもつ遺伝子のなかにはまとめられるものがあることに、それぞれ独自に気づいた。そうした遺伝子は、いずれも特異な性質をもっている。最後の共通祖先で重複して存在していたのである。これがどう役に立つのか？ **図7**に示したように、このふたつの遺伝子はそれぞれ、最後の共通祖先から三つのドメインに分かれる際に変異して分岐した。結果的にできた遺伝子の組は、系統樹のように並べることができる。全体として見れば系統樹に根はないが、重複遺伝子にもとづく二種類の木には、お互いを結びつける根がある。この二本の「半木」は同じ形をしており、一方の大枝には細菌だけ、もう一方の大枝には古細菌と真核生物が乗っている。

この作業は、何十もの遺伝子群を使って数限りなく繰り返された。多くの木では、図7の位置に根が存在したが、三つのドメインの関係が異なることを匂わす木もあった。このように、どの木でもすべての遺伝子のデータは説明できないことから、驚くべき結論が導かれる。遺伝子は祖先から子孫へ系統樹を縦に伝わっていくとふつう考えられるが、なかには枝から枝へ横に伝わった遺伝子もあったようで、ウイルスに乗って飛び移ったり、死んだ細胞を摂取してそのDNAを取り込んだりしてそうなったのかもしれない。そうすると、現在の生物は遺伝子のキメラ（混成体）なのである。

こうして明らかになった事実は、遺伝子の分子配列から系統史を構築しようとする試み自体に疑問を投げかけるおそれがある。横への移動（水平移動）が起きたのなら、遺伝子の系統樹と生命の系統樹が一致しないことになるからだ。悲観的な生物学者のなかには、微生物の遺伝子はあまりにめちゃくちゃに移動しているので、分子配列の

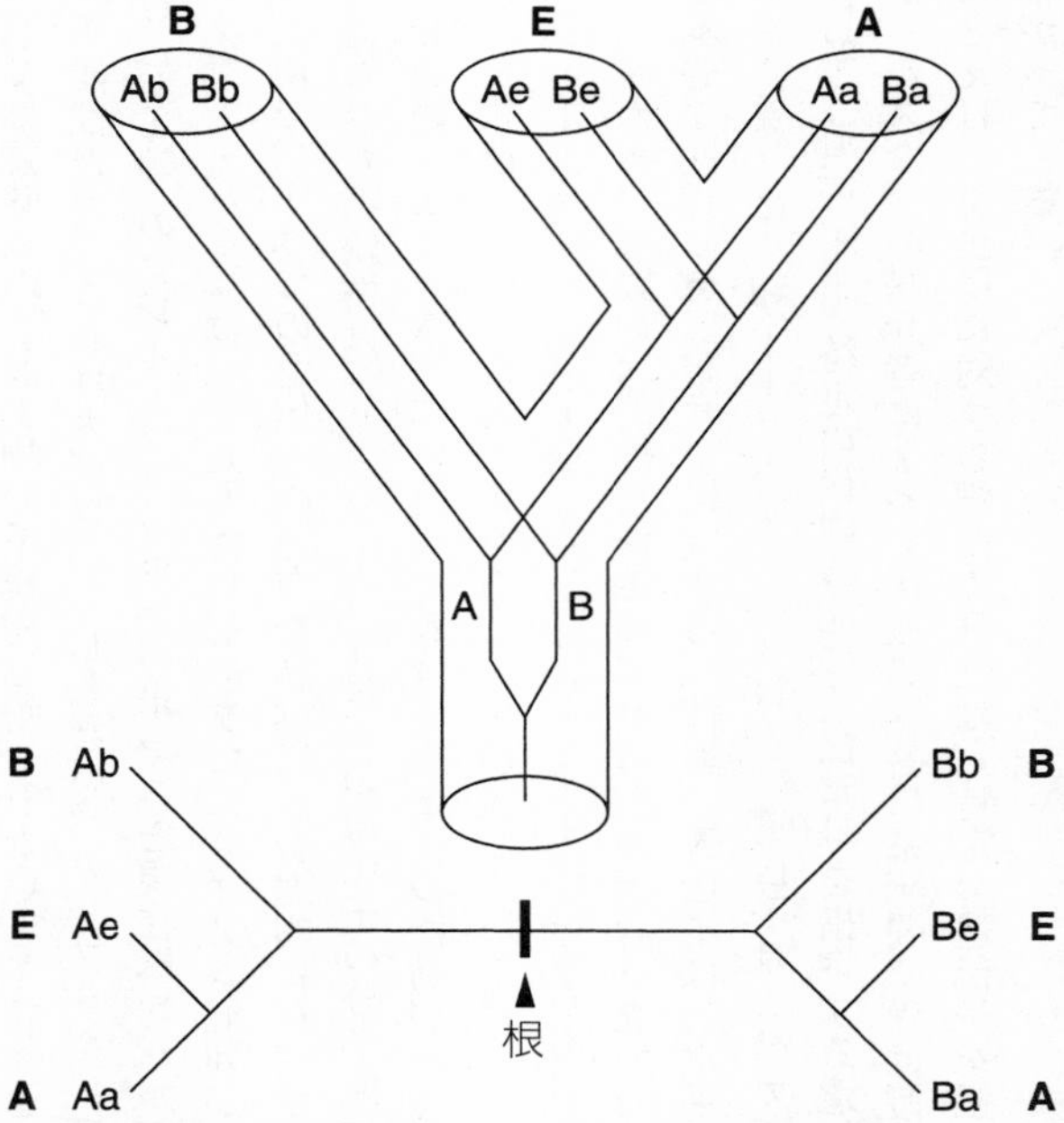

図7　生命の系統樹の根を決める。上図：細菌（B)、真核生物（E)、古細菌（A）の系統関係を筒状の枝で示す。筒のなかを走る線は、3つのドメインが最後の共通祖先から分化する前に重複してできた遺伝子A、Bについての系統進化を表している。下図：遺伝子間の進化の関係。左右の2本の「半木」にはお互いを結びつける根があり、これをもとに分子生物学者は真核生物と古細菌と細菌の系統関係を改めて構築できる。［訳注　小文字のb、e、aはそれぞれ細菌、真核生物、古細菌のことで、たとえばAbは遺伝子Aが変異して細菌のものになったことを示す］

比較では意味のある微生物の系統樹は得られないと予言する人もいる。なんとも残念な可能性だが、これは大げさかもしれない。カリフォルニア大学ロサンジェルス校（ＵＣＬＡ）のソレル・フィッツ＝ギボンズと現在ペンシルヴェニア州にいるクリストファー・ハウスは、一九九九年初めまでに全ゲノム配列が決定された一ダースほどの生物で、すべての遺伝子の分布を調べた。普遍的に存在する遺伝子の分布を比較して得られた系統樹は、リボソームＲＮＡの遺伝子の分子配列から推定される系統樹ときわめてよく一致していた。これは、遺伝子の移動があっても、系統的な順序が細菌や古細菌のゲノムに反映されることを示唆している。

ジェームズ・レイクとマリア・リヴェラ——こちらもＵＣＬＡ——は、ある種のルールが水平移動の可能性を決定しているとの仮説を立てた。細胞生物学にかかわる基本的な性質の遺伝暗号を指定する「情報」遺伝子は、水平移動するものの候補におそらくなりにくい——リボソームＲＮＡの遺伝子はこのカテゴリーに属する。一方、「作業」遺伝子——特定の代謝機能の遺伝暗号を指定する遺伝子や遺伝子群——は、ウイルスなどの媒介者によって比較的容易に系統間で受け渡しされるというわけだ。たとえば、重金属に対する細菌の耐性は、特定の遺伝子を摂取すると得られることがわかっている。

微生物の遺伝子と系統史の研究に、いま夜明けが訪れようとしている。そして、多くのゲノムの全配列が決定されるにつれ、新しい知見によって現在の通念が覆される可能性が高まっている。現時点では、生命の系統樹は微生物の系統関係を反映していると見なしてよさそうだ。しかし、厳密には微生物という車の「シャーシ（台座）」の系統関係と見なすべきだろう。この「シャーシ」に対し、種間の遺伝子交換などによってさまざまな性質が組み込まれ、すでに十分に適応している生物が「パワーアップ」されるのである。

超好熱菌、好塩菌……細菌はさまざま

系統樹のなかで、細菌の大枝はおびただしく枝分かれしている。現在、細菌には少なくとも三〇の大分類が知られており、この大分類は、従来生物学で認められている植物や動物といった「界」に近い。前のセクションで述べた多様な代謝の大半は、この大枝に見つかる。なかでも光合成は、細菌にきわだって多い生理作用だ（真核生物の植物と藻類も光合成をする。それとこれがどう関係するかは進化生物学の大きなテーマのひとつだが、その話は第8章に回そう）。ところが、光合成をする系統は、

細菌の大枝のなかでも先端近くの枝の部分しか占めない。これは、地球のごく初期の生態系が、今日われわれを取り巻いているものとは根本的に違っていたことをほのめかしている。現在、光合成はほとんどの環境で生物に燃料を供給している。一方、初期の生命は、化学合成によって活力を得ていたにちがいない。細菌の大枝で現在わかっている最も古い枝には、化学合成型の従属栄養生物がおり、その多くは酸素がまったくないかほとんどない高温の環境に住んでいる。

細菌と対照的に、古細菌には大分類がふたつしかない。ただし、まだほかにも存在する徴候はあるが。大きくふたつに分かれた枝のひとつは、メタン生成菌が占めている。この枝にいる大半の菌は純粋なメタン生成タイプ（偏性メタン生成菌という）だが、少なくとも三系統では、呼吸を含む多様な代謝手段をもつように進化している。イリノイ大学のゲーリー・オルセンによれば、こうした「付加機能」はすべて、細菌から水平移動した遺伝子に暗号化されていたものだという。この事実は、水平移動が生命史の最初のほうに一度か二度起きただけではないことをはっきりと訴えている。水平移動は、新しい生物を生み出すために永続的におこなわれている手段なのである。

メタン生成古細菌に近いのが、ハロバクテリアだ。これは特異な微生物のグループで、脊椎動物の目にあるロドプシンに非常によく似た集光性色素を利用して、太陽からエネルギーを取り込む。古細菌のもうひとつの大きな枝には、水素と硫黄の化学反応によってエネルギーを得る生物などがいる。

　古細菌は地球上に広く分布しているが、大半についてはまだあまり知られていない。じっさい、二〇〇一年になって初めて、微小な古細菌が海洋の多くの場所で最も豊富に存在する生物らしいとわかった。この微生物がどうやって生きているのかは、生物学者にもまだわからない。一方、きわめて特徴的な古細菌のなかには、変わった場所——それもとんでもなく変わった場所——に住んでいる輩《やから》がいる。たとえばハロバクテリアは、海より一〇倍も塩分濃度の高い水のなかで繁殖する（サンフランシスコ空港の着陸進入路に沿って並んでいるような塩田は、空から見ると、ハロバクテリアのために鮮やかな赤紫色に見える）。pH 1の酸性鉱山排水のなかで生きている古細菌もいる。さらに、高温耐性の現在の世界チャンピオンはピロロブス・フマリイだ。この古細菌は、深海の一一三℃の熱水噴出口に生息できる（海洋底は高圧なので、こんな熱い水でも液体でいられる）。こうした「超好熱」菌は、低温殺菌牛乳の殺菌温度では生きられない。熱すぎるからではなく、冷たすぎるからなのだ！

　このような「極限環境生物」をどう考えたらいいのだろう？　ただの面白い変わり者なのか、それとも生命史にかんして本質的な事実を物語っているのだろうか？

（ハロバクテリアのような）好塩菌は、生命の系統樹で末端の枝に存在し、生命史の比較的遅い時期に現れたことを示唆している。一方、超好熱菌は、系統樹で重要な地位を占めている。古細菌の大枝でも細菌の大枝でも、とりわけ古い枝に見つかるのだ。これは、現在の生物が高温の環境で生きていた祖先の子孫である可能性をほのめかしている。したがって、アメリカのイエローストーン国立公園にある色とりどりの温泉や、深海底を走る中央海嶺で、微生物の群集が見つかるとき、われわれは一番古い祖先の一部を垣間見ていることになる（口絵1）。

（近年、遺伝学者がこの説明に興味深い異議を唱えた。現生微生物のタンパク質のアミノ酸配列を調べれば、それをもとに、最後の共通祖先に存在していたとおぼしき太古のタンパク質が復元できる。だが意外にも、こうして復元されたタンパク質は、高温で不安定になる。これが本当だとすると、細菌と古細菌の最後の共通祖先は超好熱菌ではありえない。この知見と生命の系統樹との折り合いをどうつけるべきかという問題は、今も議論の渦中にある。ひとつの可能性として、最初の生命は穏やかな温度で進化したが、やがてエネルギーの豊富な温泉に住む子孫が［少なくとも］二グループ生まれたという答えがある。しかしそのためには、熱水噴出口という避難所に逃れたわずかな系統を除いて生命を一掃した「皆殺しの天使」がいなければならない。巨大な隕石の衝突ならそれに当てはまりそうだ。月や火星のクレーターの年代を調べると、太陽系ができてまもないころ〔三九億年以上も前〕、内側の星々には巨大な隕石が雨あられと降り注いでいたことがわかる。地球もこの激しい洗礼を免れえなかった。スタンフォード大学のノーマン・スリープは、ずいぶん前に、原始地球の生命にとって唯一の避難所が深海底の熱水噴出口だったのだろうと言っている。このように、系統樹の根元に近い枝は、初期の生命の進化と絶滅の両方を語っているのかもしれない）

生命の系統樹は地球環境の歴史でもある

前にも触れたが、生命の系統樹は生命史がたどった道筋を示し、その枝分かれの順序は生物が次々と多様化した様子を反映していそうだ。この木は、初期の生態環境が主に熱水噴出口や温泉で、のちに光合成が登場して生命が地球上に広まっていったことを示唆している。動物や植物といった複雑な大型生物は進化の後発組で、大半が微生物である真核生物の末端の枝にあたる。

生命の系統樹は、別のとらえ方もできる。一般に生物は、とくに微生物は、たいてい決まった環境に住んでいるので、系統樹は地球環境の歴史としても読めるのだ。たとえば、一番古くに枝分かれした生物は代謝に酸素を使わず、多くはｐｐｍオーダーの酸素にさらされるだけで死んでしまう。酸素がある程度存在するなかで繁殖できる生物はあとで分岐して現れ、木の先端あたりになってようやく、われわれのように高濃度の酸素を必要とする生物が見つかる。

したがって、生命の系統樹をもとに、地質学的な記録では検証できない地球史を推測できる。この系統樹でまず重要な点は、われわれが日常的に知っている生物や環境はかなり最近になってからのものということだ。遠い昔には微生物しかいなかった。そしてもうひとつの重要な点は、生命は変化のない惑星の表面で進化したわけではないということだ。むしろ、生命と環境はこの惑星の歴史を通じて共進化を遂げ、両方が関与する生物地球化学的循環によって固く結びついているのである。

こうした比較生物学の推測を携えて、コトゥイカン川沿いの崖に鮮やかに記録されているカンブリア爆発に立ち戻ろう。生命の系統樹は、カンブリア紀に動物が多様化する前に長い生命史があったにちがいないというチャールズ・ダーウィンの直感を裏付けている。この歴史を掘り起こそうとする古生物学者は、カンブリア紀「以前」に堆積した岩石――地球の初期の変遷を記録している「先」カンブリア時代の岩石――

に注目しなければならない。また、動物学的な探索から微生物学的な調査へと目を転じる必要もある。しかし、細菌や、古細菌や、単純な真核生物の微生物は、非常に小さくてもろい。そんなものが確かな化石記録を残していることなど、考えられるだろうか？

3　太古の岩石に刻まれた生命のしるし

北極海に浮かぶスピッツベルゲン島の堆積岩は、カンブリア爆発よりはるか昔、八億〜六億年前に形成された。この岩石には動物の痕跡はないが、顕微鏡で見ると、シアノバクテリアや藻類や原生動物の微小な化石が随所にある。これより目立つのはストロマトライトで、微生物の群集でできた礁状の構造だ。しかし、もっとよく見つかるのは、微生物の代謝が伝える化学的なシグナルである。こうした発見は、最初の生命進化の証拠をさらに古い地層で探そうという意欲をわかせてくれる。

カンブリア爆発以前の生命を求めて

ノルウェーと北極点の中間に位置する近寄りがたい離島、スピッツベルゲンは、グレーと白に塗り分けられた見目麗しい姿を見せる。さまざまな濃さのグレーは、氷か

図 8　スピッツベルゲン島北東部の氷食山地。アカデミカーブリーン層群に属する原生代の岩石が現れている。明るいグレーと暗いグレーの帯は、1 本の厚みがおよそ 300 メートルある。

ら巨大な崖となってそびえる岩石の縞模様をなしている（図8）。ツンドラ地帯の野生の花がわずかに色を添えているが、植物はまばらにしか見られない。海岸べりの低地では、樹齢一〇〇年になるヤナギも地面から数センチの高さしかなく、ハナゴケの白いクッションにすら負けている。山へ登ると、小さいが鮮やかなオレンジ色をした地衣類だけが、環状に広がって景色を彩っている。セイウチやアザラシが、海岸へ乗り上げた氷にけだるそうに寝そべり、小型のトナカイは小さな植物を食《は》んでいる。ホッキョクグマもこの海岸に現れる。彼らはごちそうのアザラシを食べてでっぷり太り、山に張られた鮮やかな黄色のテントを物珍しげに眺めている。スピッツベルゲンでの古生物学者の眠りは浅い。

島の北東部の山地では、谷氷河――途方もない力で、しかし気づかないほどの速さで流れる壮大な氷の川――が、一帯の景色を深く切り裂いている。じっさいその深さは、谷底の氷上にエンパイア・ステート・ビルを建ててもほとんど隠れてしまうほどだ。「こんなところで何をしているんだろう?」崖の上を這って移動しながら私は自問した。午後も遅い時間、強風が吹き荒れ、立って歩けない状態だった。「何がわれわれをここへ連れてきたのか?」という第1章の疑問と同じく、この疑問にもさまざまな答え方ができる。北極地方の寒風吹きすさぶ午後ゆえに、疑問はこう言い換えてもよかったろう。「なぜ熱帯の浅瀬じゃないんだろう?」一時《いっとき》心に抱いたこんな不満はさておき、最初の疑問にはまず文字どおりにとらえて答えられる。私は、フィールド・ワークのパートナーであるアイオワ大学の地質学者キーン・スウェットとともに、スピッツベルゲンの崖に現れた原生代後期の分厚い地層の断面を記録していた。だがやはり別の答えもでき、それは「何をしているのか」だけでなく、「なぜしているのか」にも答えることになる。

この地域の地層の最上部には、コトゥイカン川沿いで見つかるのとほぼ同じ、カンブリア紀初期の化石が含まれる。その下には、八億〜六億年前に熱帯の海で記された、厚さ六〇〇〇メートル以上におよぶ長大な地質学の年代記が続いている。カンブリア紀の最古層より下の地層の例に漏れず、スピッツベルゲンの岩石には、骨もなければ押しつぶされた遺骸もなく、足跡も這い跡もない。動物の生きていた形跡は一切ないのだ。だからといって、この地層が堆積したころに動物がいなかったとは言い切れないが、何か存在していたとしても、堆積物にほとんど痕跡を残さない微生物だったにちがいない。もちろん、生命の系統樹は、動物の前にほかの生物がいたことを物語っているので、二枚貝や腕足類でなく、藻類や原生動物、さらには細菌の化石をその岩石に探してもいい。スピッツベルゲン島の北東部は、こうした初期の生物にかんする古生物学的な疑問をぶつけるのにうってつけの場所だ。それこそ、われわれがそこでしていたことであり、つまりはカンブリア爆発以前の生命と環境を知ろうとしていたのである。

北極海の孤島スピッツベルゲンへ行く

原生代の化石は、スピッツベルゲンで最初に見つかったわけではなく、もちろん私が最初に見つけたのでもない。栄えある第一発見者は、エルソ・バーグホーン。先カンブリア時代の古生物学の父で、ハーヴァード大学での私の恩師でもある。一九五四年、バーグホーンと地質学者のスタンリー・タイラーは、オンタリオ州（カナダ）西部のガンフリント層（累層）で掘り出した二〇億年近く前の岩石から、細菌の細胞を発見したと報告した。このとき私は三歳で、将来の自分の仕事の種が播かれたことに気づくべくもなかった。一方、スピッツベルゲンはまさに、私自身が先カンブリア時代の探求の旅を始めた場所だった。一九七八年、博士号を取ったばかりの新米助教だった私は、偉大なバーグホーン先生のもとから立派に独り立ちできる研究テーマを探していた。そして、ケンブリッジ大学のブライアン・ハーランドの論文に、この荒涼とした、だが宝の眠っていそうな島のことが記されているのを目にし、期待を込めてハーランドに手紙を書いた（「スピッツベルゲンで調査するにあたって、何かアドバイスをいただけますか？」）。返事は、考えられるかぎり最高のものだった。「今度の夏、一緒にどうですか？」ぜひお願いします、と返信をしたためながら、このときはこれが自分の研究の将来を決めるとは夢にも思っていなかった。

次の夏、私は小さなノルウェー漁船に乗って、ケンブリッジ大学の三人の研究者とともにスピッツベルゲン島の北端を回っていた。ガラスに見えるほど穏やかな海面が明るい陽差しを反射し、氷に覆われた沿岸の山並みを映し出している朝もあれば、嵐が来て、灰緑色の波が漁船（と私の胃袋）をおもちゃのように翻弄する日もあった。私には航海の知識はほとんどなかった。ましてや先の尖った棒で進路上の氷をどける術《すべ》など知らず、クジラが船に近づいてきたときの対処法に至っては皆目見当がつかなかった（速度を落とし、きわめて慎重に舵を切るのだ）。わずかに知っていたのが古生物学で、幸いにも、われわれが調べた露頭には有望な岩石が豊富にあった。

原生代の古生物の研究で少々いらだたしいのは、ターゲットがふつうあまりにも小さくて、肉眼では見えないことだ。だから、経験的に化石がありそうな岩石を採取し、期待をかけて研究室へ持ち帰り、作成した標本を何か月もかけて調べた末に、初めて当たりかはずれかがわかる。私はついていた。最初に見たサンプルが、素晴らしく保存状態の良い微化石に満ちあふれていたからだ。顕微鏡を覗いた私は、対物レンズの下に置いた岩石の薄片に「こよなく美しいもの」を見る恩恵にあずかって、さながらツタンカーメン王の墓室をランプで照らしたハワード・カーターの気分だった。こうして晴れて研究テーマを見つけてから、七年間繰り返し島を訪れた。ヘリコプターとかんじきで旅をしながら、この驚異に満ちた場所に潜む古生物の秘密を明かそうと、ひたすら努力したのである。

熱帯の海に堆積したもの

先ほど、スピッツベルゲンの岩石は熱帯の海に堆積したものだと言った。どうしてそれがわかるのか？　また、もしそのとおりなら、なぜ北極近くの山の上なんかにあるのだろう？　堆積岩の地質学は、理論と実験に支えられた逸話の宝庫だ。フィールド・ワークをする地質学者なら、湖岸の砂にさざ波模様ができるのを知っているだろう。一方で、フロータンクを使ってさざ波模様が形成できる物理的条件の範囲を決定し、その模様を実験室で作れるかと考える人もいるはずだ。観察と実験を何度も繰り返すことによって、堆積のパターンとその形成を担うプロセスとのあいだの関係性が見えてくる。そのため、経験豊かな地質学者は、太古の砂岩の層理や組成や肌理《きめ》を調べ、そこからその岩が形成されたときの環境や堆積過程を推測できる。

スピッツベルゲンの岩石を把握するには、地層の組成や厚みや層理の特徴を記録する必要がある。そして、岩にルーペを、ルーペに目を近づけ、顔を崖にこすりつけて、太古の堆積物を拡大して見ないといけない。ときおり「パースウェイダー」［訳注　脅しの道具という意味がある］――地質学者のベルトに常備されている鋼鉄の柄のハンマー——を振るっては、持ち帰れるようなこぶし大のサンプルを集める。研究室に戻ると、野外での観察でとらえきれないところを補うべく、薄片（岩石を紙のように薄くスライスしたもの）を作成して調べる。これを顕微鏡で覗けば、ミクロン（一〇〇〇分の一ミリ）スケールのものがわかるのだ。最後に、地層の各層の特徴を、ほかの地層や現在形成されつつある堆積物の特徴と比較する。そうした経験の集成に照らし合わせることで、はるか昔に存在した世界の小さな地域の歴史を再現できるのである。

スピッツベルゲンの地層は、アカデミカーブリーン層群に属している。この層群は、太古の海洋の端に、石灰岩とそれに近い岩石が分厚く（二〇〇〇メートルほど）堆積してできたものだ（図8）。ドロマイト[1]の薄層が不規則に重なったところは、とくに海岸線に堆積した事実を物語っている。こうしたミリ単位の厚みをもつ層——葉層（ラミナ）——の重なり（図9）は、今日干潟に微生物のマットが広がり、細かい堆積物の粒子をとらえて固め、パイ菓子のように繊細な薄層が重なってできる構造によ

1　石灰岩は、炭酸カルシウム（$CaCO_3$）の粒子が固まって岩になったものだ。これに非常に近い鉱物ドロマイト［$CaMg(CO_3)_2$］も岩を形成し、ドロマイト（苦灰岩）あるいは（とくにイギリス諸島で）ドロストーンという。地層に見られるドロマイトの大半は、もともと石灰質だった堆積物の化学変質によってできている。

図9　満潮線付近に堆積したアカデミカーブリーン層群の炭酸塩岩には、シアノバクテリアのマットに特有の波形に重なった薄層と、環境を把握する鍵となるティピー構造が見られる。炭酸塩岩の隙間に入り込んだ黒色チャートの団塊には、フィラメント状の微生物の化石が豊富に含まれている。写真の物差しの長さは6インチ（約15センチ）。

く似ている。一部の層では、多角形のひび割れが網目状に広がっている。現在でも、ぬかるみが干上がってひび割れができるときに、こんな模様が現れるだろう。太古のぬかるみにも、同じようにしてひび割れができたのだ。

もうひとつの興味深い特徴は、環境の把握に役立つ。あちこちで厚さ数センチ分の葉層が盛り上がり、多くは頂点で破断しているのだ（図9）。断面を見ると北米先住民のテント小屋――ティピー――に似ているので、これには「ティピー構造」という覚えやすい名前が付いている。ティピー構造は、今日、石灰が豊富にある温暖な海岸線に沿って、満潮線のすぐ上のエリアに形成されている。このエリアでは、表面の堆積物が太陽に乾かされ、海に浸かることはたまにしかない。そのような状況のもとでは、炭酸塩と石膏の結晶が成長し、表層への圧力がたまっていく。そしてついには層が反り返り、ひび割れた隆起ができる。

このように、アカデミカーブリーン層群の積層状態は、堆積した時代に加え、環境も記録している。つい先ほど、アカデミカーブリーン層群の炭酸塩岩のなかに、とくに海岸線で形成された部分があると述べた。当然だが、この岩石のそばには、もう少し海側、つまり満潮線と干潮線のあいだのエリアに堆積した層がある。この潮間帯の岩石には次のような特徴がある。まず、砂の層と泥の層が交互に重なり、波や潮のエネルギーの変化を記録している。次に、微生物のマットの層にティピー構造がない。また、潮の満ち干によってできた厚めの層には砂の葉層が斜めに入り、魚の骨のような模様となっている。さらに、潮のせいで下の堆積物に浅い溝が刻まれている。こうした特徴は、現在、バハマ・バンク［訳注 バンクは堆とも訳され、海洋中の浅いところ］のような場所でも見られ、干潟の堆積を示す明白なしるしとなる。

潮間帯の岩石と混じり合うように続いて、干潮線より下の潟湖《せきこ》に、石灰の泥や砂、さらには嵐のときに干潟から剝ぎ取られたかけらが堆積してできた層がある。太古のスピッツベルゲンの潟湖には、ウーイド——炭酸塩が同心球状に積層してできた微小な粒のことで、現在でも、海岸に打ち寄せる波によって、石灰分に富んだ温暖な水のなかを粒子が繰り返し浮遊するような場所で形成されている——の浅瀬もあった。厚さ一メートルほどにもなるドーム形の積層物や枝分かれした構造も、この連続した地層にはさまっている。これらは、微生物群集によってできたパッチ礁（点在する礁）である。

「現在は過去を読み解く鍵」

地質学者の卵が最初に学ぶ教訓といえば、「現在は過去を読み解く鍵である」というものだ。じっさい、現代のバハマ・バンクの堆積物は、アカデミカーブリーン層群の理解に役立つ。今日観察できるプロセスと太古の岩石に認められるパターンとを結びつけられれば、地球の歴史を地質学的に解明できるようになる。だが、この見事な仮定に頼りすぎるのは禁物だ。プロセスの斉一性は、「見かけは変わっても中身は同じ」を意味するわけではない。現在進行している地殻構造的・堆積学的・地球化学的な「プロセス」は、地球史全体を通じて有効かもしれないが、だからといって、地球表面の「状態」が歴史的に不変だったとは言えない。海洋の化学組成や地形や気候は、どれも時代とともに変化し、環境——それに生命——の歴史に決定的な影響を及ぼしてきたのだ。

ドイツの造形学校バウハウスの校長も務めた大建築家ミース・ファン・デル・ローエは、「神は細部に宿る」と言ったとされる。この言葉にも、太古の海洋や大気の状態を知る重要な手がかりがある。たとえば、先ほど触れたウーイドの浅瀬を考えてみよう。今日、海で見られるウーイドは、直径が最大でも一ミリほどで、砂粒程度しかない。ところがアカデミカーブリーン層群のウーイドは、エンドウマメぐらいもある。どうやら、スピッツベルゲンの潟湖の化学組成は、現代の最も近い状態の潟湖と比べてもずいぶん違っていたらしい。現在よりはるかにカルシウムや炭酸塩のイオンに富み、ウーイドを速く成長させ、大きなサイズにしていたのだ。スピッツベルゲンの大きなウーイドは、先カンブリア時代の地球が、単純に現在の世界から動物と植物をなくしただけの環境ではなかったことをほのめかしている。この知見は、のちの章で太古の地球史を語るうえで重要なテーマとなる。しかし今のところは、「斉一説」——「現在は過去を読み解く鍵である」——があくまでもプロセスについての言明であり、太古の地球の研究で普遍的に言える真理ではなく、むしろ作業仮説と見なすべきだということを覚えておけばいい。

ヴェーゲナーの大陸移動説

スピッツベルゲンの岩石が熱帯で堆積したと見なす理由をおおまかに示したあとは、それが今どうして北極圏をはるか北へ向かった場所の凍てつく山肌にあるのか、しばし考えなければならない。答えは、プレート・テクトニクスにもとづく地殻移動のプロセスによって、現在の場所へ運ばれたというものだ。大陸が長い時間かけて移動しているという説は、二〇世紀初めにドイツの気象学者アルフレート・ヴェーゲナーが提唱した。しかしこれが広く認められたのは、一九六〇~七〇年代、地球物理学によって、海嶺で生まれ海溝で消える海底のコンベヤーベルトが大陸を移動させている事実が明らかになってからのことだ。スピッツベルゲン島の北東部は古生代から中生代にかけて極方向へ動き、一億年以上前に現在の緯度に到達した。その後、大西洋が切り開かれたときに、この土地が同じ地質の場所(現在のグリーンランドにある)から分かれ、更新世の大氷河期の始まりとともについに氷に閉ざされた。スピッツベルゲンが地理的に移動したことは、ある意味幸運と言える。おかげで岩石が、きれいに露出しながらも、表面の風化をほとんど受けずに残っているからである。この陸塊が低緯度にとどまっていたら、そうはいかなかっただろう。

太古の地球からの生き残り

今では、スピッツベルゲンの岩石は、カンブリア紀が訪れる以前に、熱帯の海岸部で形成されたことがわかっている。しかし、その海に生命はいたのだろうか？　いたとしたら、アカデミカーブリーン層群の地層に記録は残っているのだろうか？　それこそまさに、知りたいし、見つけたいことであり、そのためには生物のデリケートな遺骸を残していそうな岩石を探さなければならない。そうした候補のひとつがチャート（フリント［火打ち石］としても知られる）で、石英の微結晶（結晶性シリカ、SiO_2）が緻密に組み合わさってできた非常に硬い物質だ。チャートは、地殻プレートの変形による機械的な破壊にも耐えられるほど硬く、腐食性の液体から中身を守れるほど透水性が低い。だからチャートのなかでは、物質――「生物」も含めて――は長期にわたって保存される。

チャートは先カンブリア時代の干潟の堆積物に多く、炭酸塩岩に入り込んだ黒い団塊（ノジュール）としてよく現れる（図9）。この団塊は、海底ではなく地層中で形成され、その証拠に、薄層構造などの地層の特徴は、炭酸塩からそこに入り込んだシリカへ、そのまま続いている。しかもチャートは、通常は石灰質の層に見られる組織上の特徴も見せる。そばにある炭酸塩岩で見つかるのと同じウーイドや微生物のマットや結晶性セメント（膠結物《こうけつぶつ》）［訳注　岩石中の鉱物や粒子のまわりに水にとけた鉱物成分が沈着したもののこと］の組織が存在するのである。多くの場合、団塊は、堆積の直後、埋もれて圧密［訳注　上の堆積物の重みで圧縮されること］が始まり、周囲の堆積物が曲げられる前に形成される。シリカは、それ自体に色はない。団塊が黒いのは、有機物を含むためである。

スピッツベルゲンのチャートには、素晴らしく保存状態の良い微化石が豊富に存在する。小さくも美しい宝石が、シリカの墓室に閉じ込められているのだ。満潮線より上で形成された炭酸塩岩のなかのチャートには、たいてい一種類の微化石しか含まれていない。直径一〇ミクロンほどの分厚い壁をもつチューブが、岩石中で緻密に編まれた組織を形成しているのだ（口絵2a）（一ミクロンは非常に短い長さで、一〇〇〇分の一ミリである。睫毛《まつげ》でさえ、この化石の一〇倍以上も太い）。このチューブは、フィラメント状のシアノバクテリア――「緑色植物」のような光合成をおこなっているタフな細菌——（口絵2b）の細胞を覆う鞘《さや》と解釈されている。微生物が編み込まれたさまは、この微生物がマットを形成していたことを示し、そのマットの痕跡は周囲の炭酸塩岩の波打つ薄層に刻まれている。多様性の乏しいシアノバクテリアのマットは、現在でも、フロリダ・キーズやバハマ、ペルシャ湾、それに西オーストラリアの不毛の海岸など、すぼまった湾の海岸線で形成されている。

現在の干潟では、微生物の多様性は海へ向かうほど豊かになるが、スピッツベルゲンの岩石も同じ傾向を示している。マットを形成するシアノバクテリアのような個体群は、太古に潮の満ち干があった領域を段階的に分けるように、マットの形成者と居住者（マットに住んでいるがマットの形成には寄与しない生物——現代のサンゴ礁に住みついている二枚貝のように）からなる点在する群集をつくっていた。

原生代の微化石は、昔から現生のシアノバクテリアと比較されてきた。だがいったいどれだけ近いのだろう？　ほとんどの「藍藻」（シアノバクテリアの別名）は単純な形をしており、太古と現代との形態の類似性が、その奥に潜む生理学的な違いを覆い隠している可能性もある。今日見つかるシアノバクテリアは、実際のところ、三葉虫が海を彩る前に進化を終えたと言えるのだろうか？　スピッツベルゲンで見つかるある美しい個体群が、この問題に素晴らしい洞察をもたらしてくれる。ポリベッスルス・ビパルティトゥスは、直径一〇〜三〇ミクロンの球形をした細胞に、細胞外分泌物でできた柄《え》がつながった構造をしている（口絵2c）。この化石は、太古の干潟の海寄りではばらばらの個体として見つかるが、もっと頻繁に水から出る場所では稠《ちゅう》密《みつ》な個体群として現れ、堆積面にまだら模様のクラスト（皮）を形成する。私の教え子ジュリアン・グリーンが大学院生だったころ（今はサウス・カロライナ大学にいる）最初に気づいたように、現在まで保存されている化石の形態的なバリエーションをもとに、その生活史が再構成できる。細胞は干潟の表面に落ち着き、成長するにつれ、細胞外の鞘を分泌しはじめた。こうした鞘がつながってできる柄《え》のおかげで、細胞は、石灰泥が流れ込んできてもつねに堆積物と水の界面に居つづけることができたのだ。あるサイズに達した個体は、成長を止めて繰り返し分裂し、できた小さな細胞が再び堆積面に分散して落ち着き、新しいサイクルが始まる。

先カンブリア時代の微化石についてこれだけのことがわかれば、現生生物と十分意味のある比較ができる。なのにもどかしいことに、これまで公表されているシアノバクテリアの生物学の概論には、スピッツベルゲンの化石に見られる一連の特徴を備えた現生の個体群の話は記されていない。しかしわれわれには、この微化石についてこんなこともわかっている。それらはかつて、炭酸塩が堆積した、熱帯から亜熱帯にかけての海に接する干潟に生息していたということだ。

この知識を携えて、私は近所の大学（ボストン大学）の友人でシアノバクテリアの権威でもあるスティーヴ・ゴルビックとともに、知りうるかぎり最も環境が近い現代の場所へ赴いた——バハマ・バンクである（科学はときに、スピッツベルゲンで夏を過ごす人間にその埋め合わせをしてくれるのだ）。アンドロス島の人里離れた西端で、われわれは、シアノバクテリアのマットが入り混じった石灰泥の干潟に点在する小さな黒いクラストを見つけた。潮間帯の上部に形成されたこのクラストは、微小な球状のシアノバクテリアで構成され、それぞれから細胞外に分泌された鞘が下方へ伸びていた（口絵2d）。そう、まさしく原生代の岩石から予言されたこの場所に、われわれは対応する現生生物を発見したのである。このシアノバクテリアは現生生物ながらそれまで知られておらず、形態やライフサイクル（生活環）や環境的な分布は太古のポリベッスルス・ビパルティティトゥスとそっくりだった。

スピッツベルゲンのケースは、たぐいまれな幸運ではない。スティーヴのもとで学んでいた大学院生アサド・アル＝トゥカイル（現在はサウジアラビアのキング・ファイサル大学にいる）は、ウーイドの粒に空けた穴のなかに住む新種のシアノバクテリアを六種発見している。そのほぼすべてについて、スピッツベルゲンやグリーンランド東部で見つかるケイ化〔訳注　成分がシリカに置き換わること〕した原生代のウーイドのなかに、ぴったり対応する化石があるのだ。これらのシアノバクテリアは決まった穿孔のパターンを示すので、現生種と化石種に共通する特徴のリストには、行動まで含まれる可能性がある。スティーヴとモントリオール大学のハンス・ホフマンも、今日不毛の干潟で見つかるようなマットを形成するシアノバクテリアと、二〇億年前に同様の環境に住んでいた化石種について、同じぐらい細かいスケールで比較をおこなった。

これらの発見を総合すると、原生代の化石の多くはシアノバクテリアらしいという昔から言われる話が裏付けられる。生息域は生理機能と直接相関があるので、太古と現在のシアノバクテリアの生息環境が非常に近いという事実は、スピッツベルゲンの——およびほかの原生代の——干潟に分布する微生物が、形態やライフサイクルばかりか生理機能までも本質的に現代のシアノバクテリアと変わらないことを示唆している。今日われわれが目にしているシアノバクテリアの多くは、事実、太古の地球からの生き残りなのである。

シアノバクテリアとは

今日シアノバクテリアは、きわめて塩分濃度が高い水などの厳しい環境のせいで動物には侵入しがたい海岸部に多く生息している。偶然にも、原生代の炭酸塩岩に含まれるチャートの団塊も海岸部に集中している。海水が蒸発してできる塩と同じように、シリカが析出したのである。それゆえ、チャートという古生物学のカンテラは、シアノバクテリアが繁殖した環境をとりわけ明るく照らし出してくれる。しかし、現代の干潟にいる生物はシアノバクテリアだけではない。マットの群集には、ほかの生物も――とくに細菌が――たくさんいる。なぜ、このはるかに多様な微生物がチャートの団塊に見つからないのだろうか？

干潟という場所は、実に苛酷な環境である。干潮時、そこに棲む者は、からからに乾燥させる強烈な太陽光に耐えなければならない。そうした乾燥に加え、塩水が浸透圧の効果でさらなる試練をもたらす。嵐のときには真水が逆方向の浸透圧の試練にさらす。シアノバクテリアは、細胞外に鞘を分泌して中の細胞を守り、こうした試練に耐える。この鞘が、古生物学ではとくに重要な役目を果たす。中の細胞と違って、死後も細菌によって分解されないからだ。したがって、シアノバクテリアはいわば微生物版の貝殻をもっているわけで、干潟のシアノバクテリアでは、これがとりわけよく発達している。干潟にはほかの細菌も住んでいるが、大半は保護壁や鞘を欠いている。

そのうえ、そうした細菌は微小で形も単純なので、とらえがたい。確かに、現存する化石に死後の分解の形跡があるという事実は、従属栄養型の細菌が干潟の環境に生息していたことを示している。この先論じるように、地球化学的な痕跡によって、こうした生物が少なくとも数種類は確認できるが、チャートの薄片に保存されている化石は、珍しいものではあっても、原生代の海岸沿いにいた微生物のほんの一部にすぎないという事実を認識しなければならない。

幸いにも、とりわけ保存状態の良い標本には、大きな価値があった。シアノバクテリアは、先カンブリア時代の地球で、労働者階級のヒーローだった。初期の海洋の主要な一次生産者であり、酸素の発生源として地球環境を改造したのである。現生のシアノバクテリアについては、系統関係も含め、多くのことがわかっている。そのうえ保存されやすいという幸運もあり、種《しゅ》が形状のみで識別できることも考え合わせると、シアノバクテリアが初期の生命の古生物学研究で最高に重要な存在であることがはっきりする。

消え去った生き物たち

スピッツベルゲンのチャートに含まれる化石の大半は、確実に、あるいはほぼ確実に、シアノバクテリアだが、比較的大型の微化石（一〇〇ミクロンより大きい）もまれに存在し、小さな瓶《かめ》に似た形のものもあれば（口絵2f）、トゲだらけのものもあり、別種の生物を興味深くも垣間見せてくれる。こうした化石が見つかるのは、沖から潮汐水路［訳注 干潟から干潮線にかけて発達する潮流による主な水路］へ流れ込んだ堆積物に限られ、この事実は、海のほうへ入っていけば、原生代の多様な生命がわずかにチャートに痕跡をとどめているのが見つかる可能性をほのめかしている。

スピッツベルゲンでの野外調査の際、私はウーイドの浅瀬より向こう、干潮帯の下の穏やかな海底に堆積した黒い頁岩のサンプルもたくさん採取した（チャートと同様、この頁岩が黒いのも有機物を含んでいるためだ）。チャートの生物相に夢中になっていた私は、頁岩のサンプルにはほとんど手をつけずにいたが、ニック（ニコラス）・バターフィールド（今はハーランドと同じケンブリッジ大学にいる）が大学院生として研究室に入ってくると、先カンブリア時代の岩石について実地の経験を積む意味で、それを調べてみるよう彼に勧めた。

微化石はどの時代の頁岩にもよく見つかり、分解を抑制する粘土鉱物とともにぎっしり詰まっている。この岩石の鉱物組織は強酸に溶けるので、残った有機物をスライドガラスに載せて、光学顕微鏡や電子顕微鏡で観察することができる。スピッツベルゲンの頁岩から従来のやり方で標本を作れば、従来知られている化石が得られる。だがニックは画期的な手法を編み出し、脆い遺骸を見つけてそっと取り出すことに成功した。彼は、実に丹念な仕事をして、古生物学の至宝を暴き出したのである。こうした頁岩からは多くのシアノバクテリアも見つかる。かつても現在も、この微生物の生息域は干潟に限られないわけだ。しかしスピッツベルゲンの頁岩には、さまざまな真核生物の化石も含まれ、その独特の形状によって見分けられる。干潟に流れ込んだ瓶形の化石もあれば、トゲに覆われた大きな細胞もある。さらに興味深いことに、頁岩には多細胞の藻類も存在する。これは微小な海藻の遺骸で、かつては浅い海底に繁茂していた。その化石のなかには、今日見られる緑藻によく似たものもあるが（口絵2e）、ほかは現代にそっくり対応するものが見当たらない。三葉虫や恐竜と同じように、自然選択や大災害によって（自然の）歴史のゴミ箱へ葬られ、絶滅してしまったのである。

ストロマトライトのメッセージ

スピッツベルゲンの化石は豊富で保存状態も良く、さまざまな堆積環境に分布しており、原核生物も真核生物も存在する。とはいえ、これらの化石は、黒色チャートと頁岩の限られた層準にしか見つからない。原生代後期の生命が真に多様で遍在していた事実は、別の生物学的指標が明らかにしてくれる。とりわけ目を引くのが「ストロマトライト」で、アカデミカーブリーン層群の岩石に見られる、波打つ薄層やドーム形や枝分かれした形になった構造物である（図10）。

ストロマトライトは、先カンブリア時代の海にできた炭酸塩岩に多く存在する。現在ではまれにしか見られないが、バハマ・バンクやとくに西オーストラリア州の僻地シャーク湾などの場所では、形成の様子が観察できる。微生物の群集は堆積物の表面を覆い、互いに絡み合って緊密なマットができる。マットの表面にいるシアノバクテリアは（また、ときには藻類も）、波や潮流で運ばれてくる微細な粒子をとらえ、合着する。泥や砂の膜が厚くなると、微生物は上へ成長し、新たな堆積物の表面に新たなマットを形成する。マットの奥深くでは、細菌が死んだ細胞を分解し、その部分の化学組成を変えて炭酸塩の結晶を作り出す。群集の形成、粒子の捕捉・合着、炭酸塩の析出といったプロセスは、不連続ながら果てしなく繰り返され、その結果、石灰岩の薄層が次々と重なっていく。ストロマトライトには、平らなものもあれば、ドーム

(a)

(b)

図 10　アカデミカーブリーン層群のストロマトライト。(a)微生物のパッチ礁。厚さはおよそ 4.5 メートルで、崖の法面（のりめん）に現れている。(b)柱状のストロマトライトの拡大写真。上に凸の特徴的な積層パターンを示す。右上のポケットナイフは大きさの目安。

形のものもあり、円錐や円柱に近いものもある。どれも、太古の海底で微生物が成長した過程を記録しているのである。

スピッツベルゲンの干潟に波形模様を描いて重なった炭酸塩岩には、チャートの団塊が含まれている。この団塊は、マットを形成する微生物をじかに記録にとどめており、ある場所では、沖合いにできたストロマトライトの礁を作ったシアノバクテリアが、フィラメントの一本一本を炭酸塩の細かいセメントに覆われるような形で保存されていた。しかし、大半のスピッツベルゲンのストロマトライトには微化石が含まれていないので、これを生物の造形ととらえるには、堆積のパターンと、前のパラグラフで簡単に述べた微生物学的なプロセスとの結びつきを頼りにしなければならない。スピッツベルゲンのようなそれほど古くない原生代の地層の場合、これはなかなか有効な手だてだ。ところが、この先わかるように、ストロマトライトの形成プロセスの仮定については、さらに過去へさかのぼると異論も出てくる。

このように一般にストロマトライトは、微生物群集に代わってその記録を堆積物に残し、まるでロビンソン・クルーソーが砂の上に見つけたフライデーの足跡のごとく、作り手の特徴ではなく存在を明らかにしているにすぎない。それでもこの情報は役立つ。というのも、八億〜六億年前、スピッツベルゲンの海底を、干潟から沖までほぼ全面、微生物が覆い尽くしていたことを示しているからだ。

バイオマーカー

アカデミカーブリーン層群の岩石には、ストロマトライトと同様、有機物も微化石よりはるかに広く分布している。オーストラリア出身の地球化学者で、現在マサチューセッツ工科大学にいるロジャー・サモンズは、原生代の堆積岩中の有機物に「バイオマーカー（生物指標化合物）」——岩石中に残され、岩石から取り出せるような生物起源の分子——が含まれていることを明らかにした。この分子は主に、細菌による分解という厳しい試練をくぐり抜けた脂質でできている（残念ながら、ＤＮＡのように窒素やリンを豊富に含む分子が非常に古い岩石に残っている可能性はゼロに近い）。今までのところ、スピッツベルゲンの岩石にバイオマーカーを探す試みは目立った成果を収めてはいないが、ほかの場所、とくにグランド・キャニオンの奥底に現れている同時代の頁岩には、多様かつ豊富なバイオマーカー分子が、古細菌や細菌、原生動物、藻類——これらの大半は識別可能な微化石を残していない——の分子的な痕跡をとどめている。

「同位体」組成の意味

生物は、もうひとつ、さらに普遍的な形で、スピッツベルゲンの岩石に暗号化されている。個々の微生物は実にちっぽけな存在だが、集団による生理的効果は絶大で、海洋の化学組成を変化させるほどにもなる。その最たる例を挙げれば、光合成生物は、海底に堆積した炭酸塩鉱物や有機物の「同位体」組成に影響を及ぼす。

同位体は、ふたつめの「ジェイコブ・マーレイ」的な事実となる（ひとつめは細菌の代謝の多様性だと前に述べた）。そこでこの化学的概念を理解する必要がある。同位体によって、代謝の進化の歴史がたどれるからだ。しかも、あとの章でも知ることになるが、同位体は地球史全体を通じて、生命と環境変化との相互作用を理解するうえで、重要な鍵を提供してくれるのである。

炭素原子には、原子量で区別される三つの種類がある。およそ九九パーセントの炭素は^{12}C（炭素12）だ。これは陽子六個と中性子六個を含み、原子量が12であることを示している（電子の質量は無視できる）。残りの一パーセントのほとんどは^{13}C（炭素13）で、余分な中性子を一個もつため原子量が13となっている。さらに、ごくわずかに^{14}C（炭素14：余分な中性子が二個）もあるが、このタイプは放射性をもち、数千年の時間的尺度で崩壊して窒素になる。そのため^{14}Cは、非常に古い岩石の議論には登場しない。

原子量の違いにより、これらの「同位体」はある種の化学反応で異なる挙動を見せる。とくに、光合成生物が二酸化炭素（CO_2）を取り込んで有機分子を作る際、原子量の小さな^{12}CをもつCO_2は、^{13}CをもつCO_2よりも取り込まれやすい。その結果、光合成で作られる有機物に含まれる^{13}Cと^{12}Cの比は、同じ環境で生成する炭酸塩鉱物の場合とは明らかに違う値となる。このような量的な差異を「分別効果」という（図11）。この差異は決して大きくはないが（二五～三〇パーミル［訳注　千分率の単位］程度）、質量分析計をもつ地球化学者には簡単に検出できる。さらに、この分別効果は堆積物中で維持されるため、太古の光合成を知る地球化学的な指標となる（われわれのように、植物、藻類、シアノバクテリア、あるいはほかの光合成細菌を摂取する側の生物は、新たな分別効果をほとんどもたらさない）。スピッツベルゲンの岩石では、炭酸塩鉱物と有機物に含まれる炭素の同位体比は、一貫して約二八パーミル異なる。したがって光合成は、現在と同じように原生代後期の海の生態系も活気づけていたのだ。

化学組成は、硫酸塩還元細菌を探るための古生物学的な指標にもなる。第2章で触

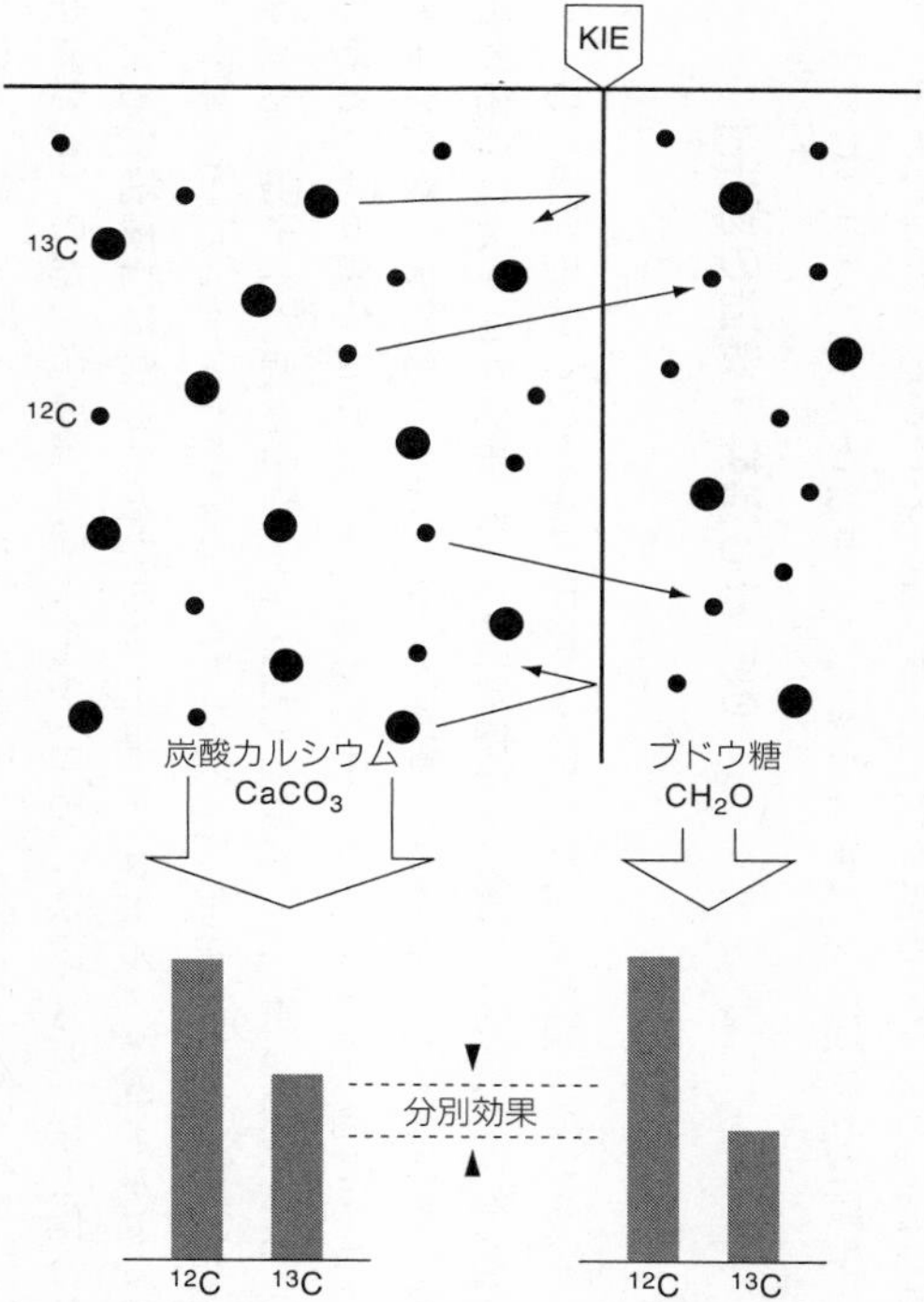

図 11　光合成生物が炭素の同位体を分別する作用を表す図。黒い点は二酸化炭素の分子で、小さいものには ^{12}C、大きいものには ^{13}C が含まれている。光合成生物は $^{12}CO_2$ を優先的に固定するので、光合成生物（およびそれを摂取する生物）の体内の有機物には、周囲の環境と比べて ^{13}C が少ない。生化学者はこれを速度論的同位体効果（kinetic isotope effect）と呼んでいる ── 図に「KIE」と記したのはそのため。生物がもたらす同位体「分別効果」は、同じサンプル中の石灰岩と有機物で調べた ^{12}C と ^{13}C の比の差異として、堆積物中にとどまることになる。

れたように、硫酸塩還元細菌は、海洋の炭素循環を成立させるうえで重要な役割を果たしている。硫酸イオン（SO_4^{2-}）を使って有機分子をいわば呼吸している（酸化させている）のだ。硫酸塩は硫化水素（H_2S）に変換され、鉄と化合して黄鉄鉱（FeS_2）となって堆積物に残ることがある――よくフールズ・ゴールド（愚者の金）〔訳注　金に見間違えやすいことから付いた名前〕として売っているあれだ。生物による硫酸塩の還元では、^{32}S（陽子一六個と中性子一六個）のほうが、重い同位体^{34}S（中性子が二個余分にある）より優先されるため、堆積物中の黄鉄鉱には、同じ水域でできた石膏（硫酸カルシウムの水和物）と比べて^{32}Sが豊富に含まれている。スピッツベルゲンの岩石は、硫黄循環に欠かせない生物が、炭素循環の場合と同様、この北極海に浮かぶ島のグレーの岩層が堆積したときに存在していた事実を物語っている。

「生物の指紋」は残っている

一見してそうだったとおり、スピッツベルゲンに残された原生代の凍てつく岩石には、骨もなければ殻もなく、這い跡の化石も見当たらない。週末の化石探しに訪れた収集家（あるいはダーウィン！）を喜ばすものは一切ないのだ。しかし、化石がないというのは見かけにすぎない。骨や殻は、先カンブリア時代の古生物の調査に対する誤ったイメージなのである。

分厚いスピッツベルゲンの地層に含まれる炭酸塩鉱物と有機化合物の炭素には、光合成による同位体の刻印が押されている。同様に、硫黄を含む鉱物にも、硫酸塩還元細菌による代謝の痕跡が残されている。さらに、ストロマトライトは海底に微生物群集が遍在した事実を語り、微化石は、海底にも水中にも多様な生物がいたことを記録にとどめている。

このように、注意深く観察すれば、生物の指紋はスピッツベルゲンにある原生代の岩石のいたるところで見つかる。地質学的な記録に、生命の系統樹を刈り込める初期の進化の記録が確かに収まっているのである。ここまでのスピッツベルゲンの話は、太古の岩石をどう研究し、何を探せばいいのかを教えてくれている。しかし、この不毛の島で最も古い八億年前の岩石でも、まだ地球の歴史に比べれば若い。では、これまでに得た教えを地層の最底辺に当てはめたらどうなるだろうか?

4　生命の最初の兆し

三五億年前に形成された西オーストラリアのワラウーナ層群の堆積岩は、初期の地球の生命と環境について、最高に古い兆しを示している。ワラウーナの岩石には、ストロマトライトのほか、細菌の化石と解釈されている微細な構造も存在するが、この解釈には今も異論がある。化学的な痕跡は、生命の歴史の古さについてさらに説得力に富む証拠を提供してくれるが、それが記録している生物のタイプは、やはりはっきりわかっていない。地球に最初に現れた生命を探る地質学調査で、われわれはまだかすかな光を望遠鏡で覗いているような段階なのだ。

オーストラリアの奥地へ

一八世紀の末に地質学を創始したジェームズ・ハットンは、難解な文章の書き手だったが、一方で地球科学者におなじみの警句をひねり出した。地質の記録は「始まりの形跡も終わりの展望も示してはいない」と言ったのだ。終わりの展望については今なお見当がつきそうにないが、一九八〇年代ごろから古生物学者たちが、生命の始まりの形跡と正真正銘見なしうるものを明らかにしている。

七月終わりのある晴れた日に、私はこの形跡を調べるべく、ノース・ポールへ向かっていた。轍《わだち》のついた未舗装路をランドローバーでガタガタ走ると、熱気と砂ぼこりが車内に充満する。そこらじゅうにハエも飛んでいる。このノース・ポールは、実を言うとオーストラリアの北西部にある――北極《ノース・ポール》という名前は、オーストラリア人流のユーモアで、地球で最高に暑い場所のひとつを示している（図12）。助手席で激しく揺られ、ラジオでぼんやりフランク・シナトラを聴きながら、周囲の地質を読もうと目を凝らす。だがそれは容易ではない。北極の露頭に現れたグレーの濃淡を見分けるのに慣れていた私の目も、すべてが赤みがかったオーストラリアの奥地では役に立たない。幸いにも、私には心強い相棒がいた。ハンドルを握っているロジャー・ビュイックは、当時ハーヴァード大学のポスドクの研究生で、今はワシントン大学の地質学教授となっている。ロジャーは進歩的な考えをもつ切れ者で、痩せた筋肉質の体とぼさぼさの長髪が、優秀な学者である中身を覆い隠している。大石がごろごろ転

図12　オーストラリアのノース・ポール付近にあるこの低い山並みは、35億年近く前に形成された堆積岩と火山岩でできている。ノース・ポールの岩石には、初期の地球の生命と環境について、最も古い形跡の一部が残されている。左下のランドローバーが縮尺の目安になる。

がるこの低い山並みで地質を見極めることにかけて、彼の目の鋭さは天下一品だ。

　針のように鋭い葉の草スピニフェックスとギザギザの葉をしたアカシアがまばらに生えただけのノース・ポールの山並みは、初期の地球の途方もない遺物をさらしている。ワラウーナ層群という、三五億年近く前に形成された堆積岩と火山岩からなる分厚い地層である。これらの岩層は、卵形をした花崗岩のドームとドームの隙間で褶《しゅう》曲《きょく》し加圧され、大部分は変成作用のある熱や圧力のせいで大きく変化している。ノース・ポールとほかにいくつかの場所だけが、地殻変動の幸運にあずかり、ほとんど変化のない状態で保たれている。ここで、生命の歴史の古さが問えるのだ。

「年代の証明」という問題

だが、その問いかけをする前に、スピッツベルゲンの岩石を論じたときにさらっと流してしまった問題に取り組む必要がある——年代の証明という問題である。ノース・ポールの岩石が三〇億年以上も前に形成されたとどうしてわかるのだろう？

地質年代の測り方は二通りある。岩石に残った記録としてわかる出来事は、地球史を三つの期間に分ける。その出来事より前の期間と、出来事そのものの期間と、それ以後の期間だ。ある場所で見える岩石の分布と空間的位置関係を図にすれば、一連の出来事が発生した順序に並べられ、「相対的な」時間的尺度ができる。原理上（実際には必ずしもそうならないが）、このルールは単純だ。堆積物や、火山から噴き出た灰や、溶岩流は、重力にしたがって地表や海底に積もる。だから、そのようにして積層した岩石は、下の層より新しい。また、そうした岩層に貫入した火山岩は、貫かれた側の岩石よりも新しい。さらに、岩層に変化を加える出来事——褶曲、断層、浸食、

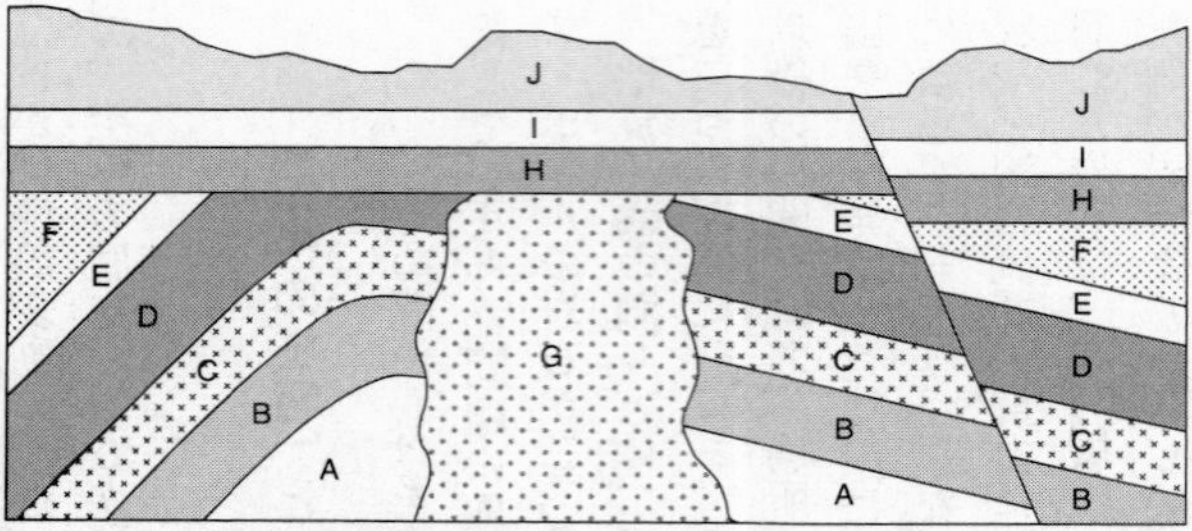

図13　地質断面図。地質学で相対的な古さの関係を明らかにする手だてが、これからわかる。詳しくは本文を参照。

変成——は、明らかに堆積よりあとに起きている。

こうした単純な関係を知ることで、切り通しや採石場や山肌に現れている出来事の順序がわかる。たとえば、図13に描いた地質断面図でわかる最も古い出来事は、地層Aの堆積であり、それに続いて地層B～Fが順に形成された。その後、これらの地層が褶曲し、花崗岩Gが貫入した。さらに、これら古い地層が浸食を受けて均《なら》されてから、地層H～Jが順に積もった。図の右側の断層はすべての地層にわたっているので、さらにあとに起きたにちがいない。この断面図から推測できる最も新しい出来事は、現在の地表を削り上げた浸食である。

このようにしてわかる局所的な地史を地球規模に広げるには、異なる地域——ロッキー山脈とアパラチア山脈、北米とオーストラリアなど——で見つかる地層の時間的関係を明らかにする手だてが必要になる。カンブリア爆発以降に堆積した地層については、層序対比〔訳注　地層の新旧関係を判定すること〕をおこなう上で化石が最良の手引きとなる。事実、地質年代区分（19ページの図1）の代や紀やさらに細かい下位区分は、何よりも生物種の構成の時間的変化にもとづいている。堆積岩や火山岩には、化学組成や磁気の影響にかんする際立った特徴も残っていることがあり、それが化石による対比の結果を補ったり、場合によっては一変させたりもする。

ふたつの地層から同じ化石が見つかったら、両者は同じ古さだとわかるが、それだけではどれだけ古いのかはわからない。これを知るためには、時間の経過を定量的に記録できる自然界のクロノメーター（標準時計）が必要になる。そこで、造岩鉱物に閉じ込められた放射性同位体が、地質学の時計の役目を果たす。

放射性同位体は、本来的に不安定な原子で、自然に崩壊して安定な娘核種〔訳注　核種とは原子核の種類のこと〕となり、崩壊の速度は実験で正確に測定できる。したがって、ある鉱物から放射性の親核種がどれだけなくなったか、つまり、安定な娘核種がどれだけたまったかが決定できれば、その鉱物自体の年代が計算できる。不思議なことに、放射性崩壊において一定なのは、決まったインターバルのあいだに崩壊する放射性同位体の「割合」であって、原子の数ではない。そのため、鉱物中の放射性同位体が時間とともに減ると、同位体が崩壊する絶対的な速度も減少する。放射性同位体が崩壊するペースを「半減期」という。鉱物に含まれる放射性同位体の半分が崩壊して別の元素になるのにかかる時間を意味している。

古典の素養がある読者なら、ゼノンのパラドックスを思い出すだろう。アキレスがウサギを追いかけるといった状況で提示される古代ギリシャの難問である［訳注 一般にはウサギでなくカメだが、ここでは著者の記述に従う］。アキレスは勇士なので獲物より速く走り、この狩人と獲物の距離は一分ごとに半分に縮まる。するとアキレスはいつウサギを捕らえられるだろうか？ 答えはもちろん「捕らえられない」だ。ウサギが一定の速度で走るとすれば、アキレスは減速しつづけることになるからである。二〇〇ヤード離れた状態から始めたとして、アキレスは最初の一分で二〇〇ヤード進み、そのあいだにウサギは一〇〇ヤード進む。ところが、次の一分でアキレスは一五〇ヤードしか進まず、四分めは一一二・五ヤードになる。ここで、アキレスが走った距離と、ウサギからの距離に対する彼の速度変化がわかれば、この厄介な獲物を追いかけてきた時間が算出できる。これが要するに、放射性年代決定の仕組みである。

放射性年代決定の最も有名な方法は、^{14}Cつまり炭素14を利用するものだ。これは炭素の希少な同位体で、天然の状態では宇宙線によって生成し、人為的には核爆発でできる。そして五七三〇年の半減期をもち、崩壊して窒素（^{14}N）になる。^{14}Cはかなりまれにしか存在せず（炭素原子一〇〇〇個あたり一個よりも少ない）、半減期も相当短いので、これによる放射性年代決定は過去一〇万年程度に限られる。もっと古い年代の試料では、^{14}Cが十分に残っておらず、正確に測定できないのだ。このように^{14}Cは、エジプト学者や、毛むくじゃらのマンモスに関心のある古生物学者にとっては素晴らしい道具となるが、地球の遠い昔を明らかにするのには役に立たない。

ワラウーナ層群の年代を明らかにするには、さらに悠然と時を刻む時計が要る――半減期が何千万年、さらには何十億年といったオーダーの放射性同位体だ。早くから地質年代決定に役立ちそうなものの候補と見なされてきたのが、カリウム40（^{40}K）である。この不安定な同位体は、崩壊してカルシウム（^{40}Ca）――あいにくこれは、鉱物にもとからあるカルシウムイオンと区別できない――になるか、アルゴン（^{40}Ar）――こちらはふつうのアルゴンと区別できる――になる。半減期は「一二・五億年」である。しかもカリウムは、造岩鉱物に豊富に含まれ、広く分布している。花崗岩にピンクの色合いを与える長石《ちょうせき》や、火山灰でできた微細な鉱物や、風化してできる粘土に見ることができるのだ。

このような利点があるのに、カリウム-アルゴンのクロノメーターは、初期の地球に関心のある地質学者にさほど利用されていない。^{40}Kが時計の役目を果たすとしても、地殻変動や変成のプロセスが、時計の針を回して遊ぶ子どものような振る舞いを見せるからだ。鉱物が形成されたずっとあとに起きた地質学的な出来事が、鉱物からアルゴンを追い出して、時計をリセットし、過ぎ去った時間の化学的な記録を抹消してしまうことがあるのである（希ガスのアルゴンは、鉱物の化学的な格子にゆるやかにつなぎ止められているにすぎない）。

古い岩石の年代を決定するために必要となるのは、飛行機の「フライトレコーダー」のような役目を果たすシステムだ。つまり、鉱物からなかなか失われず、たやすく変化しない同位体である。その意味でジルコン――花崗岩やそれに類する火山岩に見つかる鉱物で、ウランを含んでいる――が、先カンブリア時代の地質におけるフライトレコーダーとなる。それどころか、岩石の形成時にジルコンの結晶に捕らえられたウランは、二種類の信頼性の高いクロノメーターになる。ウラン238（^{238}U）は半減期が約四五億年（地球の年齢）で、崩壊して鉛206（^{206}Pb）になり、さらに希少な^{235}Uは半減期が七億年強で、^{207}Pbに壊変するのだ。これは、測定した年代をクロスチェックする有効な手段となる――二種類の時計が同じ年代を示さない場合、そのジルコンは変化してしまっている。

ジルコンに難点があるとしたら、タフすぎることだ。ほかの大半の鉱物と違って、ジルコンは、火成岩が晶出し、変成・浸食を経て、砂粒となって堆積するといった岩石輪廻《サイクル》を、化学的に何ら損なわれることなく耐え抜ける。それればかりか、地殻を上昇するマグマが周囲の岩石からジルコンを引き抜いて、古い鉱物を（したがって「時計」も）新しい岩石に混ぜ込むことがある。さらに、ジルコンは地球内部を通過するたびに成長する。太古代[1]のジルコンには、中心核のまわりに六つの層をまとっているものがあり、各層はそれぞれの地質学的な出来事によって付着成長した産物なのだ。

オーストラリア国立大学のウィリアム・コンプストンは、太古のジルコンの放射性年代決定を詳細におこなう巧みな装置を開発した。高感度高分解能イオン・マイクロプローブ（略号ＳＨＲＩＭＰ――以前コンプストンの研究室で火事があったときに、案の定、「バーベキューでエビ（ＳＨＲＩＭＰ）を焼いちまった」といったジョーク

1　Archean［太古代］（原生代の前の地質年代区分）とArchaea［古細菌］（生命の系統樹を構成する大枝の一本）は、どちらも「古い」という意味のギリシャ語archaiosに由来している。しかし、それ以外にこのふたつの用語につながりはない。似た名前だからといって、太古代（Archean Eon）が古細菌の時代（Age of Archaea）というわけではない。地質学者と生物学者が話をする機会があまりないだけのことだ。

が飛び出した）と名づけられたこの装置は、細いレーザービームでジルコンの成長層を一層一層サンプリングできるため、地球化学者は各層の年代を別個に決定することができる。ＳＨＲＩＭＰは太古代の地質学に革命を起こし、初期の地球における堆積・火山・地殻変動にかかわる現象の複雑な時間的関係が解明できるようになった。

こうして、コトゥイカン川沿いにあるカンブリア紀最古層の岩石がおよそ五億四三〇〇万年前のものだとされる理由も明らかになる。カンブリア紀初期の化石を含む堆積岩に、ジルコンを含む火山岩がはさまっている場所があり、ウラン－鉛の年代測定によって、そのジルコンが五億四三〇〇万（プラスマイナス一〇〇万）年前に晶出したことがわかるのだ（「プラスマイナス一〇〇万」は、年代測定にかかわる誤差の推定値。これは統計的な言い方で、晶出した真の年代が九五パーセントの確率で五億四四〇〇万～五億四二〇〇万年前の期間に収まることを指している。優れた地質学者はこうした誤差範囲に細心の注意を払う）。スピッツベルゲンの地層にはっきり年代決定された岩石はないが、アカデミカーブリーン層群に共通の化石と化学的特徴のおかげで、ほかの場所で見つかって比較的はっきり年代がわかっている岩石と一応おおまかに関係づけられる。

ワラウーナ層群の年代に対しても、同じやり方が利用できる。この層群の一番上と一番下に近い火山岩に含まれるジルコンをSHRIMPで分析すると、それぞれ三四億五八〇〇万(プラスマイナス二〇〇万)年前と三四億七一〇〇万(プラスマイナス五〇〇万)年前という結果が得られる。これらの年代がこんなにも正確にわかったという事実は、地球科学の偉大な功績として、ワラウーナの生命と環境の研究に特別な意義を与えている。

三五億年前の生命の痕跡は?

スピッツベルゲンの先カンブリア時代後期の地層では、ほぼいたるところに生物の痕跡が見つかる。ところどころ微化石があり、そこかしこにストロマトライトが目につき、堆積岩中の有機物にはバイオマーカー分子が残され、地層の岩石に含まれる炭素や硫黄の同位体の量も生物が存在した形跡を示している。では、ワラウーナ層群を純古生物学的見地から探ると、何が明らかになるだろうか?

実を言うと、ノース・ポールの堆積岩/火山岩の混合層は、ほとんど火山岩で、堆積岩はわずかしかない。これは古生物学者にとって好ましいこととは言えない。九五パーセント以上が、陸地や浅瀬に流れ込んだ溶岩と、火山灰の層と、火山岩の破片でできた粒の粗い層なのだ。三五億年前のワラウーナは、ネックレスのようにつながるインドネシア諸島の火山群に似た場所だったのかもしれない。だが細かく言うと、太古代の地形は、現代の地形から単純に類推して説明するわけにはいかない。

堆積岩は、大半が黒色チャートとして残っており、火山に囲まれた湾に堆積したものだ。ここまで読んでいれば、チャートの存在が古生物学者に期待を抱かせることはわかる。だが、このノース・ポールにあるシリカの豊富な岩石は、スピッツベルゲンのものとはずいぶん違うプロセスでできている。こちらの古いチャートは、火山の熱で温められた流体がワラウーナの堆積物に浸透して析出し、堆積直後の鉱物と入れ替わったものなのだ。期待を抱く古生物学者にとっては残念な話だが、このようにして形成されるチャートは、生物の痕跡を残す一方で破壊する可能性も高い。さらに問題を複雑にしてしまうのが、このチャートのなかに、堆積岩と火山岩の積層の裂け目にたまった鉱脈として生じたものがあるという事実だ。どうやらこれは、現在イエローストーン国立公園の温泉群を湧出させている地下水脈のネットワークに似た熱水脈の系の一部だったらしい。

このような地層が堆積したプロセスを解明するには、構成する岩石の種類の分布を丹念に調べ、露頭と実験室における観察をもとにシリカのベールの向こうを透かし見なければならない。ロジャー・ビュイックは、西オーストラリア大学で博士課程の学生だったとき、まさにそれをやってのけた。オーストラリア人の同僚とともに、ワラウーナの堆積岩の大半は、泥や砂や石が周囲の火山から削られ、近くの湾に堆積してできたことを実証したのだ。ときどき砂嘴《さし》などの障害物が湾の入口を塞ぎ、沿岸の潟湖へ水が入らなくなった。すると蒸発によって湾内の水に溶存するカルシウムイオンと炭酸イオンの濃度が増し、炭酸カルシウムが白亜として生成した。無数の微結晶が水中にできて潟湖を乳白色に染め、石灰泥となって海底に積もったのである。蒸発がさらに進んで堆積した地層の多くを、ロゼット（放射花弁）状の石膏の結晶が彩る。実際には、この岩層中の石膏ははるか昔に失われている。代わりに埋まったシリカが、かつてそこにあった形跡を、石膏特有の結晶形としてとどめている（図14a）。

ノース・ポール一帯でなにより珍しい岩石と言えば、硫酸バリウムつまり重晶石（バライト）の層かもしれない。扇状だったり、細長い柱がもっと緻密な層を形成していたりしており、海底で氷砂糖のように成長した結晶だ。もっと新しい堆積岩の層では重晶石はまれにしか見られないが、オランダのユトレヒト大学のワウテル・ナイマンらは、ワラウーナ層群に見られる大きな重晶石の塊について、熱水流体が噴き出る海底で形成されたと考えている。人間から見れば、こうした噴出口はとうてい住めない異質な場所に思えるが、生命の系統樹で古い枝に見つかる好熱性微生物にとっては、灼熱の楽園だったはずである。

この土地でも、微生物によって積層されたスピッツベルゲンの炭酸塩岩と同様、堆積岩に波形模様を描いて重なった層が見られる。また少数の場所では、この積層が上にふくらむように曲がり、ドームや円錐を形作っている――ストロマトライトに特有の形状だ（図14b）。ワラウーナのストロマトライトは、一九八〇年、スタンフォード大学でドン・ロウが、オーストラリアではマルコム・ウォルターとジョン・ダンロップと（やはり）ロジャー・ビュイックが、独立に発見して初めて報告した。前の章で触れた現在のストロマトライトの成長からの類推が、ついに行き着くところまで行ったのだ。地球上で最も古い堆積岩のなかに、この地質学者たちは生物のなじみ深い痕跡を見つけたのである。

いや、本当にそうだろうか？ ロジャー・ビュイックらは早くから注意を促していた。一九八三年に公表された思慮深い論文には、「かもしれない」とか「ありうる」といった言葉が随所にちりばめられている。ワラウーナに見られる構造が細菌によって作られた可能性はないとは言わないが、生物の作用で固まったという確たる証拠がない、と彼らは言っていた。そのうえ、これほど古い岩石になると、生物の直接的な

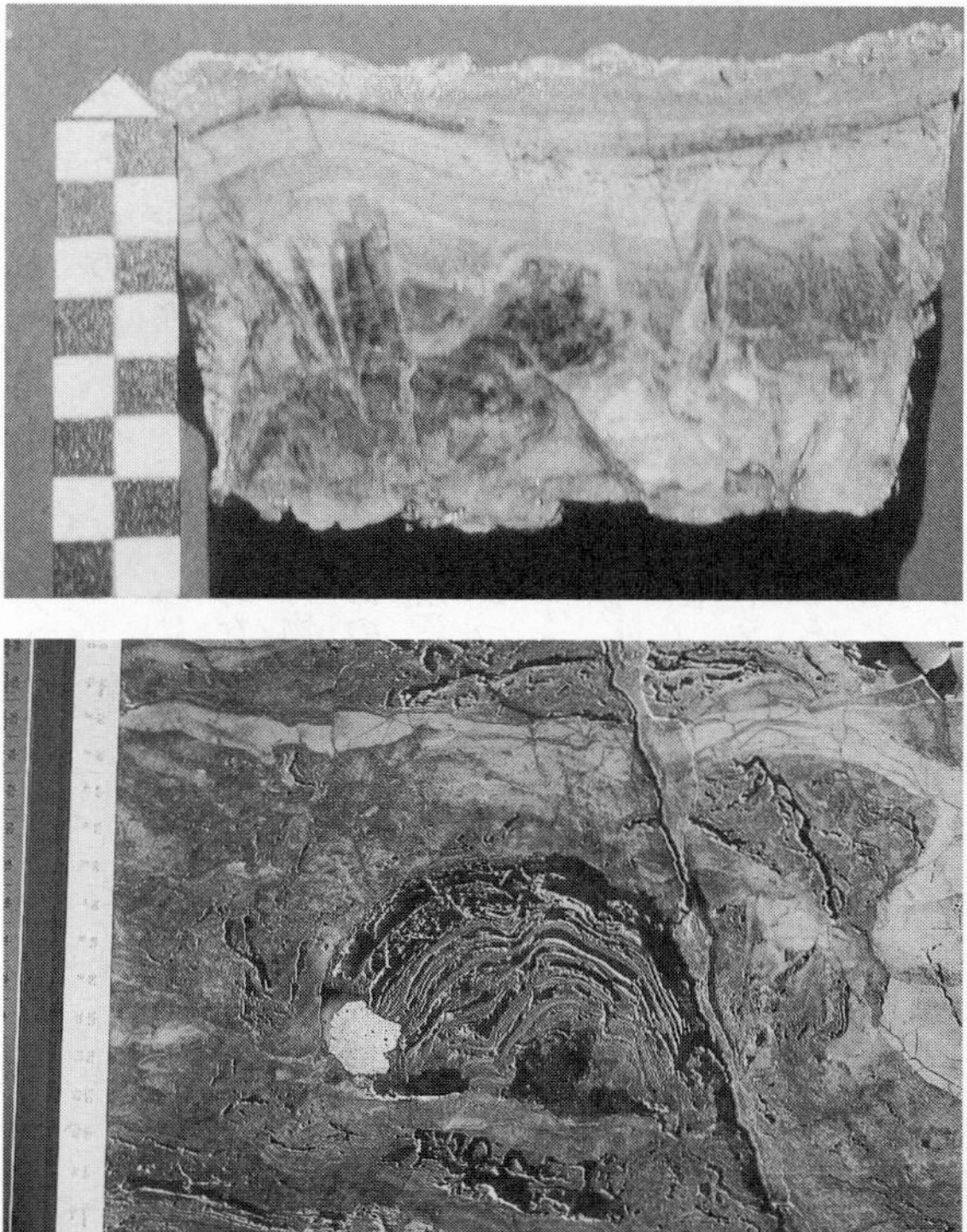

(a)

(b)

図14　ワラウーナ層群の堆積岩の特徴。(a)濃灰色の部分は石膏の結晶（今はシリカに置き換わっている）で、海底で成長したあと、泥と砂の薄層（白っぽい層）に埋まった。左の物差しの目盛は1センチ。(b)ロジャー・ビュイックらが1980年代初頭に見つけたストロマトライト。現在、多くの議論を呼んでいる。左にあるのは15センチの定規。（写真(a)はロジャー・ビュイック提供）

証拠はほとんどないので、解釈も臆測に近くなる。だがわれわれは、三五億年前に生命が存在していたのか否かを知りたいのであって、「かもしれない」では結論として満足できないのだ。

一九九〇年、ドン・ロウはさらに一歩退いた。ワラウーナのストロマトライトを、海底に鉱物の層が堆積する化学的なプロセスと、その層がまるで足を滑らせてずれたカーペットのように上へふくらむ物理的なプロセスという見地から、率直に解釈しなおしたのだ。この見方では、生命の関与はどこにも現れない。

ではなぜ、生物の作用とする解釈に確証がないのだろう？　簡単に言えば、微生物がマットを形成するプロセスによって細かい積層構造ができるのは確かだが、そうした構造を作るプロセスはそれだけではないのである。似たようなものは、微生物のマットがなくても、そのあたりの水に高濃度で鉱物が溶けていればできる可能性がある。じっさいイエローストーン国立公園では、シリカの飽和した水が時たま温泉からあふれ、微生物の作るストロマトライトに似た積層構造ができている。

スピッツベルゲンでは、このことはあまり問題にならなかった。八億～六億年前の海には、この種の堆積を起こすほどのカルシウムや炭酸塩（あるいはシリカ）が含まれていなかったからだ。ところが初期の地球では、海の化学組成が異なっていた。マサチューセッツ工科大学（ＭＩＴ）の地質学者ジョン・グロッツィンガー（あとでまた登場する）は、太古代の海にはカルシウムイオンや炭酸塩イオンが非常にたくさん含まれていたため、しばしば炭酸塩鉱物である方解石やアラゴナイト（霰石《あられいし》）が海底にじかに析出して形成されたと説明している。そうした堆積物には、析出してできたとはっきりわかる大きな扇状の結晶もあるが、平らな積層やドームのほか、小さな柱状物が平行に並んだ形のものもある（第7章参照）。そのとおりなら、ワラウーナのストロマトライトを顕微鏡で調べ、マットを形成する生物の化石が残っていないか確かめる必要がある。しかし残っていないので、このような構造の形成に生物がどの程度関与したのかを明らかにすることは難しくなっている。

現時点では、ワラウーナのストロマトライトの形成要因は解明されていない。最近になって、ハンス・ホフマンとキャス・グレイという経験豊かなストロマトライトの専門家ふたりがワラウーナで新しい構造を発見している。彼らは、それが生物の作用を支持する結論を下すことになるのではないかと期待している。その構造は、薄い板状の結晶が析出した層がいくつも重なってできたもので、円錐形をしている。微生物なしでそんな形が海底にできることは、めったにあり得ない。

だが、ワラウーナで見つかった円錐が生命の手助けを表しているとすれば、どんな

「タイプ」の生物が活動していたのだろうか？　現代の地球では、マットを形成する生物はシアノバクテリアがなにより有名なので、太古のストロマトライトもすべて、シアノバクテリアのマットと結びつける傾向が見られる。しかし、マットを形成する細菌はほかにもいるため、シアノバクテリアが三五億年前から存在していたと最初から考える理由はない。太古のワラウーナの地層に生物の痕跡を探るうえで、ストロマトライトはそれらしきことの走り書き――幼少期の地球で誕生した生命の、興味深くもあいまいな手がかり――しか見せてくれないのだ。

生物か鉱物か、論争は続く

スピッツベルゲンのチャートには、まぎれもなくシアノバクテリアと言える微化石が含まれており、この青緑色をした細菌が当時のストロマトライトを作ったという確信がもてる。ワラウーナの黒色チャートも同じように情報を与えてくれるのだろうか？　一〇年以上にわたり、おおかたの人はイエスと考えていた。しかし近年の再調査により、ワラウーナの微古生物学に大きな疑問がわき起こっている。

本章の予稿で、私は一九八七年に発見されたワラウーナの化石について詳しく記していた。ノース・ポールにほど近いチャイナマンズ・クリークの乾いた川床に沿ってでこぼこの露頭があり、そこで見つかったチャートに含まれていたものだ。カリフォルニア大学ロサンジェルス校（UCLA）のビル・ショップとボニー・パッカーは、この岩石に、直径一～二〇ミクロン、長さは最長で数百ミクロンの微小なフィラメントを発見した（図15）。その構造体はわずかしかないうえに、保存状態も悪い――結晶の成長によるゆがみの影響が、公表された複数の写真にはっきり現れている。それでも写真は――少なくとも、写真を読み取って描いた図は――単純なフィラメント状のシアノバクテリアのように見える。しかし、ほかのタイプの細菌にも似ており、分類や代謝は絞りきれない。

スピッツベルゲンの場合、微生物の成長した場所を知ることで、その生活形態がわかった。ワラウーナの生物についても、地質学が見方を提供したが、それは驚くべき見方だった。オーストラリアの層序学者マーティン・ヴァン・クラーネンドンクは、丹念な調査の結果、チャイナマンズ・クリークのチャート層が、ワラウーナの海底面ではなく、海底より下で形成されたことを明らかにした――本章の前のほうで触れたように、このチャートは熱水脈でできたのである（図16）。ひょっとしたら、シアノバクテリアが、ほかの堆積物の粒子とともにこうした地中の裂け目に入り込んだのか

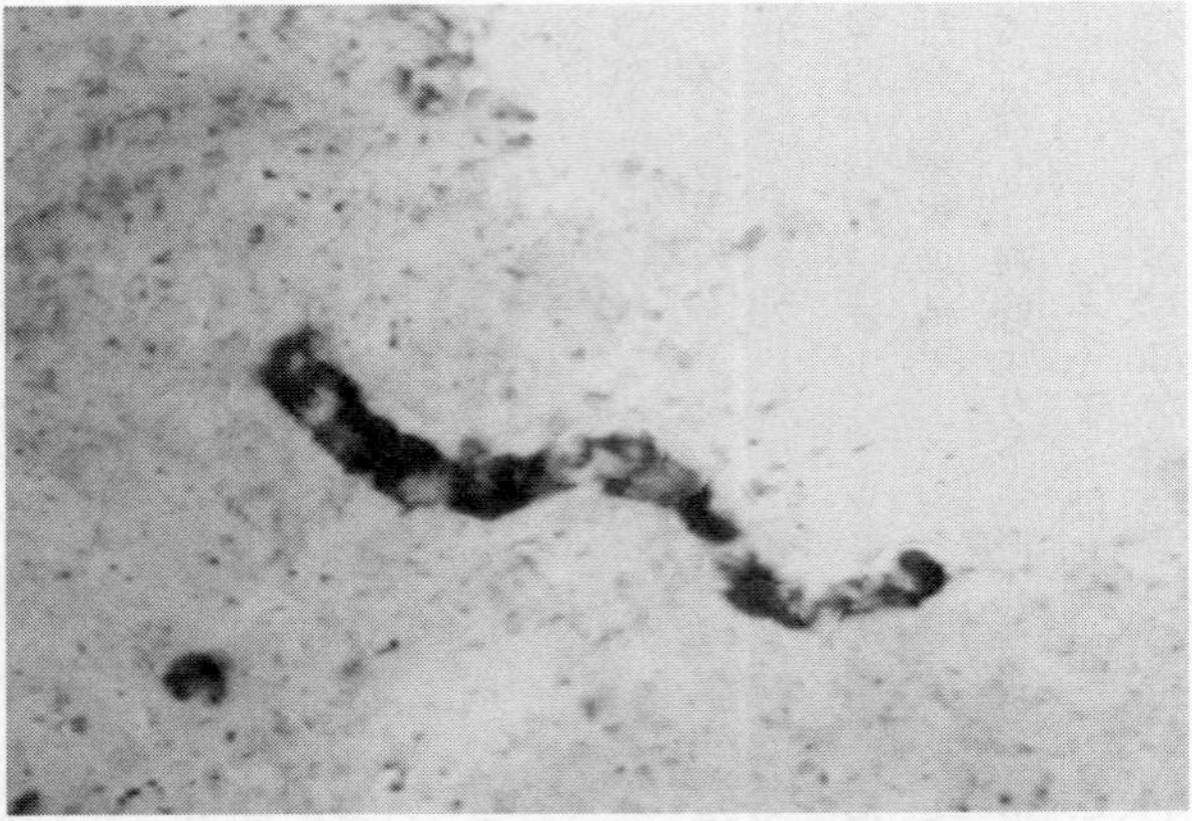

図15　ワラウーナのチャートで見つかった、細菌の化石と解釈されている微細構造。熱水脈で形成された鎖状の結晶にすぎないとする見方もある。（写真はマーティン・ブレイジャー提供）

もしれないが、地質学で明らかになった当時の環境条件からは、光合成よりも化学合成で成長する生物だった可能性が高い。

ここで解釈の問題がもちあがる。ワラウーナの微細構造に対して特定の解釈をするのは差し控えたものの、私には本章の予稿に書いたような生物起源説を疑う理由もなかった。なにしろ、鉱物の成長のせいで形状があいまいになった保存状態の悪い化石など、どの年代の地層にも見つかるのだ。ワラウーナ層群の古いチャートだけ何か違っている必要はないではないか。しかし私は、自分の見解を最終的に印刷に回す前に、

図16　西オーストラリア州マーブル・バーにあるワラウーナ層群のチャート。赤（酸化鉄の色で、写真では灰色）と白の帯は海底に堆積した層。一方、黒い帯はほかの帯を横切っているので新しい ── また、違うプロセスで形成されている。化石と解釈されているワラウーナの微細構造は、このように横切るチャートから見つかっており、そのチャートはシリカの豊富な熱水脈ととらえられている。

ワラウーナのサンプルをこの目で見ておきたいと思った。

意外にも、ワラウーナの化石とされるものが見られる場所は、シドニーやパースではなく、ロサンジェルスでもない。それはロンドンの自然史博物館に収蔵されているのだ。二〇〇〇年九月、私は大西洋を渡ってオックスフォードでの科学者の会合に参加する用事があったため、帰国する前に自然史博物館で静かに過ごす手はずを整えた。さらに、オックスフォードでマーティン・ブレイジャーのもとを訪ねる、あまり静かでない一日も予定した。彼は有名な古生物学者で、地元のパブにも詳しかった。運のいいことに、ワラウーナの岩石を調べたいという話をマーティンにしたところ、重要なサンプルは今ロンドンから貸し出されている――しかもなんとオックスフォードに！――と教えてくれた。そこでわれわれは、パークス・ロードから外《はず》れた古風なエドワード朝様式の建物にあるマーティンの研究室で、ワラウーナ層群のチャートの薄片を調べる有意義な一日を過ごした。

スピッツベルゲンのチャートには、微化石が豊富に含まれている。その形状は現生の微生物と似ているが、物理的・化学的なプロセスだけで作られた形とは異なる。また大半はもとの有機物の少なくとも一部を残している。なかには、それに近い現生生物が住むのとほぼ同じような環境で見つかるものもある。このようなことは、ワラウーナの微細構造に対しては言えない。マーティンの研究室で顕微鏡を覗いたかぎり、ワラウーナの岩石に含まれる微小なフィラメントは鉱物のように見えた。

子どものころ、夏の昼間に暇だと雲を眺めていた。多くはもくもくした塊で、美しくはあったが何の形でもなかった。だがときおり、はっきりした顔が空に現れた。あるいは、城だったり、ライオンだったりした。しばらくはそのように見事な形をしていたが、子どもの私にも、それが結局はただの雲であることはよくわかっていた。ワラウーナの微細構造も、「ただの雲」みたいなものなのだろうか？

この問題は、その部分だけ切り出した少数の写真で考えれば、答えるのが難しい。つまり「背景」が足りないのだ。背景とは、ワラウーナのチャートの薄片に見られる岩石組織全体が示す構造のことである。空に浮かぶ城が水の生み出す幻影であることを明らかにするのは、残りの雲の存在であり、生物起源のように見える珍しい構造に疑問を投げかけるのは、ワラウーナのチャートの全体的な組織なのだ。マーティンらは、火山や熱水の作用がチャイナマンズ・クリークのチャートを形成する過程を綿密に考証した。彼らは、化石として取り出されたものも含め、チャートのあらゆる微細構造が、物理的なプロセスで説明できると考えている。もしもこの解釈が正しければ、ワラウーナの微細構造は細胞がつながったフィラメントではなく、結晶の連なりにすぎないことになる。生物の痕跡に似ていながら、それをとどめてはいないのである。

この古くて珍しい古生物学の至宝が、実は模造品だというのだろうか？　公正を期して言えば、ビル・ショップはこの解釈に異を唱えている。ブレイジャーらの主張に対する反証として、ビルとアラバマ大学の化学者トム・ウドウィアクは、問題のワラウーナの微細構造の輪郭に有機物が含まれていることを示した。もちろんこれは微化石という見方と一致するわけだが、議論に決着が付くわけではない。太古代のチャートにはよく当初形成された鉱物の痕跡が残っており、その独特な形が有機物の薄層によって保持されている。私の推測では、ワラウーナの微細構造の大半は、有機物の膜をかぶった鎖状の鉱物だ（この有機物自体が生物起源である可能性はある）。調査を続ければ、いつかこうした岩石に化石の存在が確かめられるかもしれない――議論は尽きないだろうが。しかし、そのような遺物が初期の生態系について多くを教えてくれるかどうかは疑問だ。ワラウーナの微細構造は、ワラウーナのストロマトライトと同じく、興味深くも重要な何かがわれわれの伸ばした手の少し先にあることを示唆するにすぎない。

ノース・ポールの岩石には、バイオマーカー分子は残っていない。だが、同位体の痕跡なら存在する。ワラウーナ層群の炭素や硫黄の同位体は、太古の生命の歴史について、最良の示唆を与えてくれるのだ。スピッツベルゲン（のみならず、先カンブリア時代に堆積岩ができたほとんどすべての場所）の場合と同様、ワラウーナの炭酸塩と有機物とで、含有する$^{13}C/^{12}C$の存在比は約三〇パーミル（三・〇パーセント）異なる。この違いは光合成で一番簡単に説明できるが、ストロマトライトや微化石の議論を考えると、物理的なプロセスで生物の作用を模倣できないか、今一度問う必要がありそうだ。事実、^{13}Cの少ない有機分子を作る化学反応がある。しかし、細心の注意を払ってコントロールした実験条件のもとでなければ、ワラウーナの岩石に記録されているレベルまで非生物的な分別効果が現れることはない。したがって、ノース・ポールのサンプルで検出されている「一貫して」大きな分別効果は、初期の生物圏の存在をほのめかしている。

ワラウーナの堆積岩や溶岩層にはチャートの鉱脈が貫いており、そこで見つかる有機物の炭素の同位体は、熱水脈に生息していた化学合成細菌の痕跡をとどめている可能性もある。だが、海底「面」に形成された堆積岩に有機物が広く分布している事実は、ワラウーナの海では光合成が微生物の生命活動の源泉だったという仮説を裏付けている。一次生産者の多くが、シアノバクテリアだったのか、それとも似たような同位体の痕跡を示す別種の光合成細菌だったのかは、はっきりしない。堆積岩の黄鉄鉱や重晶石に含まれる硫黄の同位体も、ワラウーナの潟湖に硫酸塩還元細菌が住んでいたことを示唆しているが、これについても、太古代初期の生物痕跡に疑いを抱くようになった地質学者は異を唱えている。

現時点では、この程度までしか言えない。ノース・ポールの灼熱の丘陵は、生命が三五億年前に存在していた可能性を示しており、それだけでも驚くべきことだ。ワラウーナの生物群集には、光合成微生物をはじめ、今日も見られる代謝形態をもつ微生物がいたのかもしれない。しかしなお多くが不確かなままだ。ワラウーナの純古生物学は、依然として影絵芝居のように曖昧模糊として、見覚えがあると思うものもまやかしの可能性がある。

南アフリカの大草原へ

オーストラリア北西部は、三五億年前の保存状態の良い堆積岩が見つかる、世界にふたつある場所のひとつだ。もうひとつの場所は、南アフリカのクルーガー国立公園に近い、ごつごつしたバーバートン山地である。両地域はとてもよく似ており、かつては同じ土地だったのが、太古代よりずっとのちのプレート運動で分断されたと考える地質学者もいる。古生物学的特徴の数々も似かよっている。どちらでも起源の不確かなストロマトライトが見つかり、有機物の炭素の同位体組成と堆積岩中の分布は、何らかの光合成がおこなわれた形跡を示す。またいずれの地域も、バイオマーカー分子が壊れる温度まで加熱された過去をもつ。そしてワラウーナのチャートと同様、バーバートンのチャートにも、化石を思わせる球状やフィラメント状の微細構造が存在する。

私は、大学院のころ太古代の古生物学をかじり、エルソ・バーグホーンの野外調査の助手としてアフリカへ行ったことがある。なにしろターザンの本を読んで育ったものだから、飛行機が夜遅くヨハネスバーグに着陸すると胸が躍った。初めてアフリカの風景を見るのを翌朝まで待ちきれなかったが、ホテルの窓からの眺めがシカゴにそっくりで、少しだけがっかりした。数時間後、われわれは車に乗っていた。都市の景観がバックミラーのなかで遠ざかり、南アフリカの大草原が行く手に広がる。文化にしろ、生態にしろ、地質にしろ、バーバートン山地は私には未知の世界だった。トゲのある木々には脅威を感じ、チャートには気高さを見出した。気高さも脅威も無形のものだが、チャートには、あとで——確実とは言えないまでも——生物のものらしき微細構造が含まれていることがわかった。

数センチ大のストロマトライト様の析出物が含まれていたあるサンプルで、私は直径二〜四ミクロンの球形をした微細構造の集団を発見した。大きさも形も、小型のシアノバクテリア程度だ（図17a）。この構造は、葉層（ラミナ）ごとにあった。しかもそれらは有機物で構成され、なかには外皮と——やはり有機物である——レーズン状の中身の両方が残っているものもあった。微細構造は、もっと新しい時代の微化石と同じように、地層面に沿って押しつぶされている。実のところ、このようにひしゃげている様子から、その構造が、周囲の堆積物が地中に埋まって固まる前に形成されたことがわかる。集団のサイズの分布は現代のシアノバクテリアとそっくり対応し、また構造体がふたつに分裂した形跡も認められ、これも現生のシアノバクテリアと酷似している。

ならば、この化石はシアノバクテリアなのだろうか？ そうともかぎらない。小さくて球形をした細菌はほかにもたくさんある。さらに興ざめなことに、理論上、非生物的なプロセスでも似たような構造ができる——ただし、バーバートンの海で実際に起きていたかどうかはわからないが。したがってバーバートンの球体も、ワラウーナのフィラメントとほとんど変わらない状態なのだ。それらはシアノバクテリアかほかのタイプの細菌の化石かもしれないし、はるか昔に絶滅した原初の微生物の痕跡かもしれない。一方で、バーバートンの海底に物理的なプロセスで形成された、炭素質の球体の可能性もある。真実はまったく霧のなかだ。もっと最近になって、ルイジアナ州立大学のモード・ウォルシュが、バーバートンのチャートに含まれる有機物を丹念に調べ、微化石のマットや細いフィラメントとするのが最も説明しやすい地層の組織を見つけている。

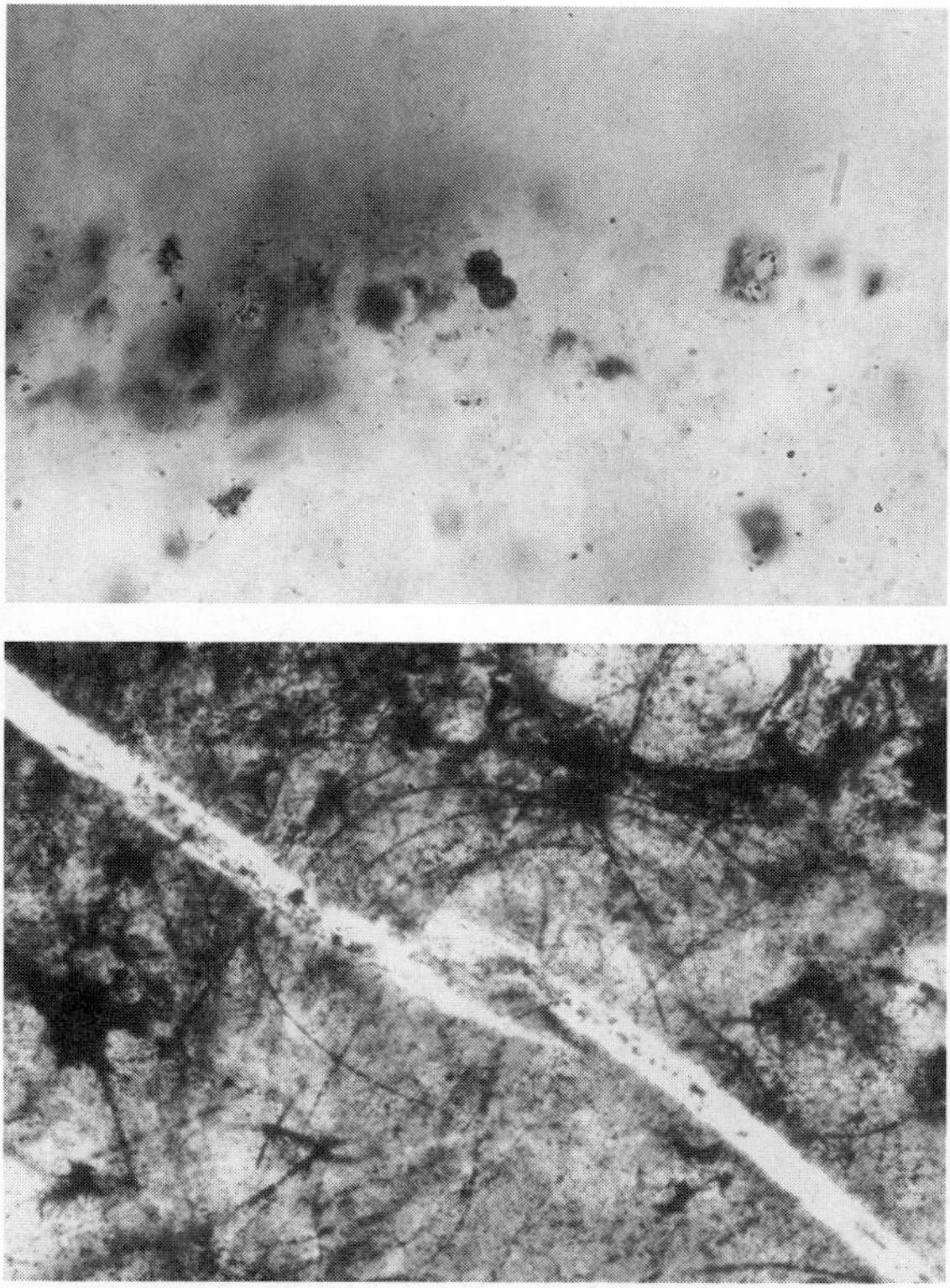

(a)

(b)

図 17　(a)炭素質の微細構造。南アフリカの 34 億年前の岩石から見つかったもので、細胞分裂中の微生物が保存されている可能性がある。球体の直径は 4 ミクロン。(b)オーストラリア北西部の 32 億年前の岩石にあったフィラメント状の微化石。各フィラメントの太さは約 2 ミクロン。（写真(b)はビルガー・ラスムセン提供）

低酸素状態だった初期の海

こうした断片的な情報から、どんな惑星ができあがるだろう？　地質構造上は、プロセスはなじみ深いが、パターンはあまりなじみのない世界だったようだ。大陸が形成されだしたのは少なくとも四二億年前であり、バーバートンやワラウーナをはじめとする古い地形で火山岩の化学的な特性を調べると、それが堆積したころには多くの大陸地殻ができていたらしいとわかる。ところが、そのような初期の大陸は今ではほとんど残っていない。したがって、初期の地球では、大陸は現在より容易にマントルへ戻され、再生していたのではなかろうか。三五億年前、プレート運動はすでに始まっていて地球表面にパターンを形作っていたが、今より上部マントルの温度は高く、海洋底の玄武岩の地殻は厚かったようで、大陸は小さくて不安定な存在だったかもしれない。そして今と同様、大陸地殻はプレートの縁《へり》で形成されていたはずで、そこで海洋地殻のスラブ［訳注　大陸プレートの下に沈み込んだ海洋プレート部分のこと］の沈み込みを受けて、上の岩層が溶融していたにちがいない。また、初期の大陸の形成では、今では些末になっている要因——海底にあふれた溶岩が分厚く積もり、その下に埋もれた玄武岩が部分的に溶融する——がかなり後押しをしていた可能性もある。

初期の地球から残っている岩石は、現代の地球がただ時間の試練を受けたあとのかけらとは言えない。大陸を形成・破壊するプロセスの特徴や組み合わせがどこか違っているのだ。そこで多くの聡明な科学者が当てずっぽうの見解を述べているが、正体は十分にわかっていない。

ワラウーナの海底が形成されたとき、地球は生命の存在する惑星だったという点については、もう少し確信がもてる。さらに、炭素同位体の証拠から、光合成による生態環境の拡大がすでに始まっていた可能性もある。酸素を産生するシアノバクテリアなど、現代と同じ微生物がいたかどうかは定かでないが、ワラウーナの海になんらかのタイプの光合成生物がいた事実は重要な意味をもつ。それにより、第2章で紹介した生命の系統樹に基準点が設置できるからだ。この系統樹で表される新しい見方による微生物の進化では、光合成生物は比較的あとのほうで生まれ、生命が誕生して大きなドメインに分岐したずっとあとに多様化を遂げている。ワラウーナの有機物が光合成によってできたものだとしたら、すでに多くの進化が起きていたことになる。

太古代初期の生態系では、現代と同じように、微生物が炭素や硫黄や窒素を循環させていたように思われる。こうした最古の地層に真核生物や古細菌の記録は残っていないものの、化石がほとんどないというだけで、証拠が無いのを「無い証拠」とするのは危険だろう。生命の系統樹の分岐パターンから考えれば、ワラウーナの海に光合成細菌が住んでいたとすると、少なくとも数種の古細菌が存在していたのはほぼ間違いないのである。

太古代初期の生物については、もうひとつ明らかになっている条件がある。系統樹から環境を推測した結果もそうなるが、地質学的にとらえても、三五億年前の地球の大気には、窒素と二酸化炭素と水蒸気はかなり含まれていた一方、遊離酸素はほとんどなかったと言えるのだ。太古の環境にかんする推論の多くは、かすかにつかめる地球化学的な手がかりから得られたものだが、低酸素の痕跡は堆積岩に克明に残っている。チャート質の岩石に、酸化鉄鉱物の赤鉄鉱（Fe_2O_3）を豊富に含む鮮やかな赤い帯が入っているのである。縞状鉄鉱層（略称ＢＩＦ）というそのものずばりの名がついたこの岩層は、現代の海では形成されていない。それどころか、ひとつ大きな例外を除き、過去一八億五〇〇〇万年ものあいだできてはいないのだ。ところが地球史の前半においては、ＢＩＦは海底堆積物の一般的な構成要素だった。今日ＢＩＦが形成されていないのは、鉄が海に溶け込むと広がる間もなくすぐに酸素と出会い、酸化鉄として析出してしまうからである。そのため現代の海水中の鉄分濃度は非常に低い。太古代の堆積層に存在するＢＩＦは、ひょっとしたら細菌の手を借りて鉄と酸素が反応した結果、形成されたのかもしれない。あるいは、効果的なオゾンのシールドがない大気を抜けて紫外線が海面に突入し、鉄が酸化された可能性もある。BIFも析出物であるのは確かだが、初期の地球で鉄が海水に溶け込んだとたんに取り除かれたことを物語っているわけではない。むしろ、鉄が溶存した状態で海洋全体に運ばれた結果なのである。これは、海洋に酸素がほとんどない場合にしか起こりえない。したがって、太古代の大気やそれと接する海面には現代よりはるかに少ない酸素しかなかったと結論できる。いったいどれだけの酸素があったのかは今も議論されているところだが、現在のレベルのせいぜい約一パーセントといったところで、それよりずっと少なかったかもしれない。そのような条件のもとでは、好気的呼吸や、同じく酸素分子を必要とする化学合成型代謝をおこなう生物は、わずかしかいないか、まったく存在しないだろう。どちらになるかは酸素の量によりけりだ。

こうして地質学と微生物学の両面から、太古代初期の海洋がその後の時代とは異なり、酸素はわずかしか含まず、鉄は大量に含んでいたことが示唆される。初期の海洋は現在より温暖だったかもしれないが、地質学は太古代の気候についてほとんど実際の条件を明らかにしてくれない。唯一言えるのは、光合成生物が存在したのなら、表層水の温度は七四℃——光合成生物に耐えられる上限の温度——より高くはなかったはずだということである。生命の系統樹からは、最古の細菌や古細菌が高温の環境に住んでいた可能性が示される。しかし、だからといって海洋全体が高温だったとは必ずしも見なせない。初期の好熱性微生物が現在の子孫のように熱水環境に住んでいたとしてもおかしくはないのだ。

生物のシグナルの発見法は？

では、太古代初期の岩石に潜むかすかな生物のシグナルを、どうしたら増幅できるだろう？　すぐに思い浮かぶ手だてがふたつある。ひとつは証拠の探し方にかかわるもので、もうひとつは探す場所にかかわるものだ。ワラウーナの話からわかるとおり、もっと新しい岩石で非常に有効だった古生物学調査の手だて――黒色チャートをたくさん採取する――は、太古代初期の岩石ではあまり成功していない。オーストラリア屈指の古生物学者マルコム・ウォルターは、別の調査を提案した。現在まで残っているチャートの内容物を破壊した、熱水のプロセスに的を絞ったのである。前にも述べたように、生命の系統樹の根元近くで枝分かれした生物のなかには、熱水系を棲みかとするものもいた。しかも、熱水噴出口では通常、炭酸塩やシリカといった鉱物が堆積しており、そこに初期の生物の記録が残っている可能性がある。黄鉄鉱などの鉱物のチムニー［訳注　海底で噴出する熱水中の鉱物が析出して積もった煙突状の鉱体］も、やはり海洋の熱水噴出口で形成される。似たような堆積物が太古代初期の地形に見られるが、最近までそれは古生物学者の関心を集めなかった。ところが状況は変化しつつあり、二〇〇〇年の初め、オーストラリアの地質学者ビルガー・ラスムセンは、ワラウーナと比べてさほど新しくない三二億年前の熱水鉱床から見つけた、生物に間違いなさそうなフィラメント（代謝については何もわからないが）を報告している（図17b）。この調査手法の拡大に応じて、初期の生物に対する理解が進むのではないかと私は期待している。

第二の明白な調査の手だては、さらに古い岩石を見つけることである。地球の表面は休みなく活動しているので、変成や隆起や浸食によってたえず岩石は変化し破壊されている――時代が古くなるほど、残っている岩石の量は少なくなる。ならば、ワラウーナやバーバートンの地層よりも古くてほとんど変化を受けていない堆積岩を見つけるのは、至難の業だ。しかし、ロジャー・ビュイック（ヽヽヽ）はまさにそれをやってのけた。オーストラリア北西部の僻地で、ワラウーナ層群より下にある堆積岩・火山岩の地層を発見したのである。クーンテルナー層群と名づけられたその地層には、三五億一五〇〇万（プラスマイナス三〇〇万）年前の火山岩が含まれている――ワラウーナの岩石よりずっと古いわけではないが、地球史を一歩さかのぼることができる。クーンテルナーの岩石には、玄武岩の溶岩のほかに、深海に積もった堆積岩も存在するが、これまでのところまだ化石は見つかっていない。

スティーヴ・モジスとその同僚は、もう一歩大きくさかのぼった――グリーンランド南西部の沖合いに浮かぶアキリア島に、およそ三八億年前の岩石を発見したのだ。その岩石は変成作用を受けて激しく変化しており、地史を読み取るのは難しい。モジスらは、この岩石が太古の海底に形成された堆積物だと考えている。彼らはこの岩石のなかにリン酸塩鉱物の微小な粒を見つけ、その鉱物粒には、さらに小さな還元された炭素（黒鉛［グラファイト］）が含まれていた。モジスはイオン・マイクロプローブ（二次イオン質量分析計）を使って炭素の同位体組成を調べ、^{13}Cが相当少ないことを見出した。この結果は生物起源の炭素生成を示唆している。

しかし、太古代の地質学は何もかもひと筋縄ではいかない。リン酸塩鉱物の専門家ガス・アレニウス（もとはモジスのチームで先述の「同僚」のひとりだった）のチームは、リン酸塩の粒が、その岩石の歴史で比較的あとになってから、高温の変成流体［訳注　変成作用の際に岩石中の鉱物粒間に存在する流体］によって変質するあいだに形成されたと結論づけた。さらにアレニウスらは、こうした粒に含まれる黒鉛も、変成流体が岩石中の炭酸鉄と化学反応を起こして同時期に形成されたと考えている。地質学者のクリストファー・フェドーとマーティン・ホワイトハウスがこれとは別におこなった研究も、アキリアの岩石に見られる重要な特徴が変成作用によることを裏付けている。フェドーとホワイトハウスによれば、その岩石は地球深部でできた火成岩なのである。

この問題もやはり解決を見ていない。だが、後者の新しい解釈が正しければ、アキリアの岩石に含まれる炭素は生命について何も語っていないことになる。それどころか、アレニウスの結論はさらなる大問題を起こす。アキリアのリン酸塩粒子に含まれる黒鉛の結晶が、光合成で生じる有機物とよく似た炭素同位体比を示すことを思い出してもらおう。物理的なプロセスでも、最高で五〇パーミルの差が出るほど炭素の同位体を分別できるのなら、炭素の同位体組成を生物痕跡の根拠とすることに対する信頼が揺らいでしまうのだ。

信頼が揺らぐ一方、取り戻せる望みもある。グリーンランド南西部の別の場所で、コペンハーゲン大学地質学博物館のミニク・ロージングが、厚さ五〇メートルほどの変成した頁岩の層群を発見した。この岩石は三七億年以上前のもので、間違いなく堆積岩であり、それより新しい頁岩中の有機物とほぼ同じように多くの黒鉛の粒子がちりばめられている。そしてやはり炭素の同位体組成は生物の活動をほのめかすレベルだ。しかしこの黒鉛は、古い鉱物の変質ではなく「有機」物の加熱によって形成された、とロージングは説得力のある主張をする。生物なら、ロージングの発見した岩石の化学組成を最も単純に説明してくれるのである。だが、ほかにも証拠がなければ確信には至らない。

現段階では、太古代の生命と環境にかんする知識は、物足りなくもあり、興味深くもある。物足りないというのは、ほんのわずかなことしかはっきりわかっていないからで、興味深いというのは、ともあれ何かがわかっているからだ。さらにまた、知らなければ知るチャンスがあるのだから、刺激的でもある。

ここで最大の問題のいくつかは、ワラウーナやバーバートン、さらにはアキリアよりも前はどうだったかに焦点を当てるものとなる。現在見つかっている最古の堆積岩に複雑な微生物の徴候があるのなら、もっと前にはどんな細胞が生きていたのだろう？　そもそも、どうやって最初の生物は誕生したのだろうか？

5　生命誕生の謎

生命は、われわれの惑星の地殻や海洋を形成したのと同じ物理的・化学的なプロセスを経て作り上げられた。ただし、ダーウィンが提唱した進化の作用を受けるという点では、生命は異なる。自然選択は、動植物の進化に対して重要な役割を果たしてきた。初期の地球の歴史でも、それは化学的な進化を方向づけ、生命の誕生を可能にした。生物の分子が初期の地球に存在した単純な前駆体から進化した過程を、われわれはおおまかには理解している。しかし、タンパク質や核酸や膜組織がいかにしてこんなにも複雑な相互作用をするようになったのかは、依然として謎に包まれている。

ダーウィンの洞察

こんな有名な寓話がある。西の探検家が尊い賢者を探し求めて東の山へ向かう。山上の住みかに賢者を見つけ、ちょっとやり込めてみたくなった探検家がこう尋ねる。「この山の下には何がありますか?」「山も、谷も、地上のあらゆるものは、巨大なカメの甲羅の上に乗っている」と賢者は答える。「それなら、そのカメの下には何があるんです?」主《あるじ》が罠にかかったと思って旅人はまた問いかける。「カメに決まってる」と賢者は言う。「その下は?」「カメだ」「次は?」「またカメだ」そんな具合に続き、とうとうのみ込みの悪い客人に業を煮やした賢者は怒鳴りちらす。「わからんのか。どこまでいってもカメなんだ!」

生物学にも、「どこまでいってもカメ」の問題がある。『種の起源』でダーウィンは、新しい種は古い種の変異によって生じるとの仮説を立てた。生命が生命の原材料となっているというわけだ。ダーウィンと同じ時代に生きた偉大なパリ市民、ルイ・パストゥールは、もう一歩議論を進めた。自然発生説——生命は無生物の素材から新たに生じうるという昔からの考え——に対する断固たる反論として、簡潔なラテン語で「omne vivum ex vivo(すべての生物は生物から)」と宣言したのである。生命は必ず生命から生じるのだ。

科学ではふつう、答えが新たな疑問を誘発する。だから、ダーウィンやパストゥールが、生物学のふたつの大きな難問を解決するなかで、最も深遠な謎を露わにしてしまったのも驚くに当たらない。これまで四〇億年間は、生命は生命からのみ生じているのかもしれない。だが、地球誕生後まもないころのいつか、どこかで、生物の最初の祖先が生物以外のものから生じたのでなければならないのである。[1]
生命の起源についての推理は、実を言うとダーウィンやパストゥールよりも前にさかのぼる。たとえばエラズマス・ダーウィンは、有名な孫息子が生まれる前の一八〇四年に刊行された本において、生命史の本質を自作の詩のなかでとらえている。

無辺の波の下の生命は
海中の真珠色に輝く洞窟で　生まれ育まれた
原初の形態は　レンズでも見えぬほど小さく
泥の上をのたうち　水のなかを進んだ
やがて世代を重ねるうちに
新しい能力を身につけ　より大きな肢も手に入れる

1　地球上の生命は火星に起源があると言ったとしても（第13章参照）、可能性はどうあれ問題の解決にならない。場所が移るだけのことだ。

そこへ無数の植物が誕生し
鰭《ひれ》や脚や翼をもち　呼吸をする仲間も登場した

孫のダーウィンは、自然選択について考えた際、このくだりを意識していた。一八七一年に生物種の究極の起源についてベンジャミン・フッカーへ手紙を書いたときも、これを思い出していたかもしれない。

生物が最初に生み出される条件は現在すべて存在し、これまでもずっと存在していたのではないかとよく言われています。しかしもし（なんともとんでもない「もし」ですが！）どこかの温かい水たまりにさまざまなアンモニアやリン酸があり、光や熱や電気などが加わってタンパク質が化学的に生成し、もっと複雑な変化が起きる準備ができるとすれば、現在ならそうした物質は即座に食べられたり吸収されたりしてしまうでしょうが、生物が誕生する前はそうではなかったはずです。

この手紙に六行ほど記された、くだけた語り口の文章で、ダーウィンは生命の起源にかんする以後の科学的思考を導いた重要なアイデアについて、簡単に述べていた。単純な分子が自然界のエネルギーによって結合を繰り返し、複雑な化合物を作り上げ、ついには自分自身を複製できるシステムが登場するというわけだ。このアイデアは説得力に富み、直感的にも興味深い――生命は、一見したところ水や岩石とはまったく違うようだが、地球の物理的な特徴を形成したのと同じプロセスによって誕生したことになる。問題は、検証手段である。

ミラーの実験、「最初の反応物」は？

われわれの知る最古の堆積岩には、すでに生物の痕跡が少なくとも断片的に含まれているようなので、生命の起源の直接的な証拠を地質学から得ることはできない。その代わりに、生命誕生の道筋に沿って仮定したステップの妥当性を実験で評価するという手がある。生物の誕生に対してなんらかの反応が関与したかどうかを歴史的事実として知ることはできないが、初期の地球で起きた化学反応がどのようにして生物を生み出せたのかを、おおまかに知ることならできるのだ。

糖がホルムアルデヒドの前駆体から合成されたのは一八六一年のことだが、生命の起源を実験で探る研究が始まったのは、一九五三年にスタンリー・ミラーが独創的な実験をおこなってからである。シカゴ大学でノーベル賞受賞者ハロルド・ユーリーの研究室にいたミラーは、稲妻が原始大気を切り裂くとき、生命の原材料が合成できただろうかとの疑問を抱いた。ほかにもこの疑問について考えた人はいた——ロシアの化学者アレクサンドル・オパーリンとイギリスの生物学者J・B・S・ホールデーンが、いずれも一九二〇年代に生命の起源にまつわる鋭い論文を書いている——が、ミラーはただ考えただけではない。彼は、ガラス容器（フラスコ）にメタンとアンモニアと水素と水蒸気の混合気体——ユーリーが初期の地球の大気に近いと考えたもの——を詰め、器内で繰り返し火花を散らした。数日以内にフラスコは色を変え、内壁にできた膜のせいで赤茶色を帯びた。ミラーは、このどろどろの物体が沈殿した流体を分析してさまざまな有機化合物を見つけ、そのなかにはタンパク質の構成要素となるアミノ酸もあった。

ひとつの驚くべき実験で、ミラーは生命の起源の研究を一気に開花させた。自然界のエネルギーによって、単純な混合気体から、生物に必要な複雑な分子を生み出せたわけである。アミノ酸をはじめ、生物と関わりの深い化合物は、炭素質の隕石でも見つかっており、しかもミラーが合成したのと非常によく似た比率で存在する。したがって、ミラーのフラスコで起きた現象は、実験室でのみ起きそうな特殊な反応ではなく、むしろわれわれの太陽系やその外でも普遍的に見つかる化学作用なのだ。しかし、ミラーのシミュレーションによって得られた答えは、やはり新たな疑問を生む。原初の反応物はどんな配合でもいいのだろうか？　それとも、決まったレシピでないと生物に必要な分子はできないのだろうか？　ミラー自身がこの疑問に答えている。レシピは大変重要なのだ。ミラー－ユーリーの合成法で多様な有機分子が豊富に得られるのは、混合気体中の水素原子と炭素原子の比が四対一以上の場合に限られる。つまり、原始大気の還元性が非常に高かった――酸素がなく、水素やメタンやアンモニアは豊富にあった――場合にだけ、ミラーのフラスコのなかの化学作用が、初期の地球で重要な役割を果たしていたことになるのである。第4章で論じたとおり、現在ほとんどの人は、地球が若かったころ酸素が乏しかったという点は認めているが、一九五〇年代にUCLAの地球化学者ウィリアム・ルーベイが提唱して以来、多くの研究者は、地球の最初の大気にはわずかしか還元性がなく、メタンやアンモニアでなく二酸化炭素と窒素が多くを占める混合気体だったと考えるようになっている。初期の大気の還元性が実際に低かったとすれば、生物というレンガを作った窯《かま》を見つけるにはどこかほかを探さなければならない。では、どこを探したらいいのだろう？

もっと本質的なことを言うと、何を探すべきなのだろうか？

「RNAワールド」

現生生物の細胞には、共通の特徴が数多くある（図18）。どれも、外部との境界をなし、細胞質に出入りする分子を制限するような、膜組織をもつ。細胞はまた、化学反応の触媒となるタンパク質を合成したり、生物の構造を支えたりもしている。[2] さらに、細胞はＤＮＡという形で化学的な情報のライブラリー（つまりコレクション）を保持している。とりわけ重要なのは、膜組織とタンパク質とＤＮＡが細胞内でたえず相互作用しているということだ。細胞は、途方もない数のタンパク質のおかげで、ＤＮＡのライブラリーを調べたり、まるごと全部複製したり、一部をＲＮＡのメッセージに転写して、タンパク質合成の青写真にしたりすることができる。ＲＮＡのメッセージの翻訳は、リボソーム――タンパク質とＲＮＡが組み合わさってできた化学工場――でなされる。生物は、成長し生殖するために、環境から素材やエネルギーを取り込む必要もある。代謝にはさらに多くのタンパク質が使われ、その一部は細胞膜に埋め込まれている。

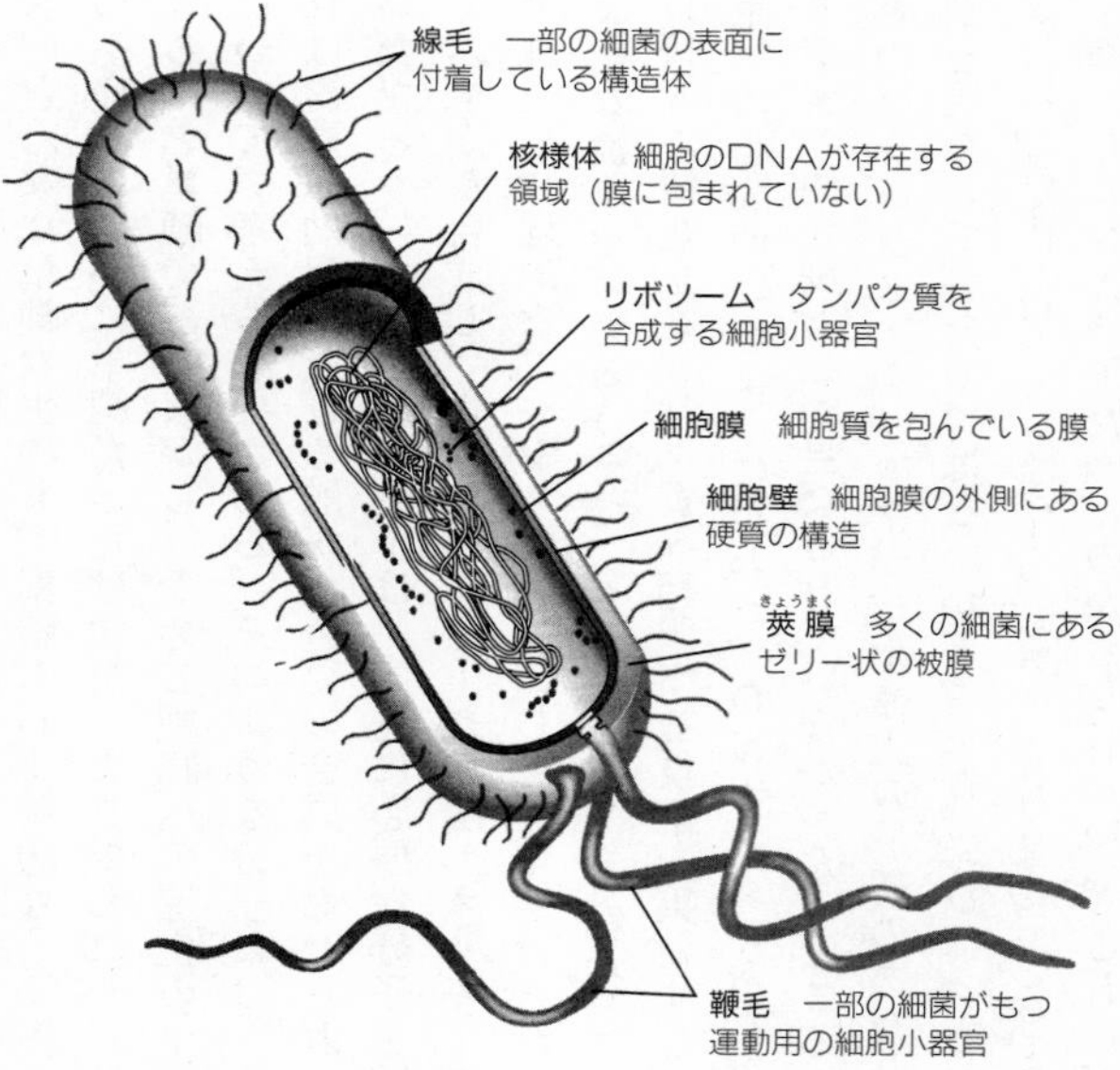

図 18　細菌の細胞の構造と機能。核様体のなかの DNA が転写され、RNA のメッセージができる。続いてこのメッセージが、リボソームという化学工場でタンパク質に翻訳される。細胞の代謝は、細胞膜に埋め込まれた色素やタンパク質によってなされている。（N. A. Campbell and J. B. Reece, *Biology*, Sixth Edition より許可転載。© Pearson Education Inc., 2002.）

だから、どんなに単純な生物も、素晴らしく精巧な分子機械と言える。しかし、誕生当初の生命ははるかに単純だったはずだ。ここでわれわれは、物理的なプロセスで形成できるほど単純でありながら、命ある細胞への進化の土台となる程度には複雑な分子群について、考える必要がある。そのような分子には、みずからを複製でき、またいずれは複製の効率を上げる触媒化合物の合成を命じられるだけの情報や構造が備わっていただろう。さらにこの分子は、成長に必要な分子を周囲の環境から取り込むのでなくみずから合成し、化学エネルギーや太陽エネルギーを細胞の活動の燃料にくべ、生命誕生の物理的なプロセスから脱却して進化をたどれるようにした。

このような流れを考えるうえで、RNAが重要な存在となる（図19）。RNAは、昔からDNAの情報をタンパク質へ翻訳する役割を果たすことで知られていたが、かつては生物の小間使いのように扱われ、DNAとタンパク質だけで繰り広げられる分子のドラマの仲介役としか見なされていなかった。ところが一九六八年、ノーベル賞受賞者のフランシス・クリックが、生命史の最初のあたりでRNAがきわめて重大な役割を果たしていたのではないかと考えた。「ひょっとしたら」と彼は述べている。「最初の『酵素』はレプリカーゼ［訳注　RNAを鋳型としてRNAを合成する酵素のこと］の性質を備えたRNA分子だったのかもしれない」。これが記された当時、多くの人はクリックの推測をばかげていると思ったにちがいない。しかし、一九八〇年代半ばには、実は見事な予言だったことがわかった。

クリックの予言は、コロラド大学のトマス・チェックの研究室で立証された。繊毛虫類の原生動物テトラヒメナ・テルモフィラを使った研究で、チェックは教え子たちとともに、リボソームで使われるRNAが、DNAの情報を転写されてからリボソームタンパク質をつかまえるまでのあいだに変化することを見出した。どういうわけか、分子の外科医がRNA分子の不要な部分を切り取り、残りの部分をきれいにつなぎ合わせていたのである。そこでチェックは思った。この反応の触媒となっている酵素は何だろう?

チェックのチームはまず、未編集のRNA配列だけを精製した。続いて、それに繊毛虫の細胞核から抽出したタンパク質の水溶液を加える。当然かもしれないが、RNAの切り貼り(スプライシング)は細胞内とまったく同じように進行した――触媒はビーカー内に存在していたのだ。ところが、優れた実験には、検証する条件以外では現象が観察されないことを確かめる対照実験が必要なので、チームは新たに

2 化学反応の触媒となるタンパク質を「酵素」という。

ＲＮＡだけ入れてタンパク質は入れない試験管を用意していた。そこで驚くべきことが起きた。チェックが対照群を調べたところ、タンパク質が存在しないのにＲＮＡの編集がなされていたのだ。通常なら研究のなかで最も面白みのない対照実験が、チェックらを衝撃的な結論へ導いた。ＲＮＡは、ＤＮＡのように情報を蓄えられたばかりか、タンパク質のように反応の触媒にもなれたのである。

イェール大学の生化学者シドニー・アルトマンも、ほぼ同じころ、このＲＮＡ酵素すなわち「リボザイム」を独立に発見した。そしてこの発見が――あえて言わせてもらえば――生命の起源の考察に触媒作用をもたらした。科学哲学者のアイリス・フライも言ったとおり、この驚くべき分子は、生命の起源の謎を探るなかで「ニワトリでも卵でもあるもの」として登場したのである。一九八六年、ハーヴァードにおける私の同僚ウォルター・ギルバートが、短くも刺激的な論文を記した。そのタイトル「ＲＮＡワールド（The RNA World）」は、生化学的機構の進化における過渡的状況を象徴するようになった。ギルバートいわく、ＲＮＡは、自己組織によって形成されるだけでなく、みずからの複製の触媒にもなる、中身の濃い分子だったのである。その後、生命の進化とともに分業が採り入れられ、ＤＮＡの二重らせんがより安定性の高いライブラリーとなり、複雑に折り畳まれたタンパク質が触媒機能の大半を引き受けることとなった。

　この生命誕生への道は非常に興味深いが、路上には多くの障害が転がっている。最初にして最大の障害は、生命誕生以前にそうだったと思われる条件のもとで、RNAを作り出すのが困難だということである。RNA分子は、五炭糖（五つの炭素からなる糖）のリボースとリン酸（PO_4^{3-}）とが鎖状につながった骨格をもつ（図19）。糖には四種類の塩基――炭素と窒素の複素環でできた化合物――がくっついて、分子的な情報を伝えている。これらの塩基はかなり容易に合成できる――一九六一年にはスペイン出身の生化学者フアン・オローが、そのひとつアデニンをシアン化水素五分子の結合によって直接作れることを示している（シアン化水素は探偵小説でもおなじみの小道具で、初期の地球にも存在していた可能性が高い）。ところがリボースはそう簡単には説明できない。先述のように糖はホルムアルデヒド（これも初期の地球に存在していたと思われる）を含有する水溶液から合成できるが、リボースはそうしてできる多くの化合物のひとつにすぎず、しかもマイナーだ。この糖がどのようにして生命誕生以前の地球という舞台の中央に躍り出たのかは、よくわからない。またなにより厄介なのは、たとえ各部品が合成できたとしても、それを組み合わせてヌクレオチド――核酸の構成単位――を作るのは非常に難しいということだ。これまでのところ、

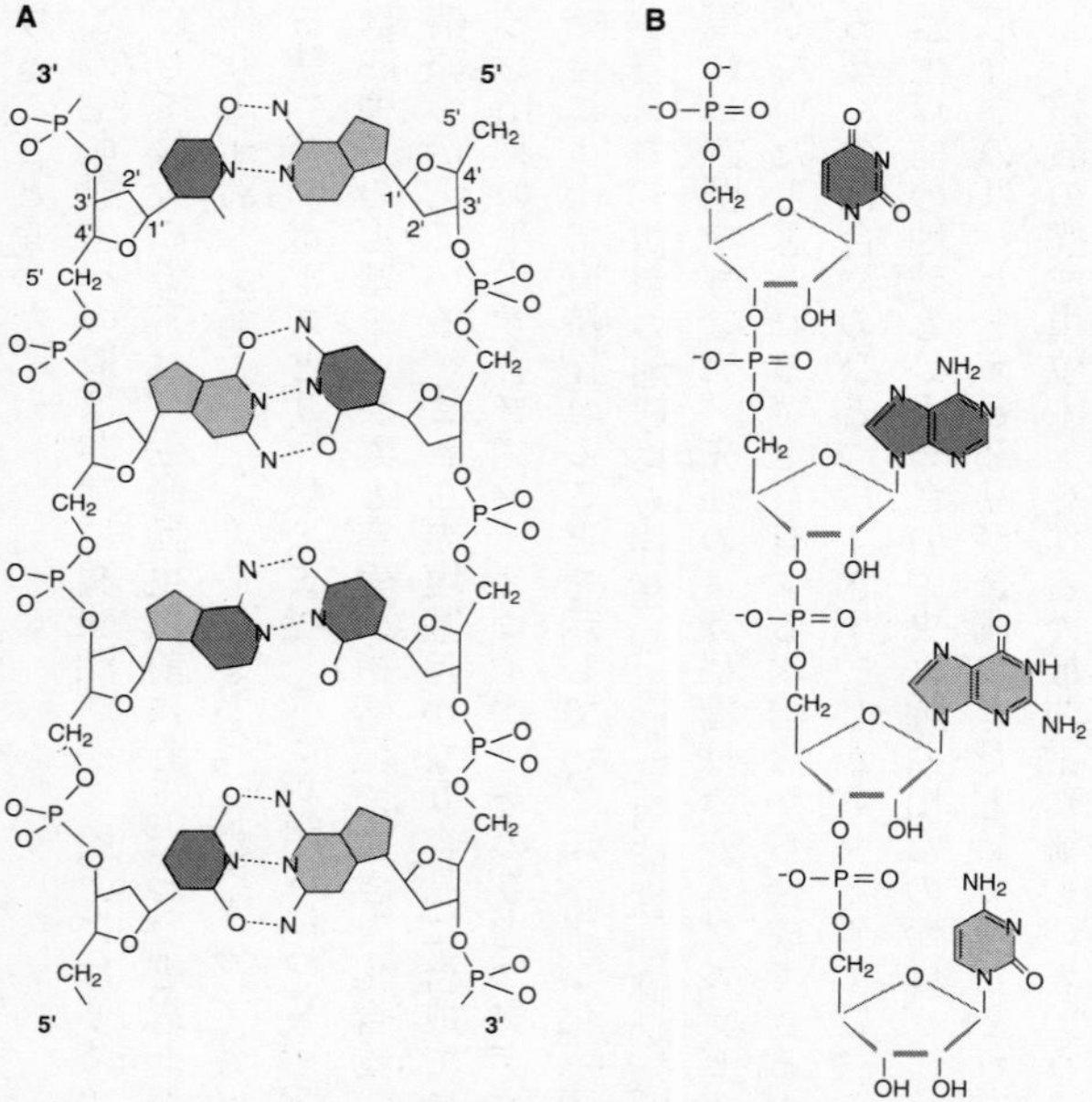

図 19　DNA と RNA の分子構造。(A)DNA 。リン酸とデオキシリボース（糖）が連なった化学的な鎖に 4 種類の塩基が組み合わさったもの。塩基は分子の情報のほか、2 本の鎖を結びつけて二重らせんにする結合も提供する。(B)RNA 。糖であるリボースと、リン酸と、4 種類の塩基からなる（うち 1 種類の塩基は DNA のものとは異なる）。((A)R. E. Dickerson(1983), The DNA helix and how it is read, *Scientific American* 249: 97-112 に Irving Geis が描いたイラストをアレンジ。版権は Howard Hughes Medical Institute が所有。(B)S. Freeman, 2002, *Biological Science*, Prentice Hall より許可転載)

そのプロセスは解明できていない。

もうひとつ問題がある。ヌクレオチドはキラルな分子だ。つまり、互いに鏡像の関係にあるふたつの形態をもつのである——右手と左手のように。ＲＮＡは、右手型か左手型のいずれかのヌクレオチドで作れるが、両者が混じり合った鎖は成長できない。それなら、右手型と左手型の構成単位が半々の混合物から、どうやってＲＮＡ——細胞では右手型のヌクレオチドのみで成り立っている——が生まれたのだろう？　これもやはりわかっていない。

この問題は非常に難しいため、多くの研究者は、ＲＮＡが生命の原初的な分子という考えを放棄してしまっている。彼らはその代わりに、生命誕生以前の進化は合成

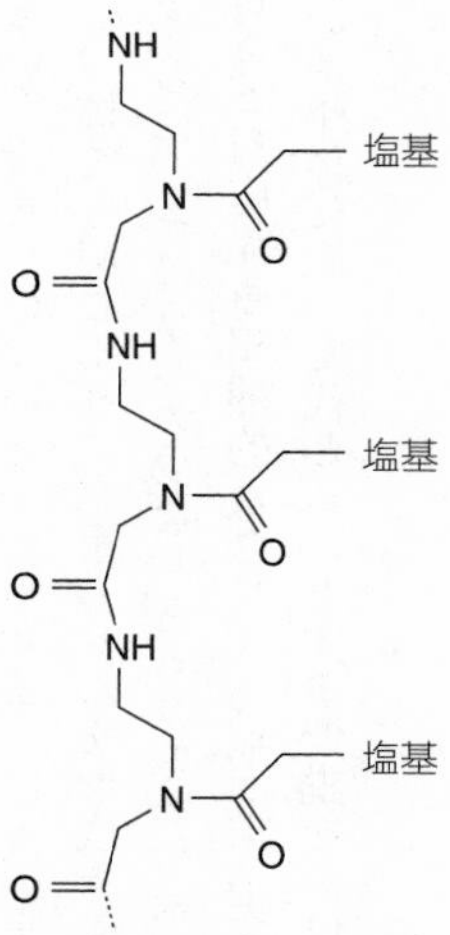

図 20　ペプチド核酸の分子構造。このキラルでない分子は、核酸の進化の道筋としてひとつの可能性を明らかにしている。

や重合のしやすい「左右」のない分子から始まったと提唱している。じっさい、キラルでない分子で、核酸と同じように二重らせんを形成するものは、実験室で比較的簡単に作れる。さらに、そのうちの少なくともひとつ、ペプチド核酸と呼ばれるもの（図20）は、自分と対応する相補的なＲＮＡの形成を促す。これは、進化の過程でＲＮＡが原初の前駆体に取って代わったとする仮説を裏付けている。

「遺伝暗号の起源」の謎

ＲＮＡワールド出現後に進行したとおぼしきプロセスについては、もう少しよくわかっている。ハーヴァード大学医科大学院のジャック・ショスタクとスクリップス研究所のジェリー・ジョイスがそれぞれおこなった先駆的な実験によって、自然選択がＲＮＡ分子の機能を洗練していった可能性が明らかになっているのだ。この実験は一般に、実験室でランダムに生成した無数のＲＮＡ鎖から始める。そこでなんらかの反応の触媒となる弱い能力をもつＲＮＡ鎖を選択し、変異を誘発する条件のもとで複製を繰り返す。それから再び選択をおこない、複製を繰り返す。こうして複製と選択を何度もおこなうと、高機能のリボザイムが得られる。

こうした実験から、ＲＮＡが多くの反応で触媒となりうることがわかる。ＲＮＡは、生物の活動に必要なオールラウンドプレイヤーの分子になるのだ。この実験結果は、自然選択によって無秩序な分子から秩序が生み出せ、かすかに存在する生化学的機能が増幅できる可能性も示している。ショスタクとジョイス（と彼らの同僚）が正しい方向へ進んでいるのなら、進化は生物の特質であるだけでなく、生命の必須条件なのである。

すると今度は、生命の黎明期における核酸の複製で起きた重大事件がクローズアップされる。元アメリカ大統領ロナルド・レーガンの言葉を借りれば、「過ちがなされた」のだ［訳注　イラン・コントラ事件として知られるイランとニカラグアに対する秘密裏の軍事援助スキャンダルが暴露されたときに述べた言葉］。初期のＲＮＡ分子が自己複製をしたとき、エラーが忍び込み、できた分子に元の分子にはない変異配列が含まれてしまった。この変異体が初期の地球における化学的な進化の原材料となり、以後の生物進化を促した。

ほかのさまざまな生命活動と同じく、ここでもゴルディロックスの法則は成り立つ［訳注　ゴルディロックスとは童話『ゴルディロックスと三匹のクマ』に登場する少女の名で、クマの家に迷い込んだ彼女が三種のスープの味見をして、熱すぎず冷たすぎず適温のものを見つけたという話がここで関係する］。ＲＮＡ（および、のちに登場するＤＮＡ）の複製エラーの割合が高すぎると、せっかく成功した変異体もその後の世代に長く残れない。反対に低すぎると、進化が続かない。このように現実のエラーが「ちょうどよい」のは驚くべき偶然に見えるかもしれないが、そうではない。分子レベルの自然選択の結果なのだ。中途半端ないい加減さが、進化には有利なのである。

このように、生命発生時にRNAは中心的な役割を果たしていたと考えられる。無機物の触媒の存在下で、ヌクレオチドが連なってRNAができ（ヌクレオチドそのものはまだ一から作られたことがないが）、短いRNA分子がみずからの複製を促しうることは、実験で明らかになっている。自然選択には、複製のエラーで生み出されるさまざまな変異配列のなかから、機能の優れた配列――よく似たほかの分子より、自己複製を少し速くできる配列やエラーの少ない配列――を増幅する力がある。

ほぼ同じことがタンパク質でも言えることがわかっている。スタンリー・ミラーが実証したように、アミノ酸は、生命誕生以前の――少なくとも一部の――条件で容易に生成し、核酸と同様、いくつも連なってペプチドを形成できる。ペプチドとはアミノ酸鎖のことで、これが折り畳まれて機能性タンパク質ができる。スクリップス研究所のレザ・ガディリらは、みずからの複製の触媒となるペプチドまで作り出している。したがって、環境条件によっては、核酸の前駆体とタンパク質の前駆体の両方が原初の海で進化することもありえたのである。

しかし、どちらの分子が最初に現れたのかはともかく（どちらかであったとして）、原初の進化にまつわる最も手ごわい謎と言えば、タンパク質と核酸が相互作用してお互いの存続を保証するシステムの登場にちがいない。有名な物理学者フリーマン・ダイソンは、生命の起源について深く考え、生命は実は二度発生したのではないかと言った。一度はＲＮＡを経由し、もう一度はタンパク質を経由し、その後、原始生命の融合によって、タンパク質と核酸を相互作用させる細胞が誕生したというわけだ。このアイデアは荒唐無稽ではない。本書の終わりで明らかにするように、何かが組み合わさって大変革を遂げるというのは、進化に見られる重要な流れなのだ。

ニワトリと卵の問題として見れば、ダイソンのアイデアには明らかに魅力がある。だが実際はもっと複雑だ。鍵と錠前の問題としても取り組む必要があるからである。核酸とタンパク質で交わされる分子の会話では、遺伝暗号——ヌクレオチドの言語をタンパク質のアミノ酸鎖に翻訳できるようにする化学的な暗号——が仲立ちとなる。遺伝暗号は、フランシス・クリックが言ったように「凍りついた偶発的事象」〔訳注　あることが起きてからその状態で固まって変わっていないということ〕だったのだろうか？　もしそうなら、どんな事象だったのか？　また、分子のルールの根底には化学のルールがあるのだろうか？　そうであれば、どんなルールなのだろう？　遺伝暗号の起源と、それによる複雑な生化学的作用を示す生命の出現は、依然として生物の謎のなかの謎なのである。

原初の膜組織とは

さらにもうひとつ、探るべき謎が残っている。代謝は、生命誕生の物理的なプロセスからの脱却をもたらし、第2章で紹介した代謝経路は、四〇億年あまりのあいだ生物を存続させてきた。では、代謝の進化は、先ほどのパラグラフでさらりと述べたシナリオにどのようにはまるのだろうか？

リン脂質（リン酸と有機炭素からなる「頭」に脂肪酸の長い「尾」が二本つながった分子）でできた膜組織は、細胞を物理的な環境から隔離すると同時に、イオンや分子やエネルギーの代謝の流れをコントロールする役目を果たしている。現在あるリン脂質は、DNAと同じように、初期の生物進化の過程で生まれた可能性がある。だが、袋状の膜を作り上げるもっと単純な分子は、原初の海に存在していたとしてもおかしくない。脂質状の化合物でできた球形の膜組織が隕石で見つかっているが、これはかなり細胞に近いように見える。

ひょっとしたら、代謝と複製との結びつきは、原初の膜組織のなかにRNA（あるいはタンパク質とRNA）の分子が詰め込まれたときに始まっていたのかもしれない。カリフォルニア大学の生化学者デイヴィッド・ディーマーがおこなった単純な実験は、それがどのようにして起きた可能性があるのかを明らかにしている。ディーマーは、DNAと袋状の脂質の混合物を濡らして乾かす操作を繰り返した。混合物を乾かすと、各分子は反応フラスコの底に「サンドウィッチ」状に積層した。続いて濡らしたときに、脂質は再び球形の袋を形成したが、今度はその袋のなかに一部のDNA鎖が入っていた。したがって、初期の地球で、脂質とタンパク質と核酸の構造的な結びつきが自然に生じた可能性はある。さらにディーマーらは、膜を通して入れたヌクレオチドを使って、袋のなかでRNAの合成もおこなった。これにより、代謝と複製との結びつきが生じたプロセスがかすかに垣間見える。ここでまたしても、ゴルディロックスの法則の出番だ。

膜組織の機能は、それを構成するリン脂質に含まれる脂肪酸の「尾」の長さに大きく依存する。尾が短すぎると、膜は漏れがひどくなって役に立たなくなる。逆に長すぎても、何も膜を通れないのでやはりだめだ。それゆえ、最初にできた膜組織は（少なくともきちんと機能した最初のものは)、大きなポリマーを中にとどめる程度には長く、小さな分子が出入りできる程度には短い脂質の「尾」をもち、自然に形成されたものだったにちがいない。

もちろん、代謝と複製が結びつくうえで鍵を握っていたのは、膜組織の合成を促すタンパク質の遺伝暗号を指定する核酸配列の進化だったにちがいない。膜組織は、いったん細胞の支配下に入ると、自然選択にも従うようになり、(これもまた)分子レベルの分業をもたらした。リン脂質の「尾」は長く伸びて、水や単純な気体などわずかな分子以外は通過させなくなった。一方タンパク質は、リン脂質の基質に埋め込まれ、イオンや分子やエネルギーを限定的に通過させるゲートやチャネルとなった。このように、核酸と同じく膜組織も、化学的なプロセスで形成された単純で未分化の構造から、細胞が構成した高度に分化したシステムへと、進化したように思われる。

別のシナリオ?

前のふたつのパラグラフで簡単に紹介したシナリオは、核酸あるいはその祖先にあたる分子に始まり、やがてタンパク質や膜組織、さらには代謝へと広がりを見せる。

ところが、順序が逆だと考える科学者もいる。生命は代謝から始まり、そのあと核酸とタンパク質が作られたというのである。

ミュンヘンの化学者で弁理士でもあるグンター・ヴェヒターズホイザーは、生命の起源が代謝だとする説をとりわけ力強く支持した。従来言われている生命誕生以前の分子合成は、好適な環境条件でしか起きない、と彼は述べる。そして、原初の海では条件が好適でなかった可能性を考え、生命は別の場所で別のプロセスによって誕生したと結論している。彼が主張する場所は、かつてのワラウーナの湾や現在の中央海嶺沿いに見つかるような、熱水噴出口だ。このような環境では、熱水噴出口から出る硫化水素が硫化第一鉄（FeS）と反応して黄鉄鉱を形成する――黄鉄鉱の巨大なチムニーは、今も深海の熱水噴出口で形成されている。この反応でエネルギーと化学的な還元力（水素の形で）の両方が得られるので、ヴェヒターズホイザーのシナリオでは、二酸化炭素（あるいは一酸化炭素）の固定が促され、成長する黄鉄鉱の結晶の表面に有機化合物が生成することになる。

生命は、フールズ・ゴールドの上にできた膜で始まったのだろうか？　答えはわからないが、最近の実験結果はヴェヒターズホイザーの説の少なくとも一部を裏付けている。たとえばヴェヒターズホイザーらは、硫化鉄と硫化ニッケルのスラリー［訳注水に懸濁させた液状物」に一酸化炭素を化学的に固定して酢酸を生成した。このスラリーは、活性アミノ酸からペプチド鎖を形成する触媒にもなる。代謝が最初とする説は、まだ多くの点で検証が必要であり、またこのシナリオは、代謝を核酸やタンパク質とどう結びつけるかという手ごわい問題も抱えている。それでも種々の実験結果は、生物以前の進化については、先入観をなくして型破りな説に取り組む必要があることを示唆している。毛沢東が仲間の革命家たちに「百の花を咲かせよ」と説いた［訳注　建国当初、多様な意見を求めた百花斉放運動のこと］ときはそこまでの意図はなかったようにも思えるが、生命の起源にかんする研究では、集められるかぎりのアイデアが必要なのである。

単純さから複雑さへ

遺伝子とタンパク質と膜組織がそろうと、生命は、自然選択と、遺伝子の重複や水平移動に促され、たちまちダーウィンが言った「生命の大樹」の幹を駆けのぼっていったのではなかろうか。生物が勢力を広げていくためには、遺伝子が多くの機能を支配下に収める必要があった。とはいっても、そうした遺伝子による支配のすべてがたったひとつの細胞系統で生じたとは考えなくていい。むしろ、生化学的な変革はいくつもの系統で独立に起きた可能性が高い。ある系統はビタミンBを作り、別の系統は脂肪酸を、さらに違う系統が複製の触媒となるタンパク質を生み出すといったように。膜がスカスカだった原始細胞の世界では、一個の細胞の遺伝子産物が全細胞に行きわたり、生合成の共依存によって結びついた複雑なコミュニティができていたのかもしれない（今もわれわれはそういう世界に住んでいる——朝一杯のオレンジジュースを飲むのは、あなたの細胞でビタミンCが合成できないからなのだ）。スカスカの膜ならば、遺伝子や遺伝子産物が細胞間を移動でき、さまざまな生化学的反応経路が少数の系統に集まって、その系統が世界に広まった可能性がある。

初期の代謝は単純で、多くの反応の触媒となるが効率は悪いオールラウンドタイプの酵素を利用していたにちがいない。しかしやがて、自然選択の結果、効率は良いが機能を特化した酵素ができた。たとえば硫酸塩を呼吸に利用した最初の細菌は、間違いなく非効率な酵素を使っていたはずだが、ほかにそうしたことをする生物がいなかったので繁栄した。当初、硫酸塩は、ほかにも多くの役割のある酵素を使って生物に利用されていたのだろう。だが、硫酸塩をもっと効率よく還元できる新しい変異種が現れ、それまでの種より優位に立つと、効率的な硫酸塩還元の選択が急速に進んでいった。もちろん、この選択は犠牲も伴った。酵素の機能が向上するほど、ほかの反応の触媒となる能力は低下していったのだ。

　このような選択によって酵素の機能が特化されていくにしたがい、細胞が進化するうえで、新しい遺伝子を得る手段が必要になった。そこで水平移動が役立ったわけだが、膜の選別能力が高まるにつれ、遺伝子の共有は起きにくくなったにちがいない。第二の手段は、今も重要な役目を果たしている、遺伝子重複である。複製のエラーが起きると、遺伝子のコピーが余分にできる場合があり、それが進化の変革をもたらす要因となる。いったん重複が生じると、ふたつの遺伝子コピーは別個の選択圧を受け、結果的に別種の機能をもつふたつの酵素を生み出すことがあるのだ。

　自然選択が個々の酵素の進化をどのように促したのかは、比較的わかりやすい。だが、多くのタンパク質の活動をまとめ上げる複雑な代謝経路についてはどうだろう？光合成の分子反応の複雑さは、ダーウィンが「極度に完成された器官」も進化できた可能性があることを説明するために選んだ、脊椎動物の眼の構造的な複雑さに匹敵する。ダーウィンを批判する特殊創造説［訳注　生物は神が創造して以来変わっておらず、進化など起きていないとする考え］の信奉者は、眼の複雑さは神のデザインの証《あか》しにちがいないと考えていたが、ダーウィンは違った。生物のなかに、単純な眼点（単細胞生物に見られる色素の凝集体）から、筋肉と水晶体と視神経をもつ目に至るまで、段階的な感光器官が見つかる事実に、彼は気づいたのである。しかもどの段階の器官も、それをもつ生物の機能上の要求にかなっている。そのためダーウィンは、すべての中間形態が有効に機能するかぎりにおいて、自然選択は単純さから複雑さを生み出すと主張した。

同じことは、光合成についても言える。一見したところ、光合成の器官は自然が生み出した最高にエレガントな分子集合体のようだが、よく見るとそれは、複雑怪奇なマシンであることがわかる。その途方もない複雑さは一連の構成要素に分解できるが、各要素は独立に発生し進化している。

第一に、光合成で中心的な役割を果たす色素であるクロロフィルは、より単純だがその機能の萌芽となる前駆体から進化したと考えられる。最も早いものは、生命誕生以前の環境に存在していたにちがいないが、その後の過渡的形態は、今もクロロフィルの生合成で中間体として生じる。つまり、クロロフィルの生合成経路が進化を遂げた際、一段階ごとに前の最終生成物の機能に修正が加わっていったのである。

さらにこのクロロフィルは、太陽光を化学エネルギーに変える光化学系という複雑な分子集合体においてタンパク質と結びついている（図21）。ここでまたしても、現在の複雑さは、遺伝子の重複と水平移動によって進化を遂げたように見える。遺伝子重複のおかげで、光合成の際に電子を運ぶタンパク質の一群が作られた。一方、シアノバクテリア（および緑色植物）がもつ二種類の光化学系は、それぞれ別種の細菌で生み出され、水平移動によって一緒になった（光化学系の形成と機能に必要なすべての遺伝子は、一本のＤＮＡ鎖上に固まって見つかる。こうしてまとまっている事実から、この機能的な遺伝子群は、光合成細菌間を移動したと考えられる。それをもたらしたのは、ウイルスかもしれないし、死んだ細胞の摂取かもしれない）。

したがって、タンパク質や膜組織や核酸と同じように、代謝でも、自然発生した分子にもとづく単純なものから始まり、生合成経路の進化にともなって発展し、自然選択や遺伝子の重複・水平移動によって複雑な生化学的反応経路が形成されたと考えられる。こうしたプロセスを生み出す力には、本当に驚かされる。

われわれは、生命の起源にまつわる謎の解決に近づいてはいない。生命の起源の探究は、入口がたくさんある迷路に似ており、大半のルートは十分にたどられていないので、行き止まりに達するかどうかわからない。それでも次第に化学者や分子生物学者は、生命は起こりそうにない反応によって生まれ、それが起こったのは莫大な時間があったからだとするかつての見方を捨て去ってきた。今では多くの人が、生命の起

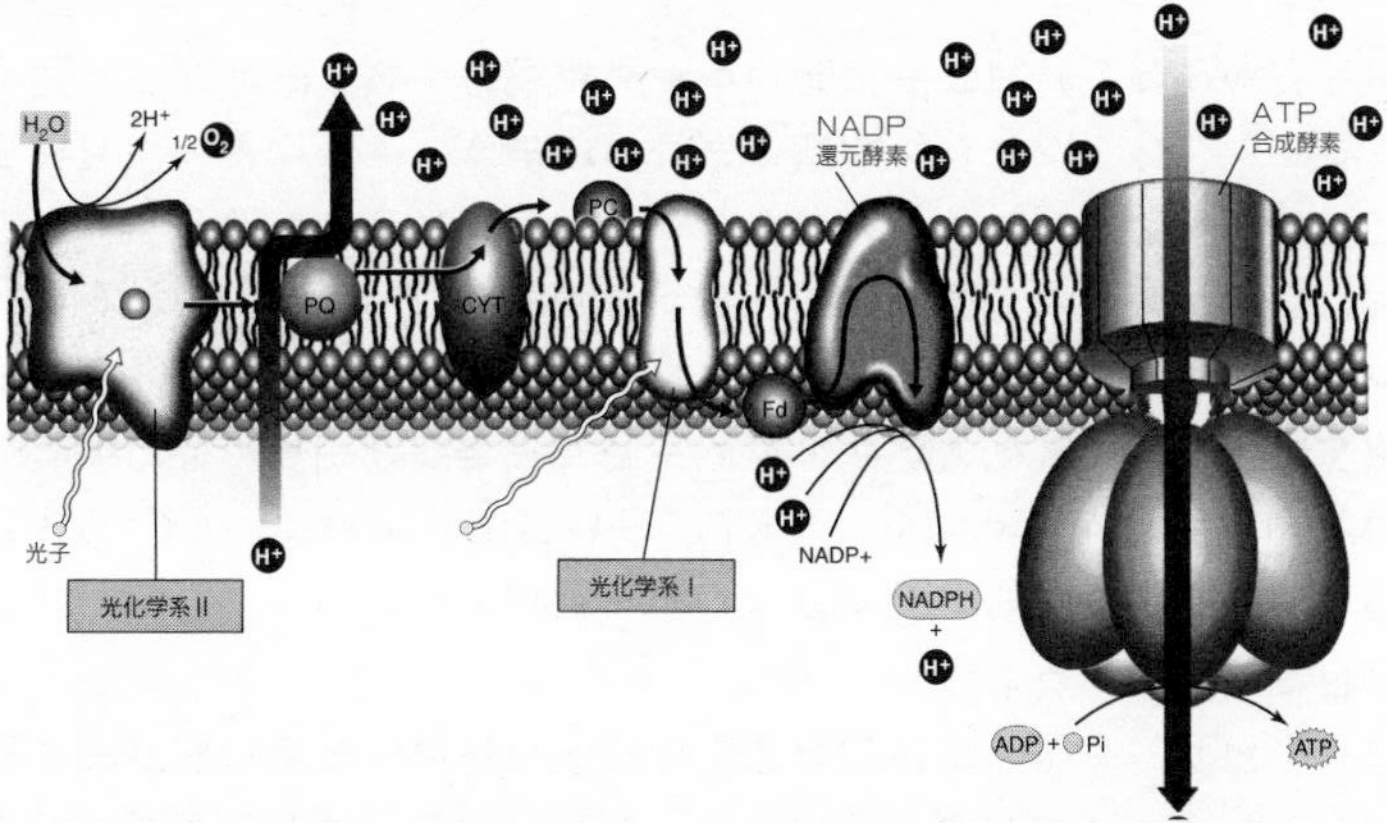

図 21　シアノバクテリアや緑色植物にある光化学系という分子集合体を示した図。クロロフィルなどの色素が光子を吸収し、そのエネルギーを「励起した」電子に伝達する。するとこの電子は、光合成膜に存在する一連のタンパク質に、バケツリレーのように渡されていく。この一連の化学反応は、ATP と NADPH ── いずれも（光合成膜の外で起きる別の反応群において）二酸化炭素を糖として固定するのに要る化学的なパワーを提供する分子 ── を生成して完了する。光合成細菌には、色素とタンパク質が結びついた光化学系がひとつある。シアノバクテリアや緑色植物は、図に示したように、協力して働く 2 種類の光化学系を利用する。そのうち光化学系 II では、水の化学分解によって、光合成に必要な電子が供給される。（W. K. Purves, D. Sadawa, G. H. Orians, and H. C. Heller, 2001, Life: *The Science of Biology*, Sixth Edition, Sinauer Associates and W. H. Freeman and Company より許可転載）

源（ひとつとはかぎらない）には十分起こりそうで効率も良い化学反応が関わっており、ただ見つかっていないだけで、迷路を抜ける最短ルートはあると考えている。

生命誕生以前の進化のスケジュールについては、まだはっきりわかってはいないが、三八億年前までに、生命はこの惑星に足がかりを得ていたようだ。それから「たったの」数億年で生命が現れたのはおかしいと気にする人もいる。しかし、一億年というのは非常に長い時間だ！ スタンリー・ミラーは、生命が発生するのにどれぐらいの時間がかかるかと訊かれてこう言った。「一〇年では短すぎるし、一〇〇年でもそうでしょう。けれども、一万年か一〇万年あれば大丈夫そうです。一〇〇万年でだめならきっと永久にだめでしょうね」

三五億年前までには、生命の長期的な持続を可能にする「代謝の多様化」がほぼ確実に始まっていた。さまざまな微生物群集は、炭素などの元素を生物圏に循環させた。光合成さえもすでに登場していたかもしれない。それゆえ地球最古の岩石の時代は、原初の進化という根元からのぼって、生命の系統樹から推測される遺伝子や生物の多様化に出くわす重大な転機のあたりに相当する。

生命が登場したあとは、どうなったのだろう？ 誕生まもないワラウーナの生物は、どんな道筋で三〇億年の進化を経て、コトゥイカンの石灰岩に残っている動物に至ったのだろうか？　これを知るためには、また歴史物語に戻らなければならない。

6 酸素革命

オンタリオ州（カナダ）北西部にあるガンフリント層のチャートには、二〇億年近く前に鉄分の豊富な海に棲んでいた細菌の化石が残っている。しかし、ガンフリントの岩石が形成されたころも、地球はようやく大きな環境変化を終えようとしていたところだった——この惑星が誕生して二〇億年以上経ってから、酸素が大気や海面付近に広がりだしたのである。この酸素革命は、またもや進化を方向づけ、遠い将来にわれわれへとつながる生物系統を生み出した。

スペリオル湖へ

「たくさんもって行くんだ。今度いつ来られるかわからないぞ」そう言いながらエルソ・バーグホーンは、二〇キロのチャートの塊を、スペリオル湖北岸の岩だらけの岬

図22　スペリオル湖北岸に沿って見られるガンフリント・チャートの露頭。遠くの人影は、先カンブリア時代の古生物学の父と言われるエルソ・バーグホーン。

に引き上げたアルミ製のボートに放り込んだ（図22）。

時は一九七四年。エルソにとってはある種の郷愁すら覚える再訪であり、この場所で彼は、二〇年前にスタンリー・タイラーとともに古生物学を一変させた。一方、私にとってこの旅は、エルソと同じ道を歩む気にさせてくれた岩石を初めて目にする機会となった。教科書の事実を露頭の現実と比べ、岸辺を歩きながら師から古生物学の手ほどきを受けるチャンスだったのである。ぼこぼこにへこんだ船底に散らばり、湖岸沿いの狭い段丘にも露わになっている岩石は、一九億年前のガンフリント・チャートだ。一九億年前と言えば、ワラウーナの時代と現代との中間近くに相当する。

ガンフリント層は、再びカンブリア紀へ向けて時間をたどる起点となる。ガンフリントの化石は、ワラウーナの謎を引きずっているのだろうか、それとも、スピッツベルゲンのなじみ深い生物をずっと昔へさかのぼらせてくれるのだろうか？　答えはどちらも少しずつ正しいとわかっている。だがなにより、ガンフリント・チャートとそれに混じった鉄は、この中間の時代に地球と生命が大きな変化を経験しつつあったことを物語っている。

「小さな夜明けの星」

ガンフリント層は、オンタリオ州北西部で、湖岸沿いのほか、切り通しや、河川の浸食でできた峡谷でも見られる。岩石の多くは頁岩で、わずかに炭酸塩岩があり、ところどころ砂岩も見つかる。この層の一番上あたりにある火山岩の層には、一八億七八〇〇万（プラスマイナス二〇〇万）年前と推定されるジルコンが含まれている。しかし、なにより目立つのは縞状鉄鉱層の存在だ。第4章で紹介した鉄鉱とチャートからなる変わった地層である。ワラウーナやバーバートン山地の縞状鉄鉱層は最も古い例で、ガンフリントのものは最も新しいタイプに属する。したがって、鉄は地球の変遷を知る第一の手がかりとなる。

ガンフリント層の最下層の黒色チャートには、指のような形をしたストロマトライトがあり、そのなかに微化石が含まれている。スピッツベルゲンの場合とずいぶん似ているようだが、実は見た目だけだ。よく調べると、ガンフリントの古生物学的特徴――化石、ストロマトライト、チャート――はどれも、スピッツベルゲンのそれとは違っている。スピッツベルゲンをはじめ、シリカに閉じ込められた微化石を含む地層ではたいてい、チャートは炭酸塩の堆積岩中に形成されたレンズ（両凸レンズ状の岩塊）や団塊や薄層として生じる。ところがガンフリントの場合は違う。この古いチャートは、海底にシリカが直接沈殿してできたのである。

ストロマトライトはこの違いを浮き彫りにする。ガンフリントの地層の組織（図23）は、おおまかには、石灰岩に見られる一般的なストロマトライトに似ているかもしれないが、詳しく見ると、多くはむしろシンター――イエローストーン国立公園にあるような、シリカ（SiO_2）が飽和した温泉から析出し積層したもの――によく似ている。シンターは物理的なプロセスの産物だが、微生物が細かい積層状態に影響を及ぼしている可能性はある。このように、ガンフリントのストロマトライト含有チャー

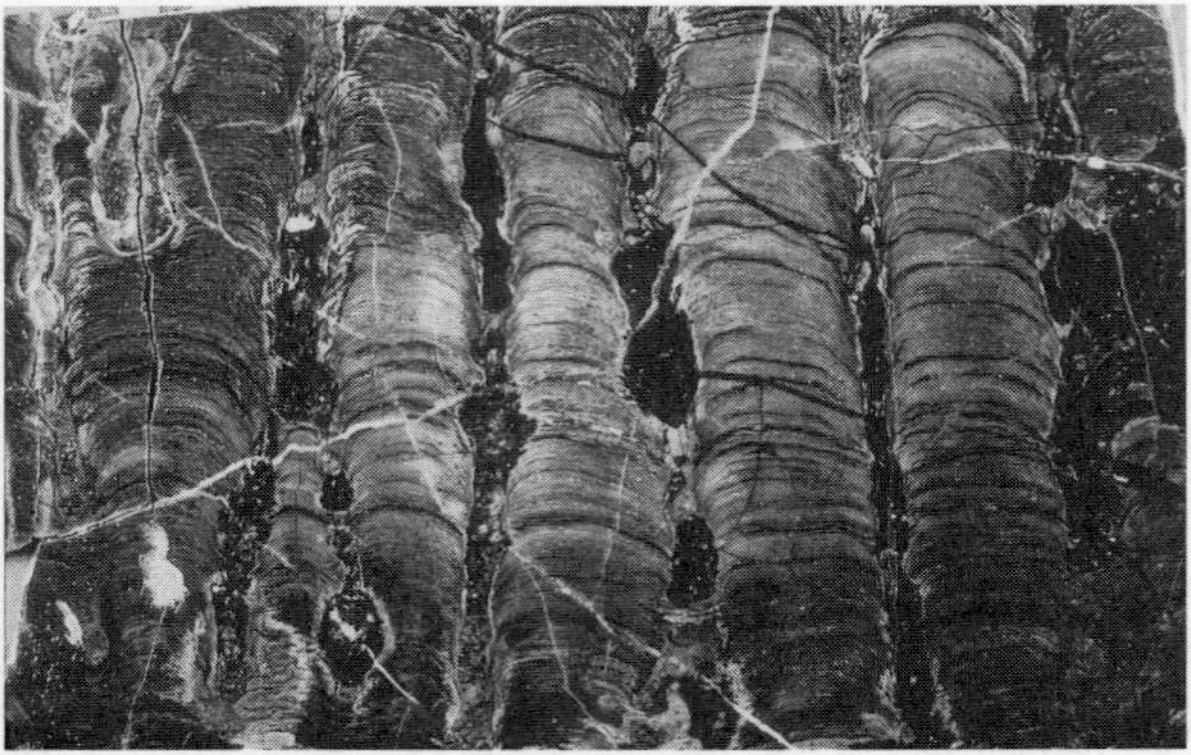

図23　ガンフリント・チャートのストロマトライト。柱状体の幅は2センチ半程度。

トは、微生物のマットについてでなく、局所的な化学作用について明らかにしているようにも見える。ともあれ、ガンフリントのチャートと鉄は、この付近の水域が特異な状態だった――スピッツベルゲンの干潟と違うどころか、現代の海のどんな環境にも似ていない――ことを物語っている。

ガンフリントのストロマトライトには、大量の微化石が存在し、幾重にも積み重なった葉層に沿うように残っている。古生物学者のあいだでは、これらの化石が巨大な墳墓のようなストロマトライトを作り上げていたマットなのか、積層するシリカの表面に降り積もった――イエローストーンのシンターに閉じ込められた葉のように――細菌なのかをめぐって議論が戦わされている。私は後者の陣営に共感する。スピッツベルゲンの個体群がマットを形成していたことを示すあの濃密にからみ合ったフィラメントが、ガンフリントのストロマトライトにはほとんどないのである。はるかに多いのは、キャセロール料理〔訳注　鍋ごと食卓に出す煮込み料理〕に散らしたパセリのように、決まった方向性をもたずにごたまぜになった微化石の層だ。

一番多い化石は、鉄の被膜をもつ直径一～二ミクロンのチューブである（口絵3a）。いみじくもガンフリンティア・ミヌタ〔訳注　ガンフリンティア（Gunflintia）はガンフリント、ミヌタ（minuta）は微小を意味する〕と名づけられたこの微小なフィラメントは、スピッツベルゲンのチャートに残っていたシアノバクテリアの鞘に似ているが、スファエロティルスやレプトトリクス（口絵3b）などの、今日鉄分の豊富な水が酸素に触れる場所で見つかる鉄細菌〔訳注　鉄の酸化を利用してエネルギーを得る細菌〕がもつチューブ状の鞘にも近い。そのほかの化石も、ガンフリントの海に鉄細菌が住んでいたという見方を支持している。たとえば直径数ミクロンの球形のものは、シアノバクテリアの細胞とは細かく見ると違い、球状の鉄細菌に似ている。また、ねじれて分岐したチューブは、現生の鉄細菌ガリオネラとそっくりだ。ガンフリントのストロマトライトでわずかに見つかる化石には、シアノバクテリアの遺骸を思わせる棒状の細胞やコロニー

（個体群）もあるが、化石群のなかに散らばる微小な星形（エオアストリオン――「小さな夜明けの星」――という詩的な名がついている）は、やはり鉄やマンガンを代謝に利用する細菌に似ている。もっと穏やかな水域に堆積した、ストロマトライトを含まないチャートには、大量の星形のほか、消えてしまった何かのプランクトンの名残りをとどめる小さな球状細胞が見つかる。

スピッツベルゲンのチャートにある化石と同じく、ガンフリントの微化石も現生の微生物と似ている。しかしガンフリントの化石に近い現生生物は、スピッツベルゲンの場合と違って、鉄分の乏しい現代の海にはあまりいない、鉄代謝をおこなう細菌なのだ。このように微化石は、鉄鉱層からの環境の推理を裏付けている。ガンフリントの海は、スピッツベルゲンの海とも、今日われわれが知る海とも違っていたのである。

鉄分の豊富な海

二一億～一八億年前の堆積岩の地層は広く分布しており、一ダースほどの場所で化石が見つかっている。ほとんどは鉄分の豊富なチャートからで、ガンフリント層の化石によく似ている。ガンフリントの鉄細菌は、局所的な例外ではなく、世界じゅうの海に見られる普遍的な存在だったのだ。

ところが、別の発見はまた違う話を語る。とりわけ有益な発見は、ベルチャー諸島——カナダのハドソン湾東岸近くに浮かぶ、平坦な小島の群れ——でなされている。ここで、モントリオール大学の古生物学者ハンス・ホフマンが、干潟の炭酸塩岩の地層に入り込んだ黒色チャートの団塊を収集し、スピッツベルゲンで見つかった化石と同じぐらい現代のものによく似たシアノバクテリアの化石を見つけた(口絵3c、3d)。ガンフリントの鉄細菌は、マットを形成するシアノバクテリアと共存していたのである。

このような証拠から、原生代初期の生命について、より詳細な全体像が判明しだしている。安定な同位体は、二〇億年前、微生物による炭素や硫黄の循環が現代と同じように起きていたことを示唆している。ストロマトライトはこの時代の炭酸塩岩に豊富に含まれており、多くは微生物のマットの形成によってできたものにちがいないのだ。干潟のチャートで見つかる微化石とともに、これらは長期にわたる「パックス・シアノバクテリアーナ」[訳注　パックス・ロマーナ(ローマの支配による平和)をもじった表現]が早くも始まっていたことをうかがわせてくれる。

深海からわき上がった鉄分の豊富な水が酸素の溶け込んだ表層水と混じり合う場所

で、ガンフリントタイプの細菌は繁栄した。しかし、ガンフリントの時代が終わってまもなく、このタイプの化石は地層から姿を消した。ガンフリントタイプの生物がシアノバクテリアの拡大によって駆逐されたと考えられる根拠はない。なにしろ、この二種類の微生物群集は、何億年ものあいだ共存していたのだから。むしろ、ガンフリントタイプの生物群の消滅は、生息環境を失った結果と言える。一八億年前までに、鉄鉱層——鉄分の豊富な海の存在を示す岩石学的な証し——がなくなっているのである。

太古のシアノバクテリアの指紋

ガンフリントからコトゥイカンの断崖へと地層をのぼっていけば、次第になじみのある化石が見つかるようになると予想できる。だがその前に、過去へ目を向けて、ワラウーナからガンフリントまでのあいだに生命がどう変わったのかと問わなければならない。微古生物学の課題として見ると、これはなかなか難物だ。ふたつの地層をつないでくれそうな化石がほとんどないからである。オーストラリアの二七億年前のチャートにひとつだけ見つかった化石は、興味深いことにシアノバクテリアに似ているが、はっきりそうだとは言えない。また、南アフリカの二五億年前のチャートにも、シアノバクテリアかもしれない遺骸があまりよくない保存状態で残っている。しかし幸いにも、シアノバクテリアの古さをよりはっきり示す証拠が、意外なものから得られている――オーストラリア北西部のノース・ポールのすぐ南で見つかった、二七億年前の頁岩に含まれるバイオマーカー分子である。

このバイオマーカー分子の証拠は、ふたつの理由で意外だった。第一に、最近までシアノバクテリアは、ユニークで長く残る分子的な痕跡を生成するとは知られていなかった。だがもちろん、生物が「生成すると知られている」ものが、実際に作り出すものとかなり違う場合はある。ロジャー・サモンズらは、微生物学と有機化学を慎重に組み合わせて、シアノバクテリアだけが大量に合成できる特異な脂質の存在を突き止めた。この分子は2-メチルバクテリオホパンポリオール（有機化学の専門家にとっては深い意味があるが、ほかの人にとってはほとんど理解不能な名前だ）といい、堆積岩中で2-メチルホパンという分子に変わり、太古のシアノバクテリアの分子的な指紋としていつまでもそこに残る。

シアノバクテリアのバイオマーカーが識別可能なことは認めるとしても、それが太古代の頁岩に見つかるというのは予想外だった。バイオマーカーは高温で分解してしまうため、一般に、太古代の堆積岩は変成作用によって「調理」されすぎており、保存状態のよい分子化石は得られないと考えられていたのだ。この点では、一般の考えは完全には間違っていない——太古代の堆積岩の大半は波瀾万丈の歴史をたどり、分子地球化学の研究対象にはしにくいのである。とはいえ、太古代の堆積岩のすべてがこんがり焼かれているわけではない。そこで、平均的な岩石は無視して、例外的に変成を免れたほんのわずかな堆積岩に注目するという手だてがある。

ロジャー・サモンズやロジャー・ビュイックとともに研究していたヨッヒェン・ブロックスは、シドニー大学で博士課程の学生だったとき、まさにそれを実行した。彼は、例外的に保存状態が良く、ことのほか有機物の豊富な二七億年前の頁岩に、2-メチルホパンを見つけ、太古代からシアノバクテリアが存在していたことを確かめた。さらに、ステランという分子など、ほかにもバイオマーカーを見出している。ステランは、ステロール——真核生物が主に作る、膜組織を硬化させる化合物[1]——から得られる地質学的に安定な分子だ（一番有名なステロールが、コレステロールである）。したがって、二七億年前には（あるいはもっと早くに！）、生命の系統樹はすでに枝分かれを始め、多様な細菌が生まれ、われわれ真核生物の大枝に最初の芽も付いていたのである（図24）。

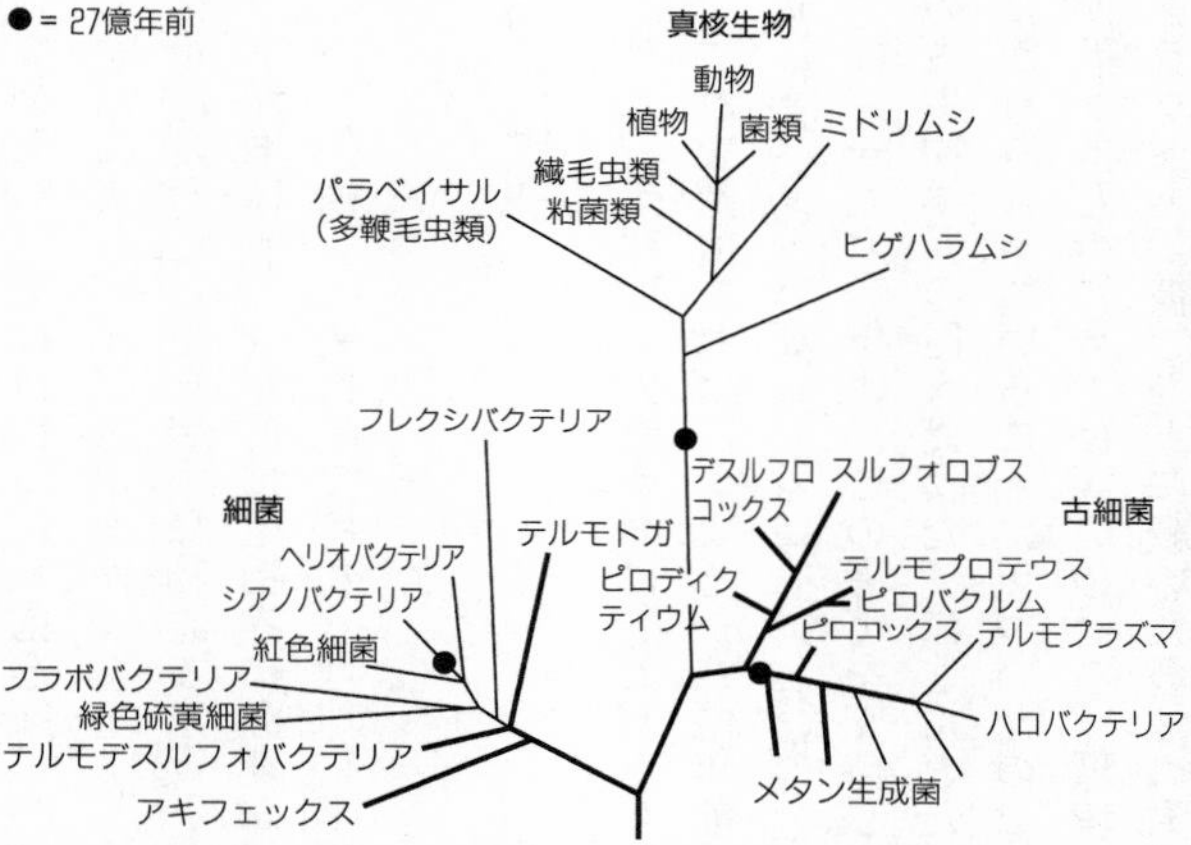

図 24　分子化石や同位体の生物痕跡をもとに、図 6 で示した生命の系統樹の分岐点における時間を特定できる。詳しくは本文を参照。

三五億～一九億年前の進化に対するわれわれの見方は、時代とともに質も量も向上する堆積岩や古生物の記録によるバイアスがかかっている。一般にこの向上は、生物が危険を冒して多様化を遂げた進化史を忠実に物語る事実と見なされている。一方、ガンフリント・チャートが堆積する少し前に生物界に激変が起きていたとの主張も十分にできる。ただしこの主張は、古生物学ではなく地球化学にもとづくものだ。

酸素が乏しかった時代

第4章で、鉄鉱層が、太古代初期の大気や海に酸素が乏しかったことを示す地質学的な証拠だと述べた。これを敷衍《ふえん》すれば、およそ一八億年前まで鉄鉱層が存在することから、生物圏は非常に長いあいだ酸素の欠乏した状態だったと言えそうだ（図25）。プレストン・クラウドは、一九六〇年代にこの考えを支持した。身長は低かったが、クラウドは二〇世紀の古生物学界の巨人だった。ほとんどだれよりもずっと早く、生物史と環境史が密接にからみ合っていることに気づいたのである。彼は、生命が誕生したころは酸素濃度が低かったのに今では高いのなら、環境変化の証拠を地層に求めるべきだと考えた。クラウドと、彼のあとに続いた多くの人は、鉄鉱層の層序学的な分布（図26）から、調査の的を原生代初期の岩石に絞った。

初期の地球で酸素が乏しかった可能性については、きわめて説得力のある証拠がいくつかあり、それらは、太古代と原生代初期に、河川が海岸平野を蛇行して流れた際に堆積した砂礫から得られている。有機物の豊富な堆積岩には黄鉄鉱が多い。それは堆積面の下で、硫酸塩還元細菌が生成した硫化水素（H_2S）と、酸素の乏しい地下水に溶け込んだ鉄とが反応して形成されている。結晶性の黄鉄鉱も火成岩や熱水鉱床で見つかる。とはいえ黄鉄鉱は、岩石中にはよく見つかるが、岩石が浸食を受けてできた粒子の堆積物にはほとんど存在しない。理由は簡単だ。黄鉄鉱は酸素で分解されるため、現代の地球では、露出して浸食を受けると消えてしまうのである。

同じことは、ほかにも酸素に敏感な二種類の鉱物で言える。菱鉄鉱《りょうてっこう》（炭酸鉄、$FeCO_3$）と閃ウラン鉱（二酸化ウラン、UO_2）だ。どちらの鉱物も、海岸近くの氾濫原の堆積物を構成する粒子には見つからないが、およそ二二億年前より昔の河川が形成した堆積物には、黄鉄鉱の粒子とともに見つかる。したがって、地球史の前半部分では、黄鉄鉱や菱鉄鉱や閃ウラン鉱が岩肌に露出し、浸食や風化によってそぎ取られ、

1　ある細菌群は、真核生物からの水平移動で手に入れた遺伝子を使ってコレステロールを合成しているらしい。

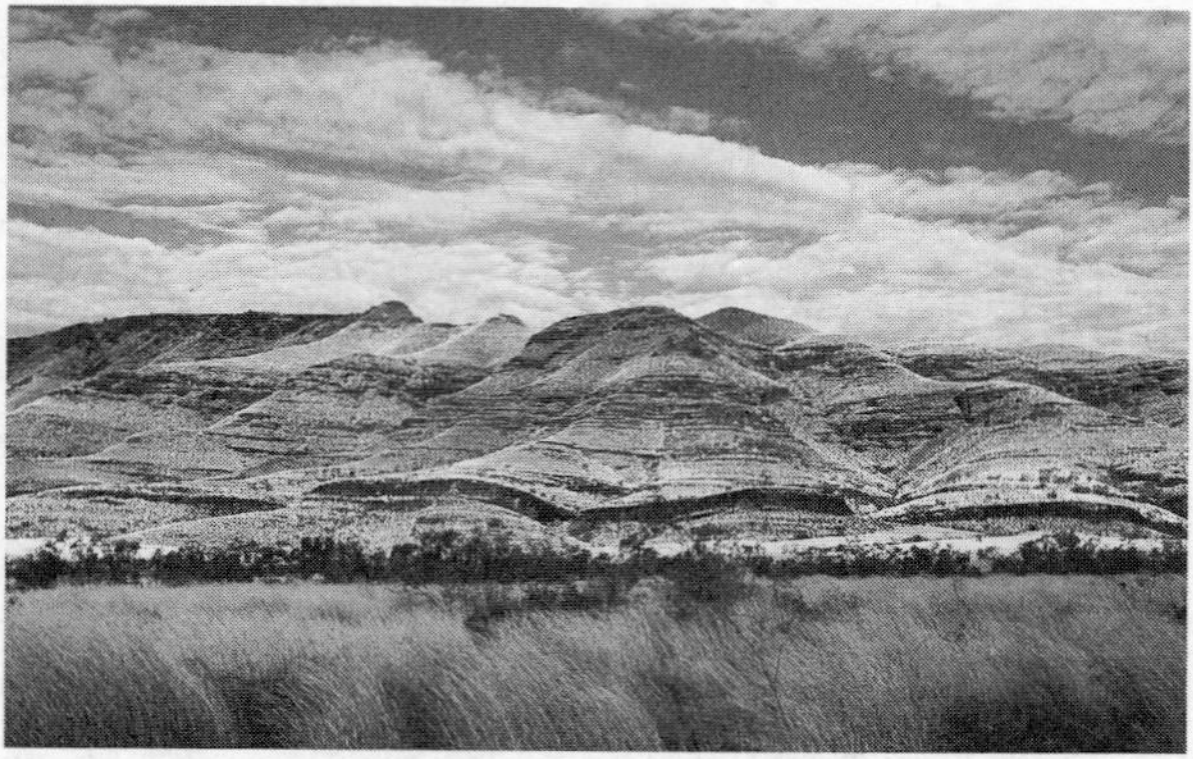

図25　鉄の山。この西オーストラリアの地形は、25億年前の鉄鉱層の鉱床から削り出されてできた。

河川に運ばれて氾濫原にたまっていた——そのあいだずっと、それらの鉱物が失われるだけの濃度の酸素には出くわさなかったのである。

こうした酸素に敏感な鉱物が次第に姿を消すと、酸素を必要とする別の岩石が目立つようになってきた（図26）。アリゾナ州やユタ州へ行った人なら、真っ赤な砂岩や頁岩から切り出された峡谷を鮮明に覚えているだろう。この岩石は、お堅い地質学者の用語で赤色層といい、その色は砂粒を覆っている酸化鉄によるものだ。酸化鉄は、表層の砂で形成されるが、それを洗う地下水に酸素が含まれている場合にかぎられる。赤色層は、約二二億年前よりあとにできた堆積層群で多

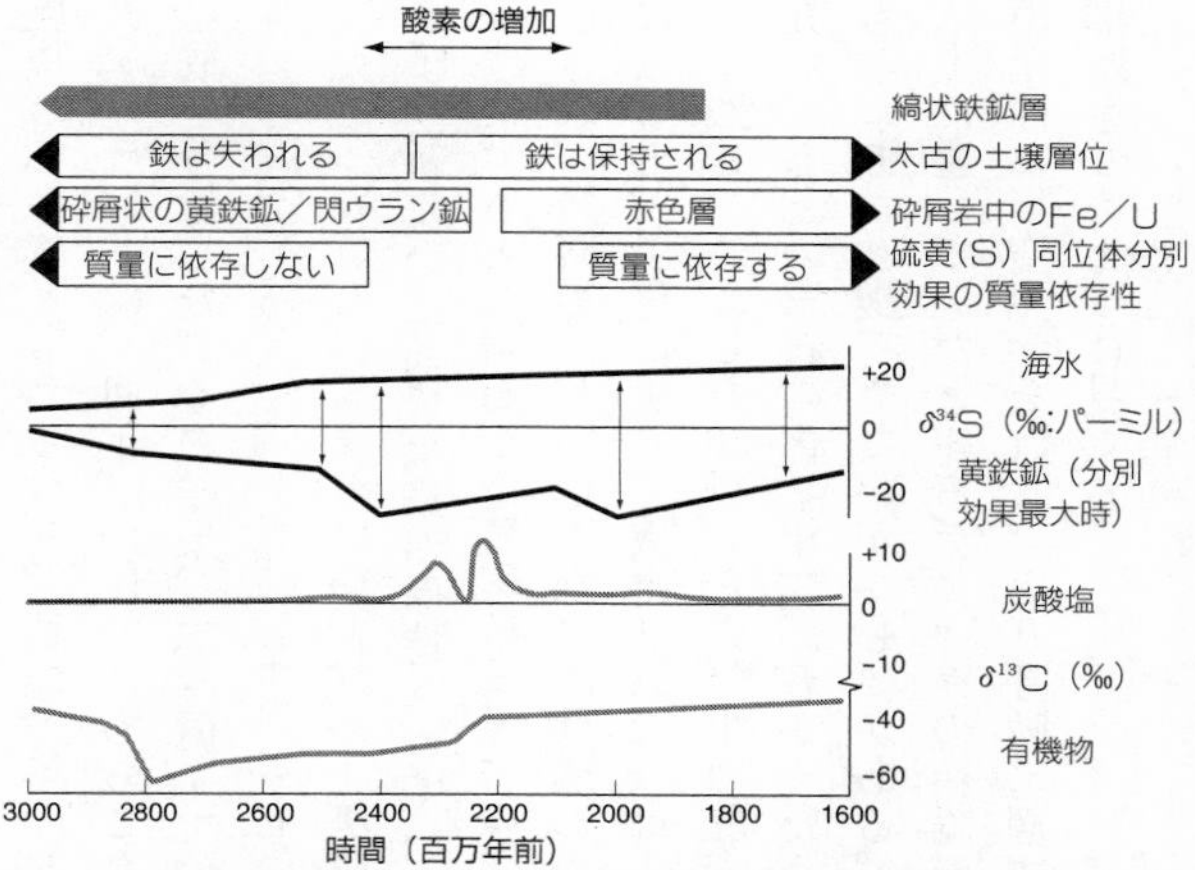

図 26　原生代初期の地球における環境変化の地質学的な証拠をまとめたもの。詳しくは本文を参照。

くなる。

このような知見を最も単純に説明するとしたら、およそ二二億年前より昔、大気や海面付近の水に含まれる酸素は少なかったということになる。前にも言ったように、どれだけ少ないのかは今も議論のかまびすしい問題だが、手前勝手な主張を除けば、上限は現在の酸素濃度の約一パーセントのようだ――いや、はるかに低かった可能性もある。

原生代初期に起きた環境変化の証拠は、氾濫の際に埋没して保存された太古の土壌からも独立に得られている。土壌は岩石と空気の境目でできるものなので、大気の化学組成を反映していると考えられる。私の長年の友人でハーヴァードでの同僚でもあるディック・ホランドは、何年もかけて、あちこちにある太古の土壌層位を見つけ、その化学組成を分析した。その結果、二四億〜二二億年前より古い化石土壌〔訳注　新しい被覆層の下に埋没したために、土壌生成作用が中断して化石のように地層中に保存された古土壌〕で、当初その下にあった岩石に含まれていた鉄が土壌生成時に失われたことを見出した。一方、それより新しい土壌では鉄が保持されている（図26）。そこでディックの考えた説明はこうだ。もとの岩石が低酸素の環境で風化を受けると、鉄が二価の鉄イオンとして放出され、酸素の乏しい地下水に溶け込んで運び去られる。ところが酸素が豊富な環境になると、風化によって放出された鉄はすぐに不溶性の酸化鉄に変化するため、その場に残る。こうした知見から大気中の酸素の定量的な推測を引き出すのはなかなか厄介で、もとの岩石の化学組成がわかったうえで、太古の大気の二酸化炭素濃度を見積もる（あまり厳密でないが）必要がある。大気中の酸素濃度が現在の一五パーセント以上に達していたとするディックの結論が正しいかどうかはともかく、二四億〜二二億年前に、空気がそれまでより呼吸に適するものになったという「定性的な」結論は揺るぎないように見える。

太古代の海には硫酸塩が乏しかった

少数だが頑固な批判者もいて、彼らは、この大気の変化を示す地質学的な記録が非常に誤解を招きやすいと主張している。酸素の豊富な大気になったのは、二二億年前よりもずっと昔で、あるいはワラウーナの時代より前かもしれないというのだ。ペンシルヴェニア州立大学の地球化学者で、この異論の主唱者でもあった大本《おおもと》洋《ひろし》は、太古の環境の鉱物学的な手がかりは「局所的な」環境の記録にすぎず、地球全体の状態を反映してはいない可能性があると指摘している。そこで大本は、鉄鉱層、赤色層、化石土壌、酸素に敏感な鉱物といったものを、太古代と原生代初期の珍しい火山岩や、海盆における局所的な酸素欠乏などによって説明する。ヨッヒェン・ブロックスが太古代後期の岩石にステランを見つけると、とくに彼は勢いづいた。ステロール合成にはそこそこの量の酸素が必要だからだ（最低でも現在のレベルの一パーセントとも言われるが、下限値は厳密には明らかになっていない）。もちろん、鉄について言えることはステランについても言える。ステランもまた、地球全体ではなく局所的に酸素が豊富だったことを示している可能性があるのだ。ひょっとしたら——鉱物学的な証拠とも矛盾しないが——ステロール合成は、シアノバクテリアのマットにできた局所的な酸素のオアシスで始まり、そのあとで地球全体に広まったのかもしれない。

この議論はどう決着を付けられるのだろう？　地球の初期の堆積岩に刻まれた記録は、本当にどれも誤解を招いているのだろうか？　幸い、いくつかの生物地球化学的な指標が地球全体の環境のシグナルとなるおかげで、われわれは鉱物やバイオマーカーにかんするデータをより広い視野に立って評価することができる。その筆頭が、堆積岩中の炭素や硫黄の同位体存在比だ。

第3章で説明したとおり、現在の海底に堆積している有機物と石灰岩では、安定な炭素同位体^{13}Cと^{12}Cの存在比がおよそ二五パーミル異なる。これは、光合成をする藻類やシアノバクテリアによる炭素同位体の分別効果を示している。大半の先カンブリア時代の地層では、炭酸塩岩と有機物の炭素同位体比の差はこれよりわずかに大きい程度にすぎない（二六～三〇パーミル）――このわずかな違いは、よく似た生物学的プロセスが、現在より多くの二酸化炭素を含む大気のもとで進行したためと考えられている。それでも、この変化の乏しい傾向にも例外があり、そのほとんどすべてが、二三億～二二億年前より少しばかり古い時代の岩石に集中している。

一九八一年、マルティン・シェールとF・M・ヴェルマーが、約二八億年前のカナダの湖底の地層で、^{12}Cに対する^{13}Cの存在比が異常に低い有機物を発見した。その有機物は、^{13}Cが四五パーミルも少なく、光合成だけでは説明が付かないほど大きな分別効果を示していた。

この測定結果と地球上の酸素の歴史との関わりを理解するには、第2章と第3章で紹介したジェイコブ・マーレイ的な事実に頼らなければならない。前に、微生物が多様な代謝を進化させ、一部の代謝プロセス——とくに光合成——が炭素同位体の分別効果をもたらすという話をした。光合成（や化学合成）をおこなう生物はおよそ三〇パーミル以上の分別効果を示さないので、シェールとヴェルマーの測定結果を説明するには、さらに別の代謝を持ち出す必要がある。そこで第一の候補となるのが、堆積物中で活動するメタン酸化細菌だ。メタン酸化細菌は、天然ガス（メタンすなわちCH_4）から炭素とエネルギーを得ており、光合成生物と同様、同位体の選り好みをする。じっさい$^{13}CH_4$より$^{12}CH_4$を好むため、メタン酸化細菌は、メタンが豊富にある環境では炭素同位体に対して二〇〜二五パーミルの分別効果を示す。

すると、シェールとヴェルマーが湖底の地層に見つけた異常な化学的痕跡の説明が付く。まずシアノバクテリアが炭素同位体に対して三〇パーミルの分別効果をもたらし、そうして生成する有機物の一部がメタンに変わってから、このガスを飢えたメタン酸化細菌が取り込んでさらなる分別効果をもたらす。ここで真ん中のステップが問題だ。シアノバクテリアの生成物は何によってメタンに転化するのだろうか？　第2章に立ち返れば、答えはメタン生成古細菌だ。堆積物中に生息するメタン生成菌は、有機分子をメタンと二酸化炭素に分解することによって炭素とエネルギーを手に入れる。水素の存在下では、化学合成によって成長することもでき、^{13}Cが非常に少ないメタンを生成する。こうして、光合成生物と、メタン生成古細菌と、メタン酸化細菌の組み合わせによって、太古代後期の湖底堆積物の異常な同位体比が説明できるのである。

メタン生成菌は、現代の湖沼の炭素循環で重要な役割を演じている。この事実をもとに、古生物学者は、シェールとヴェルマーが見出した四五パーミルという高い分別効果が、限られた環境における局所的な例外として理解できると考えた。ところが、実は例外と言い切れないことも明らかになっている。シェールとヴェルマーがカナダの地層を調べていたのとほぼ同じころ、著名な地球化学者で現在ウッズ・ホール海洋学研究所にいるジョン・ヘイズが、地球最古級の堆積岩に含まれる有機物の広範な調査に乗り出した。ヘイズは、太古代後期から原生代初期にかけて、炭酸塩と有機物の炭素同位体比の差が六〇パーミルにも達し、しかもそれが湖底の層だけでなく海底でできた層にも言えることを見出した。二八億～二二億年前、メタン生成古細菌は、地球全体の炭素循環で非常に大きな役目を果たしていたにちがいないのだ。その後は支配権を失ってしまったのだが。

初期の生態系でメタン生成菌がそんなにも大きな存在だったわけを知りたければ、まずは、現代においてなぜ豊富に存在しないのかと問わなければならない。その理由もやはり、第2章で紹介したさまざまなタイプの微生物の代謝と関係がある。有機分子を分解するうえで、好気的呼吸はエネルギー収量の点で有利な経路なので、酸素が存在する場所では、炭素循環におけるこの過程は酸素呼吸型の生物に支配される。しかし堆積物中では、生物が酸素を消費する速さは、上にある水から酸素が供給される速さを凌ぐ。その結果、酸素は減少し、表面からある程度下になると、完全になくなる（湖沼や沿岸海域では、堆積物の表面から数ミリ以内に酸素の量がゼロになることもある）。そのような条件になると、別の代謝経路の出番となる。エネルギー収量の点で次に有利なのは硝酸塩呼吸だが、硝酸塩は概して供給量が少なく、このタイプの細菌は炭素循環で大きな役割は演じない。むしろ重要な存在となるのは硫酸塩還元細菌である。硫酸塩は海水中にイオンとして大量に含まれるので、酸素の乏しい海底堆積物にも多くの硫酸塩還元細菌が棲める。海底堆積物の深部のように硫酸塩が乏しい場所にだけ、発酵細菌やメタン生成古細菌が見つかる。ところが湖沼は少し違う。硫酸塩は淡水にはわずかしか含まれていないので、こうした環境ではメタン生成菌が硫酸塩還元細菌より優勢になる。

さて、先ほどの疑問をこう言い換えよう。太古代後期から原生代初期にかけての海洋の炭素循環は、なぜ現代の酸素が乏しい湖沼のそれと似ているのだろうか？　酸素濃度の低さが、これをはっきり説明してくれる——あるいは説明の一部にはなる。初期の地球に酸素が乏しかったとすれば、好気的呼吸をする生物は存在しなかったか、少なくとも少数で局所的にしか生物地球化学的に大きな役割を果たしていなかったにちがいない。だが、酸素だけでは疑問は解決しない。硫酸塩還元細菌は現代の海底堆積物でもメタン生成菌を凌いでいる。ひょっとしたら、酸素と同じく硫酸塩も初期の海洋には乏しかったのかもしれない。

答えまであともう少しだ。硫酸塩を生成するプロセスはいくつかある。光合成細菌にもある程度生成できるが、海洋の硫酸塩の大半は、硫黄を含む火山ガスが酸素と結合したり、黄鉄鉱の結晶が風化の際に酸素と反応したりして形成されている。したがって、初期の地球に酸素が乏しかったのなら、硫酸塩もまた乏しかったはずなのである。

ここで、第3章で述べたジェイコブ・マーレイ的な事実にもう一度頼ると、太古代の海に硫酸塩が乏しかったという見方を検証できる。シアノバクテリアが炭素に対して分別効果を示すのと同じように、硫酸塩還元細菌が硫黄の同位体に対して分別効果を示すことを思い出してもらおう。現生の硫酸塩還元細菌を使った実験から、そうした細菌の作る硫化水素（H_2S）で四五パーミルも^{34}Sが少なくなることがわかっている。ところが、硫酸塩の濃度が現在の海水のおよそ三パーセント未満にまで落ちた環境では、同位体の分別効果はほとんど生じない。デンマークにあるオーデンセ大学のドナルド・キャンフィールドがまとめた論文は、太古代の堆積物に含まれる硫黄の同位体分別効果が非常に小さいことを明らかにしている。この分別効果は原生代初期の岩石で急激に増大しており、同時期に、メタン生成菌とメタン酸化細菌によって強調された炭素同位体の分別効果は減少しだす（図26）。したがって同位体の測定結果は、原生代初期に酸素濃度が上昇し、海水中の硫酸塩の量が増したために、海洋の炭素循環においてメタン生成古細菌より硫酸塩還元細菌のほうが幅を利かせるようになったことを裏付けている。

大気に酸素がたまりだしたころ

もうひとつ、最先端技術による調査が役に立つ。硫黄には四種類の同位体（^{32}S、^{33}S、^{34}S、^{36}S）がある。このうち^{32}Sと^{34}Sが、豊富にあって測定しやすいので、とくに注目される。ほとんどの目的に対しては、希少な二種類を測定する必要はない。同位体間の差異を生み出すプロセスでは、たいてい同位体の質量差に比例した量だけ差異が生じるからだ。つまり、豊富な同位体に対する分別効果がわかれば、希少な同位体に対する分別効果は計算できるのである。

ここでこんな化学の秘技を紹介するのは、地球の初期の環境史に対する新しい刺激的な見方につながるからだ。おおかたの化学的・生化学的プロセスは、質量に依存する形で同位体の分別効果を示すが、少数のプロセス――とくに上層大気で光が起こす化学反応――は、質量に依存しない形で同位体を分別する。したがって、太古の岩石でこうしたプロセスの化学的な指紋を見つけるには、全種類の硫黄の同位体について綿密な測定をおこなう必要があるのだ。カリフォルニア大学サンディエゴ校のマーク・シーメンスのチームが、まさにそれをする手だてを編み出した。彼らは、隕石として地球に届いた火星のサンプルに含まれる硫黄同位体を高感度で測定し、初期の火星における硫黄循環が、質量に依存しない分別効果をもたらす大気プロセスに支配されていた事実を明らかにした。この発見を受けて、シーメンスの研究室にいたポスドクの研究生ジェームズ・ファーカーが、太古の地球の岩石に目を向けた。そして、地球最古の堆積層群に含まれる石膏と黄鉄鉱にも、質量に依存しない硫黄同位体分別効果の形跡が残っていることを実証し、多くの地球化学者を仰天させた。初期の地球におけるこの硫黄の化学的特性は、火星の場合と同様、酸素の乏しい大気でのみ生じうる光化学反応がもたらした結果のように思える。二四億五〇〇〇万年前になってようやく、この同位体のシグナルは消え去る（図26）。これは、ほかのどんな証拠とも独立に、原生代初期の大気に酸素がたまりはじめたことを示唆している。

要するに、すべての生物地球化学的なしるしが、ひとつの結論たる、いわばローマへと通じている。二四億～二二億年前ごろに、大気が変化したようなのだ。大本洋らは、酸素はもっと早い時期にたまりはじめたと言っているが、局所的にあったかもしれず、全体としてはごく微量だったにちがいないというかぎりにおいては、的を射ている可能性がある。しかし、空気と水の酸素濃度の増大が地球全体の環境や生物に大きな影響を及ぼしたのは、原生代初期になってからのことだった。

酸素革命をもたらしたもの

プレストン・クラウドやディック・ホランドなど、原生代初期に環境変化が起きたと主張した人々は正しかった。だがなぜそんなことが起きたのか？　何が原因で、惑星の環境は、長年続いた酸素の乏しい状態から、酸素が比較的豊富な状態に移行しうるのだろうか？　単純に答えれば、シアノバクテリアの光合成の進化が原生代初期の酸素革命を誘発した、となるだろう。なにしろ、光合成はわれわれの惑星で何より多くの酸素を生み出しているのだから。しかし化石記録によれば、シアノバクテリアが多様化しだしたのは、大気に変化が起きる少なくとも三億〜五億年前で、あるいはそれよりはるかに早いかもしれないのだ。

光合成だけでは大気の変化を裏付けられないわけを知るには、あなたがこのページを読みながら、大気中の酸素を使った呼吸で有機物から二酸化炭素と水を生成していることを考えてみればいい。酸素を放出する光合成と好気的呼吸は密接に結びつき、片方の代謝産物がもう片方の原材料になる。光合成による酸素の生成と、呼吸による酸素の消費とが釣り合っているような世界では、どれだけ光合成が起きても大気や海洋に酸素はたまらない。

そこで、この結びつきを崩して酸素がたまるようにするプロセスを考えなければならない。ひとつの可能性は、有機物を堆積物のなかに埋没させて、酸素との反応を絶つというものだ。これにより事態は一変する。それまで「生物学的な」プロセスの一群と考えていたものが、明らかに「地質学的な」色合いを帯びるのだ。というのも、地球規模で見て、有機炭素がどの程度埋没するかは、堆積盆地［訳注　ある期間沈降しつづけて、そのあいだにかなりの地層が堆積する地域］の推移とそこにたまる堆積物によって決まるからである。一方、大陸の風化や火山ガスとの反応で消費される酸素の割合が減るというプロセスも考えられる。この場合もやはり、地球の炭素循環や酸素循環に地質学が介入することになる。

実際には、光合成と呼吸の結びつきは完全に釣り合ってはおらず、光合成で作られた有機物の一部が堆積物中にたまる。だがこの不釣り合いな分を相殺するように、酸素は大陸の岩石や火山ガスと（しばしば細菌の助けを借りて）反応している。それゆえ、地球表面を一変させるためには、「大きな」出来事を見つけなければならないのだ。

プレストン・クラウドは、初期のシアノバクテリアが生成した酸素を、太古代の海に溶存する鉄が吸い取っていたために、大気中に酸素がたまらなかったのではないかと考えた。この見方では、原生代初期にシアノバクテリアの光合成が盛んになり、深海に溶存していた鉄が一掃され、酸素の増加を阻んでいたブレーキが解除されたことになる。こうしたアイデアは、すでに語った厄介な事実がなければ魅力的だったろう。鉄鉱層は、ほかの地質学的な指標が酸素濃度の上昇を示している二四億〜二二億年前になっても消滅していないのである。ガンフリントで見つかる鉄分の豊富な岩石は一九億年前に形成され、ほかにもいくつか、さらにあとにできた鉄鉱層がある。要するに、海の錆びつきが終わって酸素のブレーキが解除されたとは言いがたいのだ。これはまた、二四億〜二二億年前に生成された酸素が深海に行きわたるのに十分ではなかったことも物語っている。

二〇〇〇年代に入って、デイヴィッド・キャトリングとケヴィン・ザーンリとクリストファー・マッケイ（三人ともＮＡＳＡのエームズ研究センター所属）が、初期の環境の進化を探って天と地の両方に目を向けた。彼らは、太古代後期から原生代初期にかけての地球で、メタン生成古細菌の生み出したメタンの一部が上層大気にまで達していたのではないかと主張している。そこで紫外線がメタンを分解し、水素ガスが生成されたというのだ。ほかの大半のガスと違って、水素ガスは非常に軽いので重力の束縛を脱して宇宙へ逃げてしまう。こうして水素が失われると、酸素が地球表面

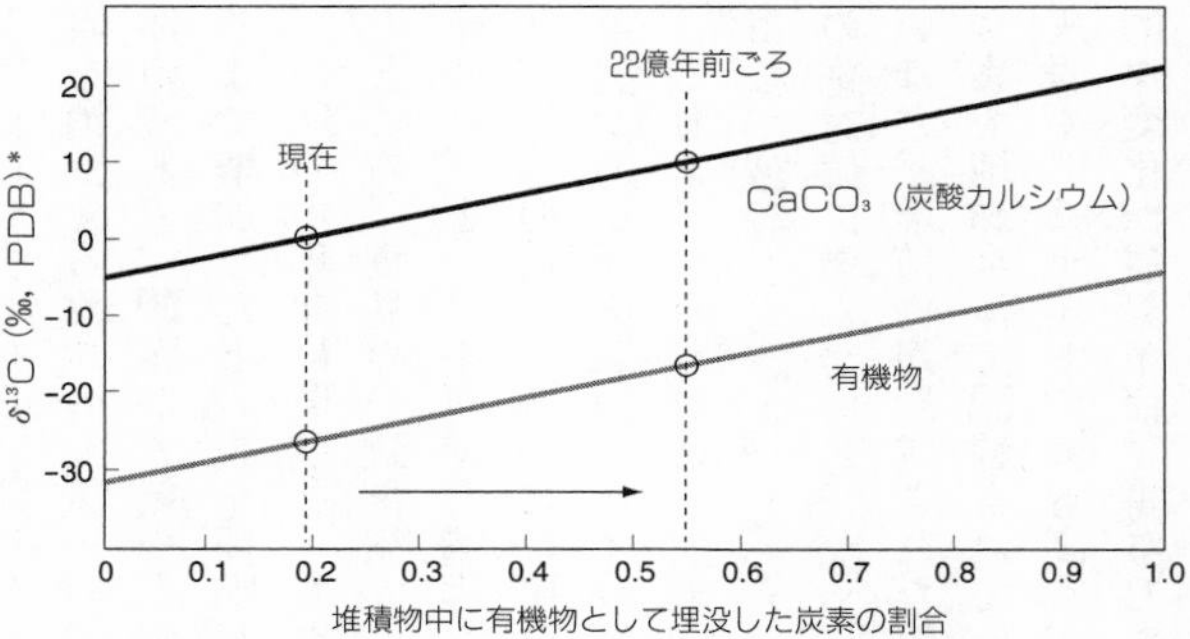

図 27　堆積物中に有機物として埋没した炭素と、炭酸塩や有機物の同位体組成との関係。ジョン・ヘイズの図にもとづく。マントルから（火山を介して）地表の系に入る炭素の δ^{13}C は約−6‰（「δ（デルタ）」の表記が地球化学で使われる場合、当該のサンプルと標準試料との差を示し、千分率すなわちパーミル──記号‰──で表される）。地表の系に入るすべての炭素が炭酸塩として堆積した場合は、その炭酸塩の δ^{13}C も−6‰となる。同位体についても、入るものと出るものは等しくなければならないからだ。同じ理由で、すべての炭素が有機物として堆積した場合も、有機物の δ^{13}C が−6‰となる。現実の世界では、炭素は炭酸塩と有機物の混合物として堆積物に埋没し、系から出ていく炭素の同位体組成は、やはり入ってくる炭素の組成とトータルで比べれば一致しなければならない。そうなるために、炭酸塩と有機物の同位体組成はグラフのような斜めの直線を描く。たとえば現在、堆積物中に埋没している炭素の約 81％は炭酸塩で、19％は有機物であり、炭酸塩と有機物の δ^{13}C はそれぞれ約 0‰、−28‰である。一方 22 億年前の岩石では、炭酸塩の δ^{13}C が通常約＋ 8‰であるのに対し、有機物の δ^{13}C は−20‰程度であり、この期間に埋没した炭素について、有機炭素の割合と炭酸塩の割合が等しいことを示唆している。

［＊訳注　図中の PDB とは Peedee formation Belemnite の略で、炭素同位体比の標準試料。サウスカロライナ州のピーディー層から産出した白亜紀のベレムナイト類の化石］

に定着しやすくなる。同じころ、地球内部の温度が下がって火山活動が鎮静化し、酸素を消費するガスの大気への放出も減っていった。キャトリングらは、このような条件のもとで、酸素が大気や表面付近の海水にたまりはじめ、何か別のブレーキがかかるまで増加したとの説を提唱している。

地球の中年期に環境を一変させた出来事が具体的に何だったのかについては、現在のところ、意見の一致を見ていない。キャトリングらが提唱するような全地球型のモデルは、とくに不可逆な過程なので魅力がある――いったん地球が水素を逃《に》がしだすと、酸素の乏しい過去には戻れないのだ。だがここで、もうひとつ考慮に入れるべき事実がある。第三のジェイコブ・マーレイ的な事実だ。

これまでわれわれは、炭素同位体にかんして、炭酸塩岩と有機物との差異だけに注目して議論してきた。しかし、まったく違う種類の情報が、こうした物質の $^{13}C/^{12}C$ の絶対値に潜んでいる。図27に示すように、炭酸塩や有機炭素の $^{13}C/^{12}C$ の値が大きいほど、堆積物が形成された際に埋没した有機物の（炭酸塩と比べた）割合も高い。今まで地球全体で記録されているなかで、その炭素同位体比の値は、原生代初期の石灰岩やドロマイトで最も高く、これは、堆積物中への有機物の埋没をうながす地質学的な変化が酸素革命に寄与したという仮説を裏付けている。

デイヴィッド・デ・マレー（またしてもエームズ研究センター所属だ）は、二四億～二二億年前に有機炭素が過剰に埋没したために生成した酸素の量を計算し、現在の酸素濃度を一〇回達成できるほどだったと見積もった。ところが鉄鉱層が一八億五〇〇〇万年前まで形成されていたという事実は、そうならなかったことを示している。これだけの酸素はいったいどこへ行ってしまったのだろうか？　大半は硫黄と結合して硫酸塩となり、海に現在の香りを与えたのである。

ドナルド・キャンフィールドは、この変化がもたらす重大な結果を初めて指摘した。前に、海水中の硫酸塩濃度の上昇にともない、硫酸塩還元細菌が幅を利かせるようになったという話をした。硫酸塩還元では硫化水素が副産物として生じるので、硫酸塩還元細菌の個体数が増えるにしたがい、より多くの硫化水素が深海で生じたはずだ。硫化水素はすぐに溶存する鉄と反応して黄鉄鉱を生成し、これが鉄鉱層が消えたもうひとつの説明にもなる。酸素でなく硫化水素が海から鉄を一掃し、深海はワラウーナのころからずっと無酸素のままだったのかもしれない。

酸素革命は生物にどう影響したのだろう？「酸素による大虐殺」で、無数の系統の嫌気性微生物が絶滅したことについては、すでに興味深い話として述べた。だが、酸素欠乏の環境は二二億年前に消滅したわけではない。堆積物や海水面といった酸素を含む表層の奥に引っ込んだにすぎないのだ。じっさい、原生代初期を環境が「一変した」時代ととらえるよりも、環境が拡大した時期——それまでにない多様な生命を地球が養えるようになった時期——と見なすほうが、利点は多い。嫌気性微生物は、生態系における重要な機能上の役割を保持し、今でも失わずにいる。一方、酸素を利用するか、少なくとも酸素に耐えられる生物は、一気に拡大した。好気的呼吸が細菌のあいだで支配的な代謝となり、酸素を水素や金属イオンと反応させてエネルギーを得る化学合成細菌が、酸素の豊富な環境と乏しい環境との境界域で多様化を遂げたのだ。

地球史全体の半ばを過ぎたガンフリントの時代、地球はずっと、われわれになじみのない場所だった。しかしこの時代に、その後の進化の道筋が決まった。それより先、酸素を使ったり作り出したりする生物が、生物界を支配しだしたのだ。事実、地球表面で、酸素と二酸化炭素だけが、数ミクロン以上の細胞群に必要な量を提供できる程度に豊富になり、酸素はやがて大型の多細胞生物を養える濃度にまで達した。このときから、地球はわれわれになじみ深い世界になっていくのである。

7 微生物のヒーロー、シアノバクテリア

酸素が革命的な変化をもたらしたとすれば、シアノバクテリアはその革命を実行したヒーローだった。一五億年前のシベリア産チャートに見つかった驚くほど保存状態の良い化石は、シアノバクテリアが早い時代に多様化し、以来現代までほとんど形態が変わっていないことを示している。急速な変化を遂げる一方でおそろしく長いあいだ変わらずにいられるというのは、細菌の進化の典型かもしれない。

シベリア北西部へ

グレート・ウォールを登るのは骨が折れる。寒くて湿気がひどく、休める場所はわずかしかない。おまけに足元が滑りやすいときている。ありがたいのは、ほかに訪問者がいないことだ。

図28　北シベリアのコトゥイカン川に沿ってそびえるグレート・ウォール。この壁は、約15億年前の沿岸に平らに堆積した炭酸塩岩でできている。

ほかに訪問者がいない？　北京観光コースＡ（午前中に万里の長城《グレート・ウォール》、午後は頤和園《いわえん》［訳注　北京の北西郊外にある中国最大の庭園］を訪ね、工場見学で終わる）の案内役を長く務めている人なら、そんなことを聞けばたまげてしまうだろう。だが、ノース・ポールと同じように、このグレート・ウォールも一般に知られているものとは違う。ここで言うグレート・ウォールは、その名のとおり、高さ一〇〇メートル前後で長さは数キロあり、シベリア北西部の大自然を流れる二本の川を隔てているドロマイトの壁のことだ（図28）。北側では、おなじみの川がシルト（微砂）［訳注　砂と粘土の中間粒度の砕屑粒子］と雪解け水を運んで西へ流れ、北極海に注いでいる。第1章で語ったカンブリア紀の断崖を削り上げたリボンのような水の筋、あのコトゥイカン川だ。ドロマイトも、前に紹介した。下流の原生代とカンブリア紀の境界層の下にちらりと見えた、分厚い堆積層の一部である。グレート・ウォールでは、そうした古い岩石が見事なほど露わになっている。炭酸塩の地層が重なった細長いメサ［訳注　頂上が平らで周囲は急な崖になっている台状の地形］が、一五億年近く前に形成されたまま、平らに横たわっているのだ。

ヴォロージャ・セルゲーエフは、アーミージャケットにレッドソックスの野球帽といったまぶしいいでたちで私を迎え、六月終わりの霧雨のそぼ降る日にここへ連れてきてくれた。あいにくの天気だったが、人里離れたこの台地へ登れるとあって、胸のなかはうれしさでいっぱいだ。眼下に広がるタイガ［訳注　シベリアに発達する針葉樹林帯］は、冬の灰色から、短いが厳しい夏の鮮やかな色合いに変わろうとしている。若葉がカラマツを萌葱色《もえぎいろ》に染め、いたるところバラやボタンの花が咲いている。キツネまで、冬のコートを脱ぎ捨て、夏の衣装に着替えている。頭上の枝にとまったフクロウには気を取られるが、蚊に煩わされはしない。ありがたいことに、彼らに年に一度の召集がかかるまで、まだ一週間あるのだ。ヴォロージャと私は、断崖をゆっくり登りながら、足元の岩石について気さくに議論する。そして地層の一枚一枚を注意深く調べる。

たとえそれがわれわれの主張を支持してくれなくても、少なくともふたりの体重を支持してくれないと困るからである。

ビリャフ層群――グレート・ウォールのドロマイトとその関連層に与えられている正式名称――は、太古代からたどってきた時代をさらに先へと進める。ガンフリントの鉄分が豊富なチャートとカンブリア紀のチャートのあいだには、一三億五〇〇〇万年の隔たりがあるが、これはその三分の一近くが過ぎたあたりの地層なのだ。それだけの時間を飛び越えた世界には何が見えるだろう？　どこもかしこもシアノバクテリアという景色だ。

グレート・ウォールは、これまで地球に現れたなかで最も重要と言えそうな生物、シアノバクテリアに注目するにはうってつけの場所である。早くもスピッツベルゲンやベルチャー諸島のチャートに見つかるシアノバクテリアの化石が、この生物群全般の驚くべき特徴を物語っている――七億五〇〇〇万年前、一〇億年前、さらには二〇億年前に保存された個体群がどれも、現生のタイプとほとんど区別がつかないのだ。絶滅種が山ほどある動植物の化石とは、この点でまるで異なる。シアノバクテリアの進化史は、動物のそれよりずっと長いばかりか、変化もないのはなぜだろうか？　化石が明らかにしたこの根源的な問いは、考え抜かれた答えを必要とする。グレート・

ウォールのチャートに潜む素晴らしい宝物を調べてみれば、その答えが見つけやすくなるだろう。

太古のシアノバクテリアと現生種の類似性

ビリャフ層群のチャートの団塊には、多数のシアノバクテリアの化石が存在する。多くは細長いフィラメントであり、岩石中で逆立った小さな房《ふさ》をなして固まっている（口絵４ａ）。だが、さらに豊富にあるのは球状の細胞で、地層面に沿って小さな入道雲のように、ぎちぎちに詰まったコロニーを形成する（口絵４ｄ）。これはエオエントフィサリスといい、ハンス・ホフマンがベルチャー諸島の二〇億年前のチャートで見つけた、現代のものとよく似たシアノバクテリアだが、ここ北シベリアでも、それは一五億年前にやはり大量のマットを形成していた。この特徴的な微化石は、現生のエントフィサリス（口絵３ｄ）と見かけも分裂のしかたもそっくりの細胞をもち、また現生のエントフィサリスと同じように着色したコロニーとなり、それがやはり現生のエントフィサリスと同じような環境でいくつも結びついて、同じようなマットを形成する。これはわかりやすい。

そのほかにも、短いフィラメント（口絵4b）や二分裂［訳注　無性生殖のひとつで、個体がほぼ大きさの等しいふたつに分裂すること］する微小な棒状の化石がある。しかし、スピッツベルゲンでよく見つかる、柄を伸ばすポリベッスルスのようなものは、どこにも見当たらない。

ビリャフの個体群には、とくに注目に値するものがひとつある。アルケオエリプソイデスは、大きな（相対的に見ての話だが！）ソーセージ形の微化石で、故ボブ・ホロディスキがカナダ北部で初めて見つけた（口絵4c）。この化石は原生代中期のチャートによく見つかるが、グレート・ウォールの標本によって素性が明らかになるまで、生物学的に解釈しづらかった。とくに、このシベリアの化石のサイズ（長さは最大で一〇〇ミクロン）と形状のほか、細胞分裂の形跡がないことや、すぐそばに発芽中のフィラメントが存在する事実を総合すれば、アルケオエリプソイデスは、フィラメントを形成するシアノバクテリアの胞子と見なせる。現生のアナベナ属はこれとよく似た組織を作り出している。

素晴らしい！　またしても、よく似た現生種がいるシアノバクテリアの化石が見つかったわけである。しかし、アルケオエリプソイデスが興味深いのには、まだ特別な理由がある。

特殊化した細胞への分化は、動物にはふつうに見られるが、シアノバクテリアでは珍しい。少数のシアノバクテリアだけがそれを達成できており、どれもシアノバクテリアの系統樹であとのほうの一本の枝に位置づけられる（図29）。したがって、一五億年前の岩石にアルケオエリプソイデスが見つかったとしたら、分子進化から推測できるシアノバクテリアの分化は、それ以前に起きていたにちがいない。それどころか、この年代はもっとさかのぼれる。モンペリエ大学（フランス）のジャニーヌ・ベルトラン＝サルファティは、およそ二一億年前の西アフリカのチャートからアルケオエリプソイデスを見つけている。

アルケオエリプソイデスに対応する現生種は、二種類の特殊化した細胞に分化している。化石記録に見つかる胞子のほかに、このシアノバクテリアは、窒素固定のために特殊化した、壁の厚い（だが地層に保存されにくい）細胞を形成する。窒素固定は酸素の影響を非常に受けやすい――少量の酸素でもこのプロセスは妨げられる。アナベナとその近縁種のシアノバクテリアがもつ特殊化した細胞は、内部への酸素の侵入を防ぎ、それによって、酸素の豊富な世界で窒素固定に必要な場所を提供しているのである。

このように、第6章で論じた酸素革命は、シアノバクテリアが細胞の分化によって

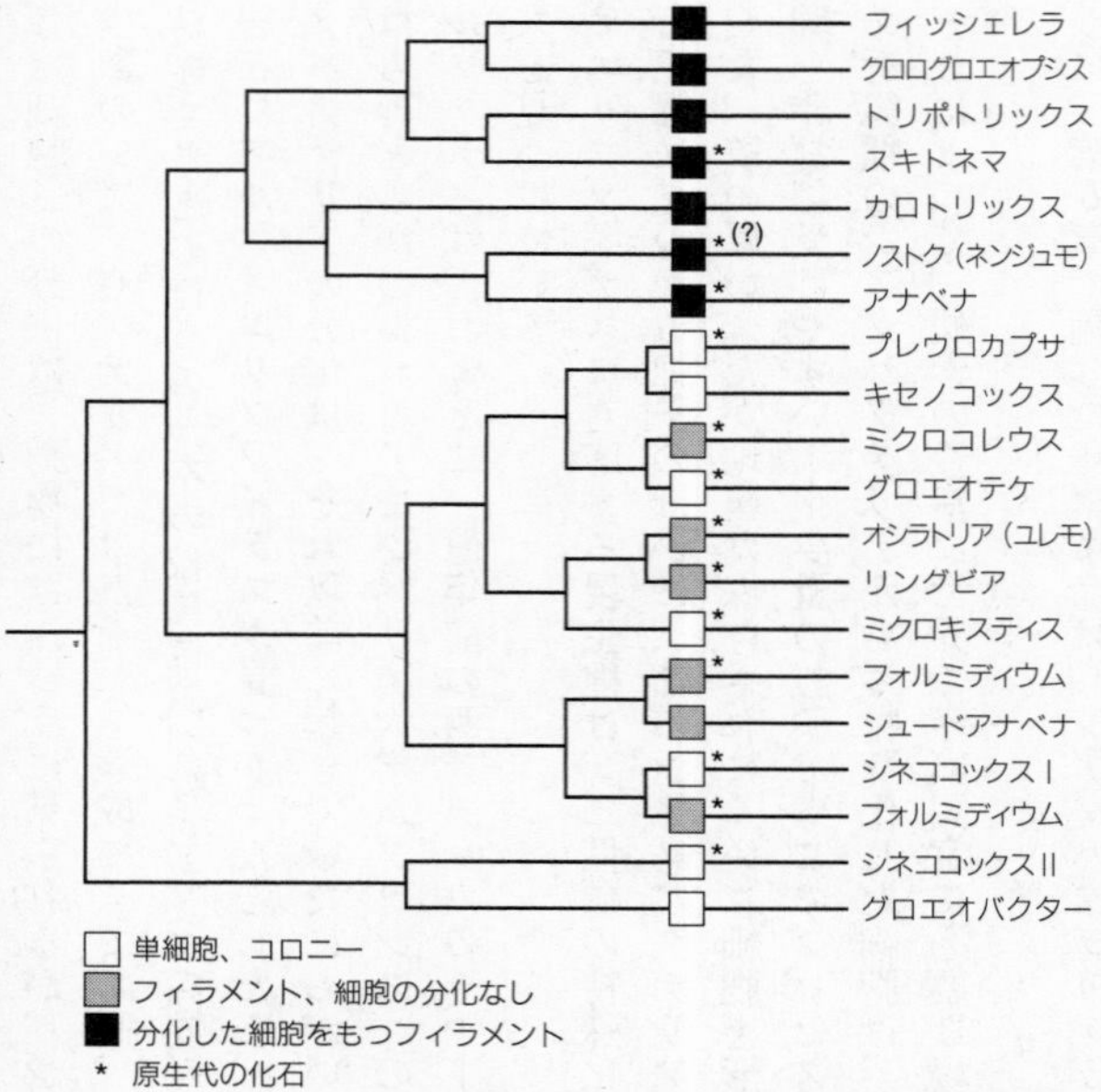

図 29　各種シアノバクテリアの進化上の関係を示す系統樹。特殊化した細胞をもつシアノバクテリアは、系統樹でかなりあとの枝に位置づけられる。これは、細胞の分化を示す化石で、系統樹の大枝のできた時期の上限を決められるということだ。（系統史のデータは富谷朗子提供）

進化する環境面のきっかけとなった。アルケオエリプソイデスの化石は、二一億年前には地質学的な記録に現れているのだから、シアノバクテリアの系統樹が大枝に分かれた時期が、そこそこ見積もれる。初めて明瞭な微化石が現れたころには、シアノバクテリアはすでに現代の種類の多くを獲得するまでに進化していたにちがいない。

フォルクスワーゲン的徴候と収斂進化

古生物学者は、層序のパターンを進化の歴史と解釈したがる。すると原生代の化石が示唆する歴史は、シアノバクテリアが早い時期に急速に進化を遂げたあと、莫大な年月にわたってほとんど変わらなかったというものになる。だが一方、シアノバクテリアの単純な形は地球史を通じて変わらなかったが、中身の生理機能はそうではなかったと考えることもできる——ビル・ショップがずいぶん前に「フォルクスワーゲン的徴候」と名づけた考えだ（最近また反響を呼んでいる）。第３章で触れたように、この見方には疑うに足る理由もある。太古のシアノバクテリアと現代のシアノバクテリアの類似性は、形態を超えて、生活史や行動や環境への耐性など、生理的に決定される属性にまで広がっているからだ。また、シアノバクテリアに見られる多くの生態的特徴は、その門［訳注　生物の分類区分のひとつ］全体に維持されているため、多様化しだしたときにはすでに存在していたにちがいないのである。

さらに微妙な問題として、収斂進化［訳注　系統の異なる複数の生物が、類似する形質を個別に進化させること］が挙げられる。ひょっとしたら、特定の生息環境で長いあいだ変わらないように見える傾向は、むしろ同じ環境が同じ形態や生理機能を作ることを意味しているのかもしれない。そうだとすれば、（エオ）エントフィサリスの二〇億年にわたる記録は、不毛の干潟ができれば必ず、そこへ住み着いたシアノバクテリアが現生のエントフィサリスと似たような特徴を進化させると言っていることになる。収斂進化の主張は化石だけでは揺るがしがたいが、比較生物学が疑念に根拠を与えてくれる。進化上の近縁性ではなく収斂進化によって形態と環境の対応が説明できるとしたら、分子レベルのデータをもとに構成した系統樹において、ばらばらの枝に、形態の似たシアノバクテリアが現れることもあるはずだ。じっさい、単純な単細胞のフィラメントへは、シアノバクテリア門のなかで繰り返し進化を遂げたらしい――収斂進化に一票だ。ところが、複雑な形態のシアノバクテリア――本書でとくに注目している形態であるが、それはほかの種類の細菌とはっきり区別できるからだ――は、シアノバクテリアの系統樹においてまとまった枝に存在する。こうしたグループについては、形態の類似性は共通の祖先の存在を意味している。

結局、生理機能や収斂進化の問題がどうあれ、初期の化石記録を一番単純に解釈するのが最良の解釈のようだ。シアノバクテリアは、はるか昔に生まれ、現生の子孫に見られる分子的・形態的特徴の大部分を、早い時期に進化させたのである。[1]

長期間停滞している理由

これでようやく、正しく疑問を提示しているという確信をもって、シアノバクテリアの進化にかかわる最大の謎に立ち戻れる。多くのシアノバクテリアは、なぜ非常に長いあいだほとんど変わらずにいるのだろう? 当たり前に長期間停滞しているのは、個体群が死に絶えも変わりもしないからだ。

1　だからといって、グレート・ウォールのシアノバクテリアが、分子の詳細に至るまでそれぞれに対応する現生種と同じとは言わない。多くの遺伝子の塩基配列がいくらか変化し、現生種のもつ酵素の一部がはるか昔に死んだ祖先のものより効率的になっているのは、間違いない。ここで伝えたいのは、現生のシアノバクテリアが、グレート・ウォールのチャートに保存されている化石の生物的機能をかなり具体的に示唆してくれるということである。

思えるかもしれないが、これは語るべき特徴がふたつある事実を明確にしている。細菌が一般に死滅しにくいことはよく知られている。その個体群のサイズは莫大で、しかも急速に繁殖できる。朝にどれだけ丁寧に歯を磨いても、歯ブラシで掻き出されなかった細菌が、夜までに増殖して口のなかを覆ってしまうのだ。細菌はまた、変化に富む環境に容易に対応する。じっさい、空気は細菌の宝庫であり、窓際に牛乳を置いておけば、ほどなくチーズ状になる。細菌は環境の攪乱にもよく耐える。大半の細菌の系統は、狭い環境条件でしかよく繁殖できないが、はるかに極端な条件でも、少なくとも短時間は耐えられる。

細菌は、何もしないという能力にとくに長けている。周囲の環境が成長に適しているときには、口のなかのように急速に繁殖する。一方、環境条件が成長に向いていないときには、ほとんどエネルギーを消費しない休眠状態のままでいられる。現に、多くの細菌は多くの時間、代謝を停止した状態で過ごし、資源が手に入るようになるとすばやく行動に移る。

こうした特徴は、一般に細菌が、とくにシアノバクテリアが、不変でいられるわけを説明してくれる。しかし、そもそも彼らはなぜ変わらないのだろうか？　いったいなぜ、一五億年も前の干潟に由来する化石が、今日の海岸のマットに見つかる細胞群とそっくりなのだろう？　シアノバクテリアが長期間停滞しているという古生物学の知見は、一方で細菌が急速に進化しうる事実も知られているだけに、とりわけ不可解だ。米や麦で病気に強い品種を新たに開発しても、わずか一〇年ほどで、それに対応することを覚えた細菌が出てくる。抗生物質に対する細菌の耐性の進化は、公衆衛生上の大きな問題にもなっている。

実験室で、細菌を、本来それでは繁殖できないような栄養物を含ませた培地に植えつけたとしよう。大半の細胞群はその新しい環境では繁殖しないが、一部で変異が生じ、新しい栄養物を利用できるようになる。当初、その変異体は細々としか暮らしていけないが、不器用ではあっても、生き残れはする。その後変異が続くうちに、自然選択によって、新しい培地での代謝の効率が高まる。こうした新しい環境への適応は、政府の補助金を得た博士課程の研究で調べられている。その時間的スケールは、実験する生物学者にとっては非常に長いが、地質学の基準では一瞬にすぎない。

急速な進化と長い停滞は一見相反しているようだが、その矛盾は、一九三二年にシューアル・ライトが導入した進化の比喩によって解消できる。どんな環境でも、生物の遺伝子には、相対的に見てほかよりその持ち主に有利な組み合わせがある。やがて自然選択によって、最もよく繁殖する遺伝子型が選ばれていく。ライトは、この遺伝子と環境の相互作用を、「適応地形」なる概念を利用して考えた。それによれば、たとえに用いた地形上の各点は、個体の遺伝子の組み合わせを表している。地形の高低は、それぞれの組み合わせが環境にどれだけ適応しているのかを示す（進化生物学の言葉を使えば、各点は「遺伝子型」、山や谷は「適応度」となる）。新しく現れる個体群は、自然選択の力でより高い場所へと移動し、適応度のピークを目指して登る。ピークとはいっても、地形全体で一番高いところである必要はない。ふつうは、それぞれの個体群の出発点から最も近い山となる。一方、谷底にあたる遺伝子の組み合わせは長くは生き残れない。

コーネル大学の植物学者カール・ニクラスは、単純な数学モデルを使って、適応地形に起伏の多いものと少ないものがある理由を探り、こんな事実を見出した。生物が一度に多くのことをしなければならない場合、形態と生理機能がトレードオフの関係になって、いろいろな組み合わせの遺伝子が同じぐらいの高さの適応度をもつようになる。つまり、適応地形は、イギリスのコッツウォルド丘陵やペンシルヴェニア・ダッチ［訳注　ペンシルヴェニア州東部に移住したドイツ人の子孫のこと］の農場地帯のように、低くなだらかに起伏する丘になるのである。ほとんどの動植物では、適応地形はこのようになるだろう。それに対し、満たすべき機能上の要求がひとつしかない場合、適応地形のピークもひとつだけになる。細菌はそのように一途な傾向があることで知られている。

ミシガン州立大学の微生物学者リチャード・レンスキーがおこなった実験は、この見方に信憑性を与えている。レンスキーは、大腸菌の個体群を本来のものと違う新しい培地に入れ、一万世代にわたって毎日観察した（五年弱の期間）。初めの二〇〇〇世代ぐらいまでは、世代を重ねるごとに新しい環境への適応力を増していった。だがその後、進化が減速し、ついには停止した。個体群は、それ以上変異しても能力が向上する可能性がほとんどないほどの段階に達してしまったのである。

ニクラスのモデルとレンスキーの実験は、細菌が急速に進化したことを示す生物学的な証拠と、シアノバクテリアの長期の停滞を物語る古生物学的な知見とを両立させてくれる。シアノバクテリアの場合、適応地形は平野にそびえる富士山のような感じなのだろう。初期の地球において、新たに登場したシアノバクテリアが干潟やほかの環境へ進出した。そしてどの環境でも、自然選択が、シアノバクテリアの個体群を急峻な適応のピークへと押し上げた。いったん頂点に到達した個体群はそこから動かしにくく、下りようとはしない。このイメージがおおまかにでも正しいのなら、シアノバクテリアは新しい環境に（地質学的なスケールで）急速に適応したあと、その環境が維持されるかぎり変わらないことになる。それこそ原生代の化石記録に現れている事実にほかならない。

さらに一般化すれば、この見方は、地球史の時間的スケールでは細菌の進化のテンポが環境変化の速さで決定されることも示している。新しい環境が新しい適応をもたらす結果、生息可能な環境の範囲が広がるのに合わせて、細菌の多様性も増していったわけである。進化のプロセスはダーウィン説にしたがい、結果のパターンはエルドリッジとグールドの断続平衡説を示唆している。ただし、絶滅はまれなので、多様性はどんどん増していく。もちろん、環境には物理的なものだけでなく、生物的なものもある。進化する動植物そのものも、細菌にとって新たに攻略すべき環境となったのだ。

ストロマトライト（積層構造）の謎

グレート・ウォールの化石は、原生代の岩石にまつわるもうひとつの謎についても、解決の糸口を与えてくれる。多くの原生代の石灰岩やドロマイトに見つかる積層構造すなわちストロマトライトが提起する謎についてである。一九五〇年代、ロシアの地

図30　北シベリアにある15億年前のビリャフ層群で見つかるストロマトライトの礁。ミーシャ・セミハトフ（長さの参考として、帽子をかぶってちょうど背丈が2メートルある）の右側にあるコッペパン形をした構造が小さな礁で、ミーシャが立っているのは、それより大きな礁の曲面。さらに、彼の頭上に延びている壁は別の礁の一部で、この礁のサイズは小さなオフィスビルほどもある。

質学者たちが、広大なシベリアの台地全体にある先カンブリア時代の岩石のマッピング（分布調査）をおこなうという途方もない仕事に着手した。原生代の分厚い堆積岩の地層は、この巨大な陸塊の随所に存在し、大半は森林や湿地の下に隠れているが、あちこちでコトゥイカンのような河川によって削り出されている。マッピングをおこなうには、散在する露頭同士がどのように関係づけられるのかを知らなければならない。だが、シベリアの原生代の地層には、通常、地質学的な相関を教えてく

図31　シベリアの原生代中期の炭酸塩岩に含まれていたストロマトライト。一番大きな柱状構造の幅は約10センチ。

れる有殻化石はない。反面、ストロマトライトはぎっしり詰まっている。コトゥイカン川に沿って、何キロも続く分厚いストロマトライトの礁があり（図30）、同様の構造はシベリアじゅうの原生代の炭酸塩岩に見つかる。こうしたストロマトライトには、棍棒のような形のものもあれば、円錐形をしたものもある。ところどころ分岐したものもあれば、まったく分岐のないものもある（図31）。細かい積層状態や顕微鏡で見える組織もいろいろだ。

ロシアの地質学者たち——第1章で登場したミーシャ・セミハトフもそのひとり——は、これらの特徴を子細に記録するうちに、原生代の岩石の相関をつかむうえでストロマトライトが重要な鍵を握っていると確信するに至った。その考えは正しかった。原生代中期と後期のストロマトライトは容易に区別がつき、原生代初期のストロマトライトもまたそれらとは違う。しかも、シベリアや近隣のウラル山脈で見つかる層序パターンは、世界じゅうの原生代の地層にも当てはまるのである。

ここで、シェイクスピアが『ハムレット』で「障害（rub）」と表現した葛藤が生じる［訳注　有名な「生きるべきか死ぬべきか」と自問するシーンでハムレットが口にする］。ストロマトライトはシアノバクテリアが形成するが、すでに述べたように、シアノバクテリアが長い原生代のあいだに進化をたどった形跡はほとんど見つからない。ならば、なぜストロマトライトはそのあいだに変化しているのだろう？

ビリャフ層群の化石がひとつの解答を提示してくれる。グレート・ウォールのドロマイトには、これまでの章で紹介した特徴的な堆積形態が見られる。波打つ薄層が重なったマットや、ティピー構造、ウーイドで構成されたシート、低いドーム形のストロマトライトといったものだ。また、第3章で語ったスピッツベルゲンの地層と同じく、グレート・ウォールの地層も、太古の海岸沿いに、干潟やそれに隣接する領域に堆積してできた。だが、生息環境は似ていても、ビリャフ層群のチャートに含まれる化石は、アカデミカーブリーン層群のものとは大きく異なる。グレート・ウォールに豊富に存在するエオエントフィサリスは、もっと新しいスピッツベルゲンの岩石にはめったに見つからない。反対に、スピッツベルゲンのチャートで柄を伸ばした遺骸として見つかるポリベッスルスは、グレート・ウォールの群集には見当たらない。この違いは、進化のせいにはできない。ビリャフとアカデミカーブリーンのチャートに多く存在するシアノバクテリアのすべてに対し、そっくりの現生種があるからだ。

そこで考えられるのは、「環境」が時代とともに変化したという可能性だ。グレート・ウォールのチャートにシアノバクテリアのフィラメントが逆立った房《ふさ》として残っている事実は、この見方を遠回しながらも大いに裏付けている。房自体は現代のマットでもよく見られるが、堆積物中では、上の層の重みでぺしゃんこになり、識別可能な組織として残らない。ビリャフのフィラメントが垂直に立ったまま残っているのは、埋没する前に炭酸カルシウムのセメントで固められたためなのだ。スピッツベルゲンでは、このようなものは見られなかった。これは、グレート・ウォールの干潟がもっと新しい時代の干潟とは少し違い、マットの表面やすぐ下で炭酸塩が析出しやすかったことを示唆している。

この結論を支持する知見はほかにもある。たとえば現代の干潟の堆積物（やスピッツベルゲンのチャート）では、たまっていく堆積物が、埋没した細胞を破壊し、細胞は朽ちながら押しつぶされていく。ところがグレート・ウォールの干潟では、細胞は朽ちたあと立体的な空隙を残している（今ではそこにセメントが詰まっている）。細胞が朽ちたときには、周囲の堆積物はすでに岩石になっていたわけだ（口絵4b）。私の研究室を出て今はウエスト・ジョージア大学にいるジュリー・バートリーの研究によれば、シアノバクテリアが朽ちるのにかかる時間は一般に数日から数週間だ。つまり、グレート・ウォールの炭酸塩はあっという間に固まってしまったのである。ビリャフ層群の地層のなかには、きめ細かい層をなした海底沈殿物もわずかにあり、これが非常に古い地層に含まれるストロマトライトの解釈を複雑にしている。その後、グレート・ウォールの海岸線に沿って、炭酸塩はまるで張り子の素材のように積もり、微生物を埋め込んで、きわめて硬い海底をコロニーの形成に提供した。ストロマトライトの成長（積層）のしかたは、生命と環境の両方を反映している。したがって、海水の化学組成の変化も、ストロマトライトの形態が変化した理由を知るのに役立つのである。

一九九〇年代の初め、私は、シベリアのストロマトライトを薄片に切り分けた貴重なコレクションを調査する機会に恵まれた。薄片を作成した故V・A・コーマーは、原生代のシベリアの地史をまとめた才気に富む地質学者のひとりだ。ミーシャ・セミハトフと私は、多くの時間をかけて、こうした岩石の微細構造に込められた古生物学のメッセージを読み解こうとした。そして、微生物がきめ細かい堆積物にとらえられ、結合されてできたストロマトライトは、一般に面白みのない（情報量も乏しい）泥の組織――一様に重なっていて特徴がない――を示すことを見出した。ところが一部のサンプルでは、主に炭酸カルシウムの析出によって形成されたストロマトライトのなかに、炭酸塩で覆われたフィラメントが葉層に沿ってからみ合うように存在する。どうやらフィラメントの鞘が、炭酸カルシウムの微結晶の析出する場所を提供していたようなのだ。

興味深いことに、炭酸塩で被覆されたフィラメントは、およそ一〇億年前よりあとのストロマトライトにしか見られない。炭酸塩の析出によって形成された原生代中期のストロマトライトは、特徴的な微細構造も見せ、海底の表層付近で垂直に立った結晶が広がっている。原生代を後期から中期へさかのぼると、被覆されたフィラメントの描く線画は影を潜め、結晶だらけのもっと粗い組織が、マットを形成する微生物の痕跡を覆い隠してしまう。もちろん、さらに時代をさかのぼれば、扇状の結晶が積み重なった「巨視的な」炭酸塩析出物がより多く見つかるようになる（図32）。このように、ストロマトライトとよく似た構造が、前にも現れている。古い炭酸塩岩になる

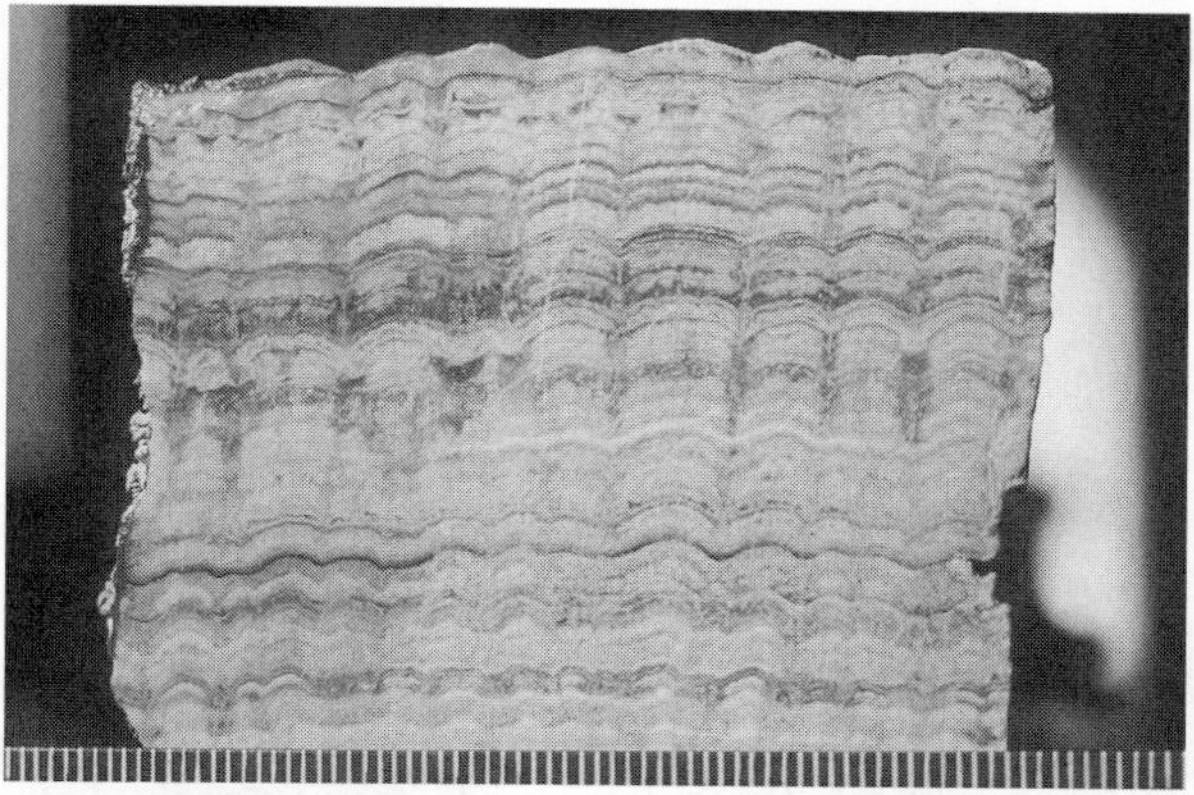

図32　指形の積層構造。1本あたりの幅は約1センチ。炭酸カルシウムの析出によって形成され、微生物のマットの関与がはっきりわからない。この標本は、リンダ・カーが採取したもので、カナダ北部のバフィン島で12億年前の干潟に形成された堆積物である。

ほど、海底の表層付近でセメントが析出した証拠が多く見つかるのだ。原生代のストロマトライトは環境の指標であり、大気中の二酸化炭素濃度が下がり酸素濃度が上がった際に生じた、海水中の炭酸塩濃度の変化を記録にとどめている。また、ストロマトライトの形態の経時的な変化の様子は、マットを形成するシアノバクテリアの進化の停滞ともまったく矛盾がない。

進化は、ストロマトライトの歴史にも影響を及ぼしたが、主に本来とは違う影響を及ぼしたようだ。海藻は、原生代後期に多様化したとき、それまで微生物のマットが支配していた場所に集団を形成しだした。その後動物が多様化すると、海底の場所を取り合う競争が激化し、一方で海藻を食べる動物も現れた。こうして過去五億年のあいだに、ストロマトライトは、競争や捕食がほとんどない湖沼や一部の海岸線でしか見られなくなった——大量絶滅の直後、一時的にまた栄えたこともあったが。

最後にもう一度、コトゥイカン川の岸辺に戻り、シアノバクテリアが歩んだ非凡な歴史について考えよう。このたくましい微生物は、呼吸の可能な空気を生み出した驚くべき代謝の改革者として、変化しつづける世界で細菌が存続してきた事実を物語っている。しかし、ここでスピッツベルゲンでの教訓が思い出され、最後の疑問を提起する。ビリャフのチャートがシアノバクテリアだらけだとしたら、外洋の海底で形成された頁岩には何が見つかるだろうか？　スピッツベルゲンの場合、同時期の岩石には真核生物の藻類や原生動物の化石が満ちていた。ビリャフ層群の頁岩にも、それらは存在するのだろうか？

モスクワのアレクセイ・ヴェイスは、セミハトフとセルゲーエフの同僚であり、この頁岩を徹底的に調査して、シアノバクテリアのフィラメントと、つぶれて微小な円盤になった有機物の中空の球を見つけた。確実とは言えないが、大きなサイズの球（最大で五〇〇ミクロンあった）は、真核生物の細胞（真核細胞）の遺骸である可能性が高い。オーストラリアで見つかった同じような時代の岩石には、明らかに真核生物のものである珍しい微化石が含まれ、その生物学的な類似性は、細胞壁を飾る枝分かれした長い腕からも明らかだ。その反面、この時代の岩石には、スピッツベルゲンの頁岩で見つかったような、トゲだらけの胞子殻や、瓶《かめ》形の微化石や、多細胞の海藻は含まれていない。シアノバクテリアによる革命は一五億年前までに完了したようだが、第二の革命――真核生物が生態系で目立ちだす――はまだ訪れていなかったのだ。

8 真核細胞の起源

細菌は遺伝子の交換によって進化したようだが、真核生物はそれを上回ることをした。真核細胞でエネルギー代謝の拠点となる葉緑体やミトコンドリアは、細胞丸ごとの水平移動によって登場したのだ。電子顕微鏡と分子生物学は、真核細胞の進化について多くの点を明らかにしたが、われわれのドメイン（超生物界）がどのように生まれたのかは、まだよくわかっていない。

細胞内共生説の提唱

事実という蠟燭《ろうそく》が並んでいるとしよう。最も遠い蠟燭の向こうには、魅惑的な暗闇が広がっている。科学者がこの闇に引き寄せられるのは、その奥にまだ火の点いていない蠟燭があるとわかっているからだ。われわれは、新しい芯に火が点くと期待して、仮説というマッチを擦る。仮説はすでに知られていることがらを説明しようとするものだが、さらに重要なことに、まだ知られていないことがら——おこなっていない実験の結果や、未発見の化石——の予言もする。この意味で、仮説には本来的に、「次の蠟燭を灯《とも》してくれるのか否か」という評価基準が備わっている。

大半の仮説はいずれ間違いだとわかる——華やかに玉砕する場合もあれば、恥辱にまみれて撤退する場合もあるが。だからといって、科学者の頭が鈍いとか、やることなすことが無駄だというわけではない。ただ、自然について不朽の説明をこしらえるのが難しいことを意味しているだけなのだ。実は、大半の仮説には、別のモデルやシナリオの一部になる有用なアイデアも含まれている。優れた仮説は新しい研究の刺激にもなり、たとえその研究の欠陥が明らかになっても価値があるのだ。大多数の人は、そこそこ成功したり失敗したりする仮説をこしらえるが、ごくまれに、自然界についての考え方を一変させるほどのアイデアが登場することもある。コンスタンティン・セルゲーヴィッチ・メレシコフスキーは、そうした案を打ち出した。

カザン大学のメレシコフスキー教授は、一九〇五年、藻類や植物の細胞について、もとはふたつの別個の生物だったものが絶対的・恒久的な協力関係を結び、キメラになったものだという仮説を立てた。具体的に言えば、葉緑体——真核細胞における光合成の拠点――の起源がシアノバクテリアで、それが原生動物に呑みこまれたと提唱したのである。この仮説を考えながら、彼は、何年も前にドイツの植物学者A・F・W・シンパーが見出した事実を説明しようとした。シンパーは、一九世紀の顕微鏡技術の限界に挑み、葉緑体が周囲の細胞とは独立に（同時にではあるが）成長し分裂することを発見していた。パストゥールがすべての生命は生命から生まれることを立証したように、シンパーは、葉緑体を細胞から取り除くと新たに再生はしない――葉緑体はつねに葉緑体から生まれる――ことを明らかにした。メレシコフスキーは、サンゴなどの動物がみずからの組織のなかに藻類を棲まわせて共生していることを示す研究結果も知っていた。そこで洞察力に富む彼は、このふたつの知見を結びつけて、驚くべき結論に達した。「葉緑体が、養分を得て成長し、タンパク質や炭水化物を合成し、形質を子孫に伝える――これらはすべて細胞核と独立におこなわれる。要するに、葉緑体は独立した生物のように振る舞い、またそのように見るべきなのだ。それらは共生体であって器官ではない」

メレシコフスキーによる細胞内共生（ふたつの細胞が互恵的に協力して働き、一方がもう一方のなかに入っている状態）の仮説は、一時期活発な議論を呼んだが、やがて無視されたり実験で反証が挙がったりして勢いをそがれ、表舞台から姿を消した。

疑問が答えを上回る勢いで増え（「共生体はどのように宿主の細胞質に定着したのか？」「いかにして共生体は細胞核の遺伝的な支配下に入ったのか？」など）、それらに説得力のある説明がなされないまま、生物学者はもっと扱いやすい問題へと鞍替えしていったのである。一九六〇年代の初めごろには、細胞内共生説はアメリカの教科書で「非常に長いあいだ出回っていたひどい考え」と触れられるだけになっていた。旧ソヴィエトの百科事典では、メレシコフスキーは植物分類学に貢献したと書かれているが、ほかのことではほとんど記憶されていない。

リン・マーギュリスの登場

一九七二年の秋、私は大学の学部生で、植物学の期末レポートのテーマを探していた。アドバイスを求めていると察した教授は、革新的な考えをもった若き細胞生物学者リン・マーギュリスが発表した、当時最新の文献をいくつか私に教えてくださった。のちに一五回も拒絶されたあげくようやく『理論生物学ジャーナル（*Journal of Theoretical Biology*）』に掲載されたと私が知った一九六七年の論文で、彼女（当時は天文学者カール・セーガンの妻でリン・セーガンだった）は、真核細胞の起源を説明する細胞内共生説を考えついていた（リンは意図してメレシコフスキーの説をよみがえらせたわけではない。一九六七年の時点では、彼女は彼の名を聞いたこともなかったのだ）。しかもリンは、葉緑体の起源が内部共生するシアノバクテリアであるばかりか、ミトコンドリア——真核細胞中で別個に仕切られた、呼吸に関係する部位——が自由生活性の呼吸する細菌に由来するとも提唱していた。

ダーウィンの見事な洞察によれば、進化は基本的に枝分かれの——つまり多様化の——プロセスとなる。共通の祖先をもつ子孫がお互いから遠ざかるにつれ、新しい形態や生理機能が生まれるというわけだ。ところがリン・マーギュリスは、進化の際、枝が融合して新種が生まれたと主張した。彼女の見方では、われわれの身体を構成するどの細胞も、ふたつの遺伝的系統が合体してできたことになる。さらに言うと、私の部屋から見えるバラの木は、ミトコンドリアのほかに葉緑体も持ち、三種の系統が混じり合っている。リンの論文は、電気に打たれたような刺激を、直接的（期末レポートのテーマになった）かつ持続的（初期の生命を自分の専門にしようと決めた）に私に与えたのである。

現在、生物学者は、葉緑体とミトコンドリアが細胞内共生で始まったのは事実だと認めており、リン・マーギュリスは米国科学栄誉賞を受賞している。しかし、メレシコフスキーは認められなかったのに、なぜ彼女は認められたのだろう？　簡単に言えば、二〇世紀後期の生物学者は、それまでの世代には想像もつかなかった道具を手にしていたからだ。電子顕微鏡の登場により、葉緑体とシアノバクテリアに共通の構造があるという知見が得られたのである。また生化学研究によって、シアノバクテリアと葉緑体における光合成の分子的なシステムがほとんど同じこともわかった。さらに、葉緑体の抗生物質に対する反応が、細胞核や細胞質とは違い、むしろ細菌と似ている事実も明らかになっている。なにより意外なのは、葉緑体に、ＤＮＡとＲＮＡとリボソーム——細胞の成長と複製に最低限必要な分子機構——が含まれていたことかもしれない。

電子顕微鏡と生化学の連係プレーは、藻類の細胞に特有の性質も明らかにした。紅藻類や緑藻類（およびその子孫である陸生植物）の葉緑体は、二種類の膜に包まれている。外側の膜は、周囲の細胞質が、細胞核にある遺伝子の命令に従って合成するが、内側の膜は葉緑体自身が形成する。また葉緑体の外膜は、細胞の境界となる膜や、核膜や、細胞質全体に広がる内膜系を含む、総体的な膜の系の一部をなしている。内外ふたつの膜は動的な連続性をもつ。つまり、任意の瞬間ではばらばらに見えても、ときに結合してほとんど連続した複雑な面を形成するのである。この一見不可解な事実は、細胞核と細胞質はこの膜の内側に存在するが、葉緑体とその内膜は外側に存在することを意味している(図33)。

リン・マーギュリスは、この知見がすべて細胞内共生説で説明できると主張し、長いこと無視されていた考えの再評価を生物学者に迫った。だが、決定的な証拠は分子生物学から得られた。第2章で見たように、遺伝子の塩基配列の比較は、進化におけ

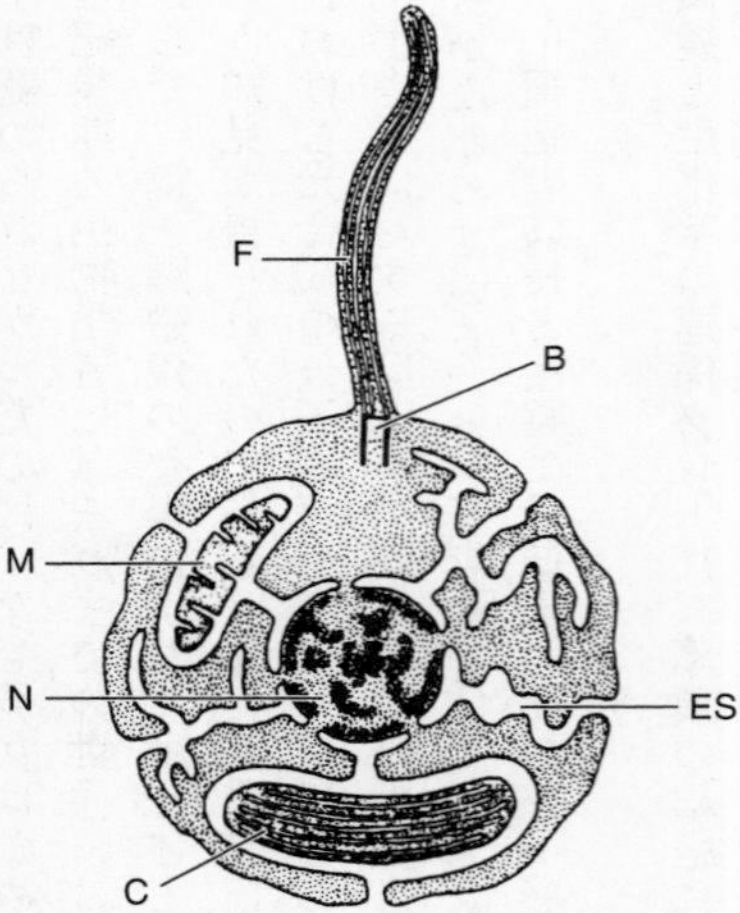

図33　真核細胞の内部組織。細胞内膜系(ES)など、真核生物のもつ膜が、細胞核(N)と細胞質を含む空間を規定している点に注目。一方、葉緑体(C)とミトコンドリア(M)はこの空間の外にある。図は、真核生物に特有の鞭毛(F)が基底小体(B)を起点に伸びている様子も示している。
(マックス・テイラーの図に手を加えた)

る生物間の関係を明らかにする強力な手段となる。これを前提に、細胞内共生説を鮮やかに検証できる。メレシコフスキーとマーギュリスの提唱した考えは、基本的に系統学的なものだ――進化の過程で二種類のドメインの微生物が融合したというわけである。この説が正しければ、葉緑体のＤＮＡの遺伝子配列は、植物や藻類の細胞核よりむしろシアノバクテリアの遺伝子配列に近いことになる。実際そうだった。生命の系統樹において、葉緑体はシアノバクテリアのところにちょうど収まるのである。

メレシコフスキーは正しく、半世紀後のマーギュリスも正しかった。こうして下等なシアノバクテリアが、植物や藻類の光合成の起源として新たな重要性を獲得する。熱帯雨林の青々とした木々に見惚れるとき、あなたは、原生動物に便乗して生態系で未曾有の大成功を収めたシアノバクテリアを目にしているのだ。

葉緑体の働きとは？

一個の細胞が、どうしたら別の細胞の一部になれるのだろう？　第一の条件は単純明快で、宿主が寄生者を消化してしまってはならないというものだ。シアノバクテリアが共生体となるには、宿主の消化酵素の放出を抑える物質を生成する必要があった。

その物質は糖で、内部の共生体から出て周囲の細胞に吸収された。一方、宿主の細胞は、共生体に二酸化炭素と栄養物を安定的に供給して、光合成による糖の生成を促した。このような代謝物の交換によって、協力関係ができあがった。

この種の協力は、実は自然界でよく見られる。たとえばメレシコフスキーが一世紀前に気づいていたように、サンゴの組織には単細胞の藻類が宿り、互いに栄養物を交換している。藻類はサンゴの急速な成長を促す。だが、サンゴが見返りを提供できなくなると、藻類は出ていってしまい、宿主のサンゴは白くなる。そして死ぬのである。現在のカリブ海では、水温上昇にともなうサンゴの「白化」が、礁の生態系に重大な脅威をもたらしている。

しかし葉緑体は、勝手に宿主を見捨てるわけにはいかない。第二のタイプの交換――代謝物でなく遺伝子の交換――をしたせいで、宿主から離れられなくなっているのだ。葉緑体には、自由生活性のシアノバクテリアに見つかるDNAの一〇パーセントも含まれていない。細胞から細胞小器官になる際に、内部共生体は大半の遺伝子を失ってしまったのである。

このように遺伝子が減った葉緑体は、どうやって機能しているのだろう? 核内遺伝子に暗号化されていて細胞質で合成されるタンパク質を、自身のなかに取り込む、というのが答えだ。このためには、葉緑体の膜を通して分子を運ぶ、シャペロンというタンパク質が要る。シャペロンは、細胞の機構に古くからある構成要素で、本来は新しくできたタンパク質がきちんと折り畳まれるのを助けるためにできたものだが、その後運び屋として利用されるようになった。こんな具合に分子の支援体制が整うと、シアノバクテリアの遺伝子の一部が余分になって失われてしまった。さらに、どのような過程を経たのかはよくわからないが、葉緑体の遺伝子の一部が細胞核へ移動した。その結果、光合成の現場は細胞核の支配下に置かれたのだ。こうしてふたつの異なる系統から、新しいタイプの生物が生まれた。

生命の系統樹の「散らばり」

藻類は生命の系統樹でひとかたまりになってはいない。真核生物の大枝でいくつかの枝に散らばっているのだ（図34）。理論上、この散らばりについては二通りの説明ができる。ひとつは、真核生物の進化の初期に光合成が一度もたらされ、のちにわれわれを含む一部の系統でそれが失われたというものだ。もうひとつは、真核生物の共生が繰り返し起き、光合成が何度か別個にもたらされたとするものである。これらふ

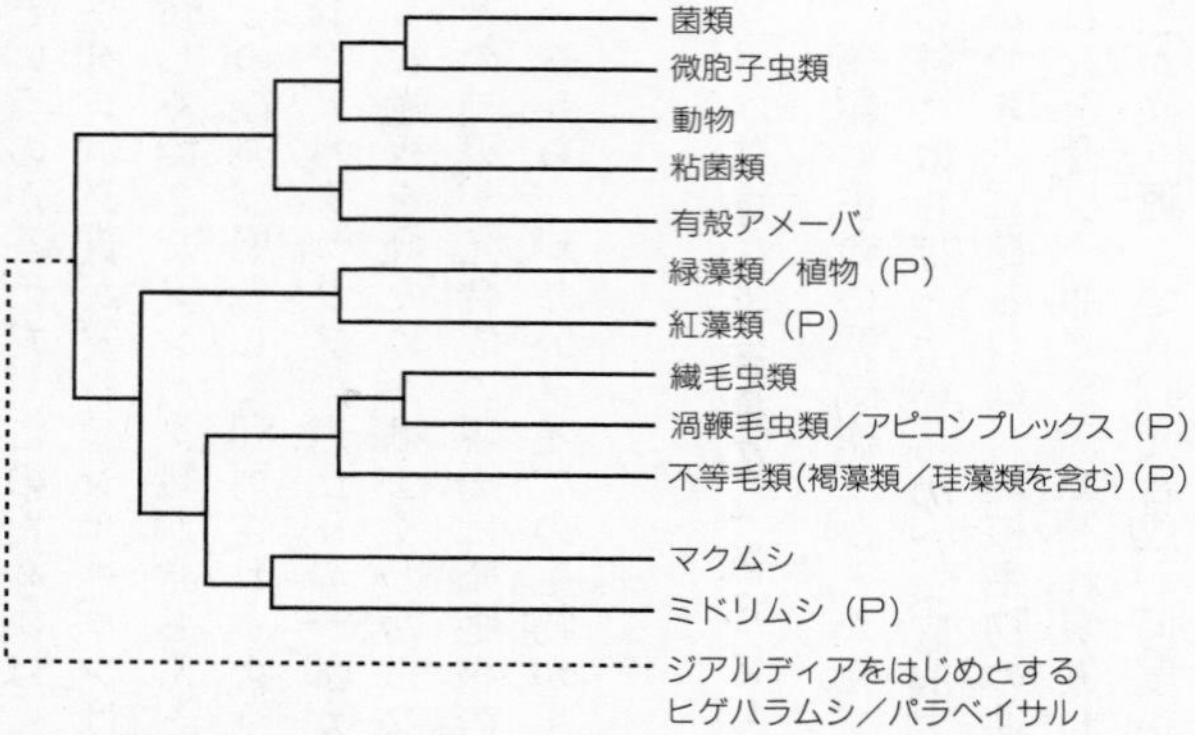

図34　真核生物の系統関係にかんする現在の仮説。10個の遺伝子の分子配列を比較した結果にもとづく。ヒゲハラムシ（ジアルディア・ランブリアを含む）とパラベイサル（多鞭毛虫類）を別の枝につなぐ点線は、系統樹において初期の枝の成り立ちにあいまいさがあることを示している。光合成生物のグループにはPを表示した。（サンドラ・バルダウフによる図を描きなおしたもの）

たつの仮説から、分子配列の比較で検証可能な予言ができる。かりにすべての藻類がただ一度の共生に由来しているとしたら、葉緑体の遺伝子を比較してできる系統樹は、核内遺伝子による系統樹と同じ系統関係を示すはずなのだ。事実はそうなっていない。葉緑体の遺伝子の分子的な系統関係を示す図35と、図34に描いた真核生物の系統樹とを比較すると、半ダースほどの回数の内部共生が真核生物に光合成をもたらしたはずだとわかるのである。そのうえ、こ

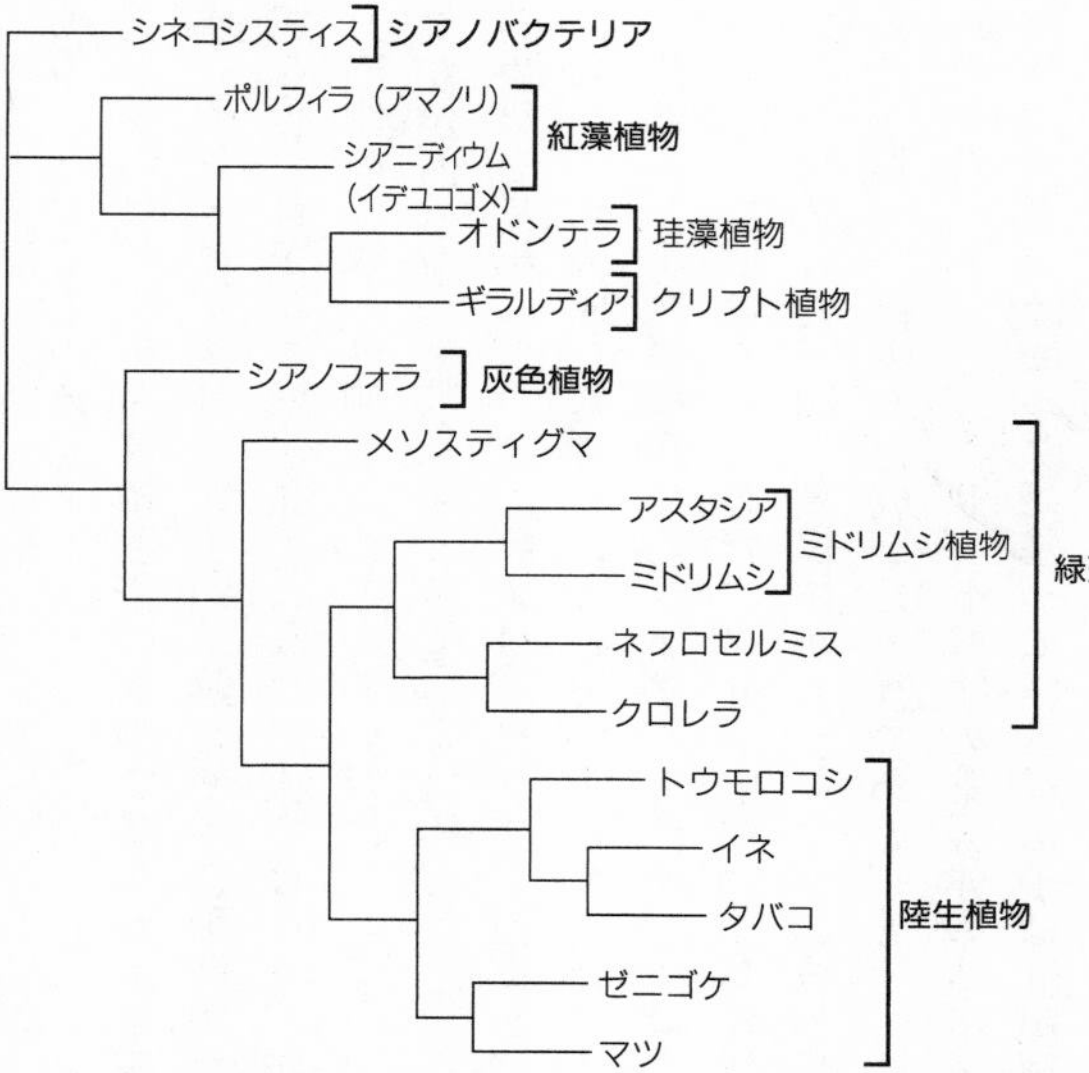

図 35　分子配列の比較から明らかにした葉緑体の系統関係。葉緑体にもとづく系統樹が、核内遺伝子の配列にもとづく系統樹と同じにならない点に注目。これは、いろいろな真核生物がほかの真核細胞を取り込むことによって光合成を獲得したという見方を支持している。たとえば光合成生物のミドリムシは緑藻類の内部共生に由来するようだが、クリプト植物や不等毛類（ここでは珪藻植物で代表させた）の葉緑体は紅藻類の共生に由来していそうである。（系統関係のデータはポール・ファルコウスキー提供）

の話にもうひとつひねりも加わっている。

クリプト植物は、温帯・高緯度帯の水中で見つかる単細胞藻類の小グループだ。マギル大学のサラ・ギブズは、電子顕微鏡を使った画期的な研究で、クリプト植物の葉緑体を包む膜が紅藻類や緑藻類のような二枚ではなく、四枚あることを明らかにした。さらに、内側の二枚と外側の二枚とのあいだに、ヌクレオモルフと呼ばれる黒い小さなかたまりがあるが、驚いたことにギブズは、このヌクレオモルフにＤＮＡが含まれている事実を見出した。この結果は、クリプト植物が、紅藻類や緑藻類と同様、内部共生によって光合成を獲得したことを示唆していた。しかしクリプト植物の場合、共生体自体も真核生物の藻類で、シアノバクテリアではなかったとギブズは考えた。彼女は次のような推理をしたのだ。クリプト植物の葉緑体を包む二枚の内膜は、共生体として取り込まれた藻類の葉緑体がもっていた二枚の膜であり、残る二枚の外膜は、共生体の細胞膜と、宿主が合成した包膜である、と。この仮説は、遺伝子配列の比較により裏付けられている。クリプト植物の葉緑体の遺伝子はシアノバクテリアの遺伝子にあたり、ヌクレオモルフに残っている遺伝子は紅藻類の核内遺伝子の流れを汲み、クリプト植物の核内遺伝子は別の真核生物の系統を示しているのだ。クリプト植物は、確かに真核生物の藻類を呑み込むことによって、光合成を獲得していたのである。

図36に、真核生物に光合成が広まった過程をまとめた。紅藻類の葉緑体は、シアノバクテリアと似た光合成色素をもち、すでに述べたように二枚の膜に包まれている。これは、「一次」共生によって真核細胞にシアノバクテリアが取り込まれたことを示す。緑藻類の葉緑体は、紅藻類とは多少違う色素をもっている——クロロフィルbが加わり、色素タンパク質がない——が、膜が二枚なのはやはり一次共生の痕跡だ。紅藻類と緑藻類が非常に近い関係にある証拠が次々現れていることを考えると、これら二種類が一度の共生に由来する可能性がある。

ヌクレオモルフの存在が知られている藻類は二種類しかない。それでも一般に生物学では、紅藻類・緑藻類以外のさまざまな藻類は、真核生物の共生体を取り込む「二次」共生によって光合成を獲得したと考えられており、この結論は、葉緑体の遺伝子配列の比較や膜組織の研究で裏付けられている。さらには「三次」共生も一例存在し、海洋性プランクトン（およびサンゴと共生する光合成生物）に多い渦鞭毛虫類（渦鞭毛植物とも言われる）で見つかっている。このいわば生物のマトリョーシカ［訳注　同じ形のものが入れ子状にたくさん収まっているロシア人形］は、鞭毛をもつ原生生物がハプト植物と呼ばれる藻類を飲み込んで生まれたものだが、ハプト植物自体、原生動物が現生の紅藻類に近い単細胞藻類を飲み込んで生まれたものであり、さらにこの単細胞藻類も、

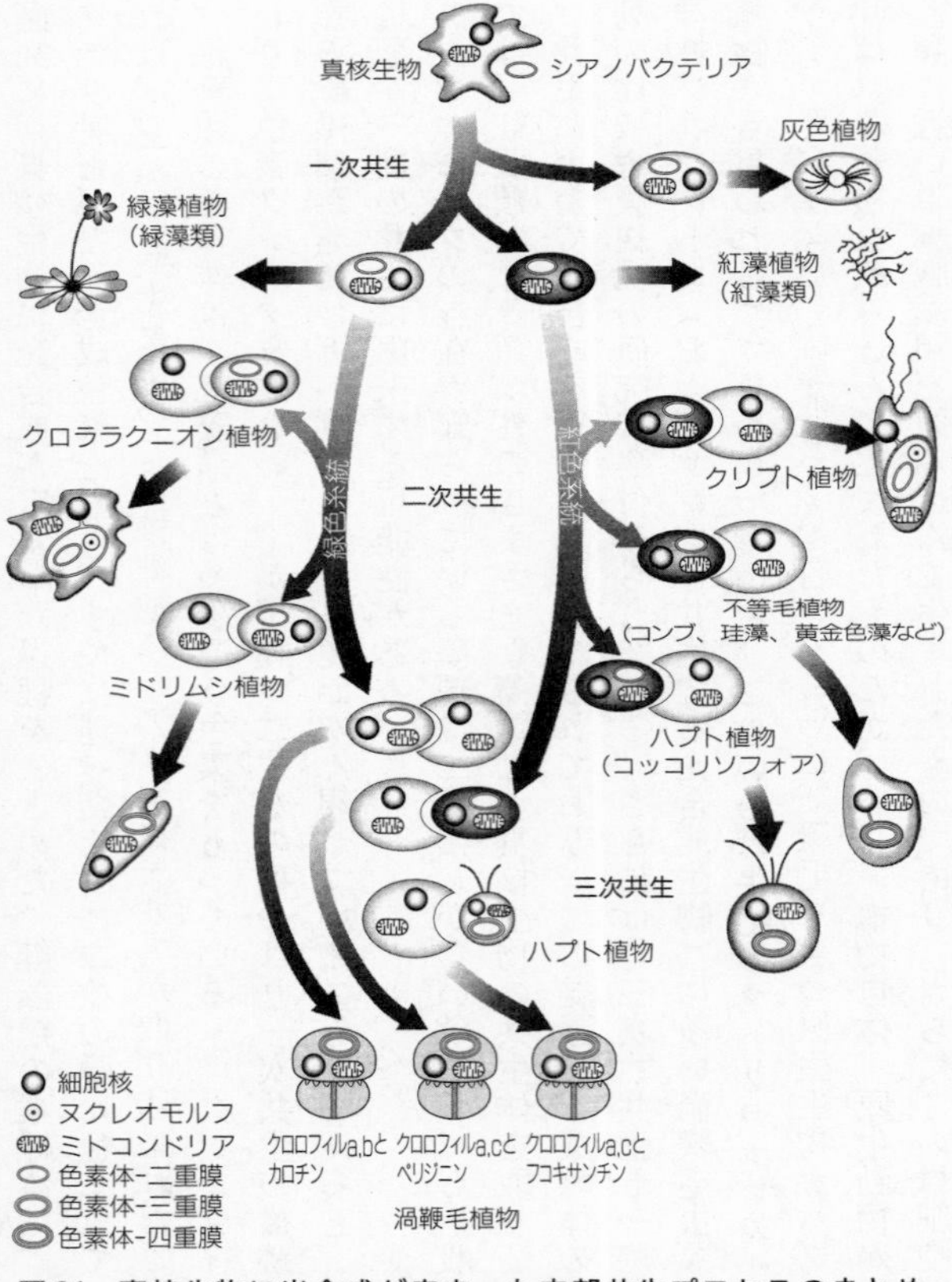

図36　真核生物に光合成が広まった内部共生プロセスのまとめ。
（チャールズ・デルウィッチの許可を得て転載）

シアノバクテリアが真核生物に取り込まれた内部共生を経て進化したものなのである！　高名な医学者ルイス・トマスは著書にこう記している。「私は「委員会なるものが」われわれの知る自然界の最も基本的な姿だと信じている」。渦鞭毛虫類は、この協力して事をなすという生命観の縮図となっている。

真核生物のドメインに光合成が広まったというのは、どのぐらい意外な事実だろう？　一見したところ、それはありえないほど奇妙なことに思える——ありそうにない一連の出来事が、どこかのさまざまな可能性を許した海で完了していたのである。だが、前にも言ったとおり、共生による光合成の獲得は、これまでの生命史で何度となくあったことだ。山中の岩などに見つかる地衣類は、菌類と緑藻類またはシアノバクテリアが共生して成り立っている。あるものはたまたま一緒になっただけで、共生する両者は別々に成長する。一方で、関係が緊密になって、宿主と共生体の分離が不可能になっているものもある。

サンゴと同じように、シャコガイ——熱帯の海に住む巨大な二枚貝——も体組織のなかで微小な藻類を飼っている。共生体としての藻類は、扁形動物や海綿動物やさまざまな原生動物（繊毛虫、放散虫、有孔虫など）にも見つかる。われわれの遠い親戚にあたるホヤのなかにも、シアノバクテリアを住まわせているものがいる。だから本当の意味で珍しい存在を知りたければ、鏡をのぞいてみることだ。脊椎動物は、光合成微生物との共生を形成できないようなのだから。

ミトコンドリアの場合

リン・マーギュリスが気づいていたとおり、ミトコンドリアのケースも葉緑体と似ている。真核細胞の光合成が葉緑体に局限されているように、好気的呼吸——われわれの身体の動力となる代謝——もミトコンドリアだけでおこなわれている。この細胞小器官は、構造も生化学的機能もプロテオバクテリアという細菌の一群とそっくりだ。葉緑体と同じく、ミトコンドリアも二重膜に包まれ、DNAとRNAとリボソームをもっている。コロラド大学の解剖学教授アイヴァン・ウォーリンは、早くも一九二五年に、ミトコンドリアが本質的に細菌であると提唱していた。彼は、ミトコンドリアを自由生活性の生物として培養できるとまで主張した。しかしだれにもそれができず(実を言うと不可能なのだ)、ウォーリンは、メレシコフスキーのように次第に忘れられてしまった。ところがまたしても、分子生物学によって、ウォーリンが(少なくともおおまかな論旨では)間違っていなかったことが明らかになる。彼は時代の先を行っていただけなのだ。分子進化の系統をたどれば、ミトコンドリアが細菌の細胞に由来し、たまたま共生してから次第に必須の細胞小器官になっていったことがはっきりわかる。この共生関係では、取り込んだ宿主が糖を与えるのに対し、ミトコンドリアの原型となる共生体は大量のエネルギーを（ATPとして）渡していた。

第2章で、原核生物の代謝が途方もなく多様な反面、真核生物の能力が限られていることについて述べた。真核生物も光合成をしたり、好気的呼吸をしたり、ときには発酵をおこなったりするが、どれも原核生物の能力のうちにすぎない。ミトコンドリアと葉緑体にかんする現在の知見は、真核生物と原核生物の対比をさらに際立たせて見せる。おおかたの真核細胞の動力源となる二種類の代謝は、細菌細胞を丸ごと取り込む大規模な水平移動に原因をたどれるからだ。ここで映画『欲望という名の電車』のワンシーンが思い浮かぶ。ヒロインのブランチ・デュボアが自分は「いつも他人の親切に助けられてきた」と語るのだ。真核生物は、生物のなかのブランチ・デュボアと言えよう。

真核細胞の残りの部分は?

葉緑体とミトコンドリアが細菌の共生に由来するのなら、真核細胞の残りの部分はどのようにしてできたのだろう? 第2章で、真核生物が古細菌や細菌にはない基本的特質をいくつももっていることについて触れたのを思い出してもらおう。真核生物を規定する特徴は、むろん細胞核だ。それは膜で仕切られた小部屋で、細胞の遺伝子が収められている。この核のなかで、DNAの長鎖が微小なタンパク質のビーズにしっかり巻きついて、糸状の染色体を形成している。電子顕微鏡を使うと、真核生物をほかの生物とさらに区別する細胞内の特徴が明らかになる(図33)。真核細胞には、鞭毛に微小管という特徴的な配置をしたタンパク質鎖が見られ、細胞の機能はゴルジ体(細胞内の輸送や分泌に関与するひしゃげた袋の集まり)などの細胞小器官にはっきり分担されている。そして、すでに見たとおり、ミトコンドリアや葉緑体がある。細かく見ると、真核生物は生化学的にもユニークな存在だ。転写や翻訳やリボソームの構造は、どれも原核生物でそれらに対応するものと異なっているのである。

ひょっとしたら、真核生物とほかの生物との最も重要な違いは、細胞の中身を保持する手だてかもしれない。古細菌や細菌は、細胞質を堅固な壁で囲っている。これに対し、真核生物は、細胞骨格という内部の枠組みを進化させた。かつて詩人のロバート・フロストが言ったように、「それが決定的な違いを生んだ」〔訳注 The Road Not Taken（選ばなかった道）という詩に現れるフレーズ〕のである。細胞骨格は、アクチンなどのタンパク質の微小なフィラメントでできたきわめて動的な組織で、たえず形成しなおすことによって細胞の形を変化させられる。多くの人は、高校時代、生物学の授業でアメーバの映像を見たのを覚えているだろう。アメーバが偽足を獲物に伸ばす優雅な動きは、動的な細胞骨格と柔軟な細胞膜系との協調した活動なのである。この協調は、まさに細胞に粒子を取り込ませることができたという意味で、真核生物が進化で成功を収めるための重要な鍵となった。ミトコンドリアや葉緑体の獲得を可能にしてくれたのだ。

内部共生は、ミトコンドリアや葉緑体の生命現象の説明にはなりそうだが、真核細胞がもつほかの多くの特性についてはほとんど明らかにしてくれない。じっさい、古典的な細胞内共生説によれば、原ミトコンドリア（ミトコンドリアの原型）を飲み込んだ細胞は、すでにほかの主要な特性は備えた、れっきとした真核生物になっていなければならない。このような真核生物の進化に対する見方から、系統関係について明確な予想ができる。葉緑体とミトコンドリアをもつ真核生物は、ミトコンドリアだけをもつ細胞も存在する系統樹の大枝で、末端の枝に位置するはずなのだ（つまり、葉緑体をもつ細胞でミトコンドリアのないものはない）。そして、真核生物の根元近くの枝には、核はあるがミトコンドリアはない細胞がなければならない――この原初の真核生物から、すべての内部共生が始まったのである。

一九八〇年代、マサチューセッツ州ウッズ・ホールにある海洋生物学研究所のミッチェル・ソギンは、真核生物の系統関係を分子的に探る研究を創始した。彼は真核生物の関係をまとめるべく、カール・ウーズに触発されてリボソームＲＮＡの遺伝子配列の比較をおこなった。すると、なんとできあがった系統樹は、内部共生説による系統関係の予想と見事に一致した。藻類が先端の枝に位置し、中間の枝にはアメーバなど、ミトコンドリアをもつが葉緑体はない細胞[1]がいて、なにより興味深いことに、一番根元の枝には、ミトコンドリアも葉緑体ももたない真核細胞が存在するのである。

ジアルディア・ランブリア（ランブル鞭毛虫ともいう）は、生水を飲むバックパッカーにはよく知られている腸内寄生虫だが、初期に枝分かれした真核生物を明らかにするのに役立つ。ジアルディアは、小さな弾丸形をした細胞で、脊椎動物の消化管のように酸素の乏しい環境で繁殖する。内部組織は比較的単純で（たとえばゴルジ体はわずかに形跡があるのみ）、ＤＮＡの転写方式はほかでは原核生物でしか知られていない。多くの点で、この細胞は原初の真核細胞を示す優れたモデルとなっている。とはいえ問題がひとつある。ジアルディアの単純な生命形態を太古の起源と結びつけるのは魅力的な捉え方だが、その特異な性質を寄生生活への適応と見ることもできるのだ。一般に寄生体は、生理的に必要なものの多くを宿主から手に入れているため、無駄を省いた生命形態をしている。となるとジアルディアは、かつてはミトコンドリアをもっていたものの、あとで失ってしまったのかもしれない。実は、ジアルディアと同じ珍しい特質をもつ自由生活性の近縁種がいくつか見つかっており、寄生生活ですべては説明できない。それでも、ジアルディアと近縁の自由生活性生物も酸素の乏しい環境に生息するので、なお疑問は残る。ミトコンドリアのない真核生物は、原初の単純な形態なのか？　それとも、そうした生物は、細胞が無酸素の環境で繁栄したときに、ミトコンドリアを余計なお荷物として捨ててしまったのだろうか？

この問題は一見手に負えないようだが、実は見事な取り組み方がある。内部共生体

1　ミドリムシ植物――小さな緑色の鞭毛虫を含む生物群――は例外だが、分子生物学の研究結果や細胞の超微細構造から、ミドリムシ植物は緑藻類の葉緑体を取り込む内部共生によって光合成を獲得したことがわかっている。したがって、彼らは太陽光を利用する能力を、緑藻類が出現したあとに身につけたにちがいないのだ。

が細胞小器官になる際に、一部の遺伝子が細胞核のゲノムに移動したことを思い出してもらおう。そうであれば、ミトコンドリアが失われたのかどうか、比較的容易に調べられることになる。ミトコンドリアのない真核細胞の核には、はるか昔に去った内部共生体から移動した遺伝子が含まれているのだろうか？

その答えは、少なくともいくつかのケースにおいてはイエスだ。失われたミトコンドリアの遺伝子の痕跡は、真核生物の系統樹で通常のアメーバの仲間にあたる嫌気性寄生生物エントアメーバ・ヒストリティカで初めて見つかった。具体的に言うと、エントアメーバ・ヒストリティカの細胞核のゲノムに存在する、タンパク質シャペロンを指定する*cpn60*という遺伝子が、ミトコンドリアや自由生活性のプロテオバクテリアのものに非常に近かったのである。この知見を最も単純に説明するとすれば、エントアメーバはかつてミトコンドリアをもっていたがそれを失った——だがミトコンドリアの「遺伝子」のすべては失っていない——ということになる。

この発見のあと、ミッチェル・ソギンを含む多くの分子生物学者が、ジアルディアをはじめ、リボソームRNAによる系統樹で早い時期に枝分かれした系統に目を向けた。すると、どれもプロテオバクテリアに由来する遺伝子を細胞核にもっていた。つまり、これまで知られている真核細胞はすべて、かつて細菌の細胞と共生していた証拠を残しているのだ。現生真核生物の最後の共通祖先より前に、ミトコンドリアを組み込む内部共生が起きていたのだろうか？ あるいは、原初の真核生物がさまざまなプロテオバクテリアを共生体や寄生体として棲まわせ、とうの昔にそれが出て行ってしまったというのか？ 後者の可能性はありえなくはない。すでに微生物の研究から、プロテオバクテリア——大腸菌や、ダイズの根に棲みつく窒素固定細菌、深海の熱水噴出口周辺でチューブワーム（ハオリムシ類）に養分を与える化学合成細菌、そしてもちろん、在郷軍人病（レジオネラ病）やチフスやロッキー山紅斑熱の原因細菌も含まれる——が、真核生物の提供する生態環境を実に巧みに利用することがわかっている。タンパク質シャペロンの遺伝子を宿主の細胞核に挿入するというのは、プロテオバクテリアが新しい生息環境に定着するための普遍的な手段のようだ。

第三のパートナーがいた!?

こうした遺伝子の移動をどう解釈するにしても、生物を比較する研究では、真核生物の生命形態の起源についてはほとんど手がかりが得られそうにない。いやひょっとすると、手がかりは単純な見かけの奥に隠れていて、それを解き明かす新たなリン・

マーギュリスの登場を待っているのかもしれない。ウィリアム・マーティンとミクロス・ミュラーは、一九九八年に公表した刺激的な論文で、原初の真核生物にミトコンドリアのないものはいなかったという仮説を立てた。真核生物の細胞組織はふたつの原核生物の共生から始まったのではないかと言ったのである。ひとつはメタン生成古細菌で、これは水素と二酸化炭素を燃料とする。もうひとつは、酸素の存在下で好気的呼吸ができるが、酸素が乏しくても発酵によって生きられる、プロテオバクテリアだ。これは水素と二酸化炭素と酢酸塩を廃棄物として生み出す。このふたつのパートナーが、相補的な代謝のおかげで結びつき、小さな炭素循環を形成する。メタン生成菌が作る有機分子はプロテオバクテリアに取り込まれ、一方でプロテオバクテリアはメタン生成菌に有機物の生成に必要な水素と二酸化炭素を提供するのだ。原生代の酸素革命などによって海洋や大気の水素濃度が下がると、メタン生成菌はますますパートナーへの依存を強め、ついには細胞壁を捨て去り、柔軟な膜を生み出して、細菌のパートナーから最大限の水素が得られるようにした。しかし細胞壁がなくなると、細胞の中身を固定する新しい手だてが必要になった。その手だてが、細胞骨格というタンパク質組織の進化だったというわけだ。そして遺伝子はパートナーへ移るか失われるかして、新しい細胞組織が誕生した。

真核細胞が原初の共生に由来する可能性を示唆したのはマーティンとミュラーが最初ではないが、彼らの説は生態学的に妥当なうえ、系統関係を正しく予言するという点で際立っている。この説はまた、真核生物の遺伝子のうち、細菌に由来するものは代謝にかかわる傾向があるが、古細菌に近いものはたいてい転写や翻訳にかかわる役目を果たしているという知見に論理的な根拠を与える（この見方では、生命の系統樹で真核生物の占める位置が、真核細胞のＲＮＡ遺伝子の起源しか語っていない点に注意。進化の過程で新しい生物群として真核生物が誕生するには、単一の遺伝子にもとづく系統関係ではとらえきれない「系統の融合」を必要とする）。

マーティンとミュラーの説は、プロテオバクテリアが真核生物の病原となったり互恵的なパートナーとなったりすることができた理由も説明してくれる。プロテオバクテリアは、自分とどことなく共通する遺伝子の存在がわかっているために、宿主の真核生物を利用できるのかもしれない。

ふたりの仮説は、真核細胞に見られる、一見謎めいたもうひとつの特徴も説明する。先述のように、無酸素の環境に住む真核生物にはミトコンドリアがない。だが、彼らの一部は、細胞内の嫌気性の代謝を支配するヒドロゲノソームという別の細胞小器官をもっている。二〇年以上も前、ミクロス・ミュラーは、ヒドロゲノソームもミトコンドリアのように細菌の共生に由来するエネルギー生成小器官なのではないかと言った。ヒドロゲノソームにＤＮＡが含まれていないことを考えると、これは大胆な主張だ。つまり、ヒドロゲノソームの起源が自由生活性の細菌だとすれば、彼らはすべての遺伝子を譲り渡してしまったことになるのである。なんともとんでもない考えのようだが、意外にも正しいことを示唆する証拠が集まりつつある。たとえば、ミトコンドリアがなく、ヒドロゲノソームをもっている寄生生物トリコモナスの研究では、核内のゲノムにプロテオバクテリアに起源をもつ遺伝子がいくつか含まれていることが明らかになっている。しかも、これらの遺伝子にコードされたタンパク質は、ヒドロゲノソームのなかで機能する。このようにヒドロゲノソームは、プロテオバクテリアが共生体となり、遺伝子をなくして代謝の奴隷になり果てたもののように見える。さらに、プロテオバクテリアに起源をもつとおぼしき遺伝子の塩基配列を調べると、ヒドロゲノソームがなんとミトコンドリアときわめて関係が近いと言えそうなのである！

このように有力ではあるものの、マーティン－ミュラー説は、真核細胞についてわかっている事実をすべて説明できるわけではない。近年、科学者たちは、全ゲノム——つまり、一個の遺伝子だけではなく、生物の全ＤＮＡ——の塩基配列の決定に着手した。多くの生物のゲノムが明らかになるにつれ、全生物に共通する遺伝子や特定のドメイン（超生物界）にしか現れない遺伝子が見つかりだしている。[2] ハイマン・ハートマンとアレクセイ・フェドロフ――それぞれMITとハーヴァードの分子生物学者――は、真核生物の遺伝子で、細菌や古細菌に現れないもの（そのため真核生物の分子的なしるしとなりそうなもの）を何百も見出した。ふたりは、それらの遺伝子が、真核細胞につながる原初の共生で第三のパートナーがいたことを示すと主張している。それは非常に早い時期の生命形態で、今では真核細胞の形成に寄与した遺伝子にのみ形跡をとどめているのかもしれない。こうした遺伝子の多くがとくに真核細胞に特有の要素――細胞骨格と核――に関係しているのも、ある意味納得がいく。

確かに現状は、真核細胞の起源にまつわる謎の完全な解決からはほど遠い。だが、マーティンとミュラーやハートマンとフェドロフが提示したような仮説は、自然界の姿が「弱肉強食」というより「合併吸収」に思えるような初期の生命進化に対する見

2　これを書いている時点で、五〇以上の種の配列が完全に決定され、さらに多くの種で調査が進行中である［訳注　二〇二二年の時点では六四八〇種にのぼっている］。

方を洗練してくれる――ヴィクトリア朝時代の資本主義社会には生存競争がぴったりだったのと同様、二一世紀の経済にはこの見方のほうが合っている。これらの仮説は、一九六七年にマーギュリスが出した論文と同じく、刺激的で、画期的で、興味深い。そのうえ、マーギュリスのアイデアのように、生物の深遠な謎のひとつに新たな洞察をもたらしてくれそうな研究を誘発する。これこそ、優れた仮説ならではのしわざなのである。

追記

真核生物の系統関係の分子生物学的な調査は、現在、大盛況を迎えている。次々と遺伝子の配列が決定され、分析手段も向上しているのだ。さらに、生物学者は多様な真核生物の仲間から、どんどん遺伝子を取り出しつつある。真核生物の系統関係についてはいまだ決定的な結論は得られていないが、図34に示したように、動物が菌類と非常に近い（われわれの家系図でそうだったらどう思うだろうか）ことと、さらに動物＋菌類がアメーバや粘菌と近縁であることを示唆する証拠が集まってきている。別の枝では、なお議論の余地はあるが、紅藻類と緑藻類がひとまとまりになっており、シアノバクテリアと原生動物の一次共生が一度だけ起きたとする説を裏付けている。そのほか、一見奇妙に思える組み合わせで結びついているケースもある。不等毛藻類（コンブや珪藻を含む）が菌類に似た卵菌類と同じ枝にあったり、繊毛虫類と渦鞭毛虫類とマラリア原虫（マラリアの病原体）がそのそばの大枝にまとまっていたりするのだ。なにより興味深いのは、ミッチェル・ソギンが初期にリボソームＲＮＡをもとにまとめた系統樹で、根元に近い枝を占めていた微生物のなかに、多くの遺伝子を調べるうちに高い枝に配置替えになったものもあることかもしれない。とくに、微胞子虫類という、RNAによる系統樹では根元近くで分かれた枝に位置する微小な寄生生物は、遺伝子にもとづくより包括的な系統関係において、菌類と同じくくりに入る。どうやら微胞子虫類のリボソームRNA遺伝子は、急速な進化によって、ほかの真核生物のリボソームRNA遺伝子とは大きく異なったものになり、RNA遺伝子の類似性にもとづく系統樹では根元のほうへ追いやられてしまっていたらしい。同じことは、ほかの寄生生物にも言えるかもしれないが、ジアルディアや、ヒドロゲノソームをもつトリコモナスは、早い時期に枝分かれした原生生物のまま変わらないようだ。この系統樹は今なお枝を伸ばし、形を変えている。しかし、もうかなりのことがわかったので、そろそろ化石記録に話を戻し、真核生物の進化が原生代の岩石にどう現れているのかを問うことにしよう。

9　初期の真核生物の化石

真核生物は、多様な細胞形態を進化させ、細菌や古細菌には知られていない多細胞性を身につけた。これらの特徴をもつ化石の記録は、真核生物が早い時期に誕生した事実をほのめかしているが、海洋生態系で真核生物が多く見られるようになったのは原生代の終わりごろのことで、それは世界の海で再び酸素が増加したおかげかもしれない。

中国南部貴州省のリン鉱山にて

若い鉱員が執拗に私の肩をたたき、大げさな身ぶりとともに、指示とおぼしき言葉を（中国語で）叫ぶ。彼はそばのトラックのほうを指差している。見ると、すでに五、六人ほどの労働者がその下にもぐり込んでいた。私もばかではないから、すぐに彼らのところへ体を滑り込ませる。すると数秒後、爆発が地面を揺らし、砕けた岩が雨あられのように頭上の車体に打ちつけた。

ここは中国南部の貴州省にある、岩だらけの地形に多数点在するリン鉱山のひとつだ(図37)。採掘されるリン灰岩(リン酸塩岩)は肥料用途で、貴州省の鉱山は地域経済を支える重要な柱となっている。しかし、貴州省のリン酸塩岩が、雲南省の昆明からミシガン州(アメリカ)のカラマズーに至る広い範囲に分布し、これまで原生代の地層で見つかったなかでも極上の化石をいくつか産していることを、鉱員たちは知らない。しかもその化石の大半は真核生物のものなのだ。グレート・ウォールの堆積と、このリン酸塩岩の堆積とを結ぶ時間の流れのどこかで、細胞核をもつ生物が、二〇億年にわたる細菌による生態系の支配を打ち破った。もちろん、原核生物も姿を消したわけではない。彼らは今も、この惑星で活動しているすべての生態系の土台をなしている。だが、藻類が登場すると、シアノバクテリアに代わって海洋の主要な一次生産者となり、さらに微生物を飲み込める原生動物が現れると、肉食と草食の複雑な関係が食物連鎖に加わった。貴州省の化石は、原生代の真核生物の歴史を知るための素晴らしい手引きなのである。

図 37　中国、ウォンアン（瓮安）の採石場の露頭。ドウシャントゥオ（陡山沱）層のリン酸塩岩で、化石を含んでいる。

約六億年前の岩石

貴州省のリン酸塩岩は、原生代の末ごろ中国南部に形成された巨大なくさび形の堆積岩の尖った側に沿って存在する。この堆積岩は、北方では、絶景と言われる長江三峡に露出しており、四つの層に分けられる。最下層は、海岸平野を何本も蛇行する川が通り抜けた結果、不連続に堆積した赤色砂岩である。砂のなかに薄層として見つかる火山灰について、ウラン–鉛の年代測定をおこなうと、七億四八〇〇万(プラスマイナス一二〇〇万)年前ということがわかる。一方、一番上は石灰岩とドロマイトの分厚い層で、そのてっぺん付近にはカンブリア紀初期の化石が存在する。残る中間の二層がとくに興味深い。一層は極端な気候の記録をとどめ、もう一層には、原生代の生物に対する認識を改めさせた、華々しい化石が含まれている。

二層のうち下の層はナントゥオ(南沱)漂礫岩《ひょうれきがん》といい、赤色砂岩の層の上に直接乗っている。この地層は、巨礫も砂もシルト(微砂)も一緒くたに混じった状態で、中国南部に広く分布している。一般に流水が運んだ堆積物は、粒子のサイズや密度によって分かれるので、シルトもサッカーボール大の巨礫も一緒になっているということは、別の運搬手段を示唆している——氷である。ほかにもいくつか堆積形態にかかわる特徴から、この地層が氷河の作用でできたことは裏付けられている。たとえばドロップストーン——シルトや泥の微細な層にばらばらに入り込んだ小石や大礫のこと——は、氷山が粗い岩屑《がんせつ》を外洋へ運び、解けて落とした積荷の石がきめ細かい堆積物に混じった事実を記録にとどめている。また、この漂礫岩に含まれる小石には、岩屑の混じった氷が移動した際にこすれてできた条線が深々と刻まれている。氷河作用による岩石は、世界じゅうで原生代前期の地層に見られる。第12章で明らかにするように、そうした岩石は、生命そのものの存続が危うくなるほど厳しい氷河時代が何度も訪れた証拠を示している。

氷河が解けだすと、海面上昇とともに、先ほど興味深いと言った中間層のふたつめ——化石を含んだドウシャントゥオ層（累層）——が堆積しはじめた。長江三峡の一帯では、海面の上昇と下降が二度繰り返されるあいだに、頁岩とリン酸塩岩と炭酸塩岩が三〇〇メートルほども堆積した。そこから南西へ向かい、太古の海岸線に近づくにつれ、この層は薄くなり、特徴が変わる。私が鉱山で安全に過ごす術《すべ》を教わった貴州省では、この地層の厚みは四〇〜五〇メートルしかなく、構成する岩石の主体は沿岸海域に堆積したリン酸塩岩だ。もう何キロか西へ行くだけで、この年代を示すリン酸塩質砂岩の厚みはわずか五メートル弱になる。現在まで、この地層に火山岩は見つかっていないが、リン酸塩の結晶が生成する際に中に閉じ込められた放射性のウランおよびルテチウムをもとに年代を測定すると、五億九〇〇〇万〜六億年前という結果が得られる。心強いことに、この年代は、ドウシャントゥオの堆積岩に含まれる化石や化学痕跡を明確に年代がわかっている地層のものと関係づけて得られる予想の範囲内（六億年前よりあとで、五億五〇〇〇万年前よりは昔）に落ち着いている。

したがって、ドウシャントゥオ層に存在する真核生物の豊富な岩石は、グレート・ウォールのドロマイトよりはるかに新しく、スピッツベルゲンの化石層よりもあとの時代のものだ。それどころか、この岩石は、コトゥイカン川沿いのカンブリア紀の崖と比べて、わずか五〇〇〇万〜六〇〇〇万年しか古くない。[1] ならば、ドウシャントゥオの化石は、真核生物の興隆ばかりか、これから起きようとしているさらなる生物の大変革の兆しも明らかにしてくれるかもしれない。

真核生物の化石の見分け方は？

ある化石が真核生物のものであると、どうしたらわかるのだろう？　植物や動物なら、見分けるのは簡単だ。細菌や古細菌に、葉や殻のようなものを作るものはいないのだから。しかし微化石となると簡単にはいかない。生物学では、細胞組織や遺伝的性質や生理機能にかかわる無数の特徴をもとに、原核生物と真核生物を容易に区別できる。ところがこうした特徴はどれも、古生物学では利用できない。そうなると、形状に頼らざるをえないのである。

先カンブリア時代の研究が始まったばかりのころ、古生物学者は、サイズや細胞の痕跡をもとに真核生物の微化石が見分けられるのではないかと期待し、それに挑んだ。だが、どちらで見分けようとしてもうまくいかなかった。サイズでわかるようには思いやすい。平均的に真核生物は細菌より大きく、それらの体長は容易に測れるのだから。最大・最小を見るかぎり、確かにサイズは両者を見分けるのに役立つ。一ミリメートルより大きな細菌細胞も、体長が三〇〇ナノメートルしかない真核生物も、こ

1　私の友人リチャード・バンバッハは、この文に入れた「わずか」という言葉に不満を唱え、五〇〇〇万年は非常に長い時間だと言う。確かにそのとおりだ。五〇〇〇万年もあれば、ピラミッドから現代のカイロに至るエジプトの歴史を一万回以上も繰り返せる。また、人類が二〇〇万世代も続き、アメーバなら一〇億世代以上に相当する時間だ。しかし私がその文で伝えたいのは、グレート・ウォールとドウシャントゥオの地層を隔てる途方もない時間に比べれば、五〇〇〇万年はかなり短いということである。とはいえリチャードの主張は重要だ。われわれは折に触れて立ち止まり、生命の初期の歴史が彩られるカンバスの広大さに思いを馳せるべきだろう。

れまで知られてはいない。[2] しかし、この中間のサイズ（原生代の岩石によく見つかる）では、細菌と真核生物がかなり重なり合っている。海洋にいる微小な緑藻類は体長一ミクロンに満たない。一方で――コトゥイカンのチャートにあったあの葉巻形の化石を思い出してもらえれば――シアノバクテリアの静止細胞［訳注　増殖をおこなわない休眠状態の細胞のこと］には長さが一〇〇ミクロンを優に超えるものもある。[3] 細胞外に鞘を形成するシアノバクテリアはさらに問題をこじらせる。一〇ミクロンの細胞のコロニーが、直径一〇〇ミクロンの保護膜に包まれている場合があるからだ。

サイズで確実に区別できないのなら、細胞の痕跡ではどうだろうか？　原生代の化石群集として初めに発見されたもののひとつに、八億三〇〇〇万～八億一〇〇〇万年前に形成された、中央オーストラリアのビター・スプリングズ層のものが挙げられる。ビター・スプリングズ層は、不毛の海岸平野につかのまできた湖沼に堆積した炭酸塩岩からなるが、化石はそこへ貫入したチャートの団塊に見つかる。このチャートには、UCLAのビル・ショップが記録した美しいシアノバクテリアや、直径一〇ミクロンほどの球状をした単純な化石が含まれている。この球状化石の一部は、中空で、当初はシアノバクテリアと見なされていた。残りの球状化石もこれとそっくりだが、中に小さな黒っぽい有機物が入っているため、細胞核が残った真核生物の藻類と見なされた。細胞核は大半が水分で、あとは非常に栄養価の高いタンパク質と核酸だ。だから細胞が死ぬと、速やかに跡形もなく消える——そのために、あらゆる化石記録のなかで、細胞核とおぼしきものが含まれるものはほんのひとにぎりしか見つかっていない。一方、分解する途中のシアノバクテリアや藻類には、細胞の内容物が縮んでできた小さな球状の有機物が含まれる。ビター・スプリングズなどの原生代の微化石に見られる「黒点」は、この分解過程の細胞質としても十分に説明がつく。こうした化石のなかには真核生物のものもあるかもしれないが、(動物のヒョウとは違って)斑点でそれとわかるというわけにはいかないのである。

真核生物を実際に見分けられる特徴は、「組織形態」だ。第3章で、一部のシアノバクテリアは、ほかの細菌には真似のできない細胞形状やコロニー形態をもつという話をした。同様に、(すべてではなく)一部の真核細胞は、原核生物では知られてい

2 一ナノメートルは10^{-9}メートル、つまり一〇〇〇分の一ミクロンだ。それゆえ三〇〇ナノメートルの細胞は、三分の一ミクロンもないことになる。

3 現在知られている最大の細菌は、南アフリカ沖の堆積層で見つかった硫黄酸化型の細胞である。この巨大細菌は体長五〇〇ミクロン以上に達するが、見かけだおしとも言える——細胞が中空なのだ［訳注 二〇二二年には平均の長さが一センチというフィラメント状の細菌チオマルガリータ・マグニフィカが見つかっている］。

ない特徴を示す。その意味でドウシャントゥオの化石は、古生物学者がどのように初期の真核生物の化石を見分け、解釈するのかを明らかにしてくれる。

華やかな装飾付きの生物たち

長江三峡近辺では、チャートの団塊は、ドウシャントゥオ層のなかの二層に現れる。下の層に貫入したチャートには豊富に化石が含まれ、大多数は、マットを形成するシアノバクテリアがぎっしりからみ合ってできた群集である。上の層のチャートにもシアノバクテリアがあるが、そのほかに明らかに違う微化石が含まれている。こちらの遺骸はほぼ球形で、たいてい大きく（最大で六〇〇ミクロン）、しかも――なにより顕著な特徴として――華やかな装飾が施されている。あるものは、まるで小さな太陽のようで、全方向へ放射状に突起が出ている（図38）。ほかにも、針や鍔《つば》や瘤《こぶ》で覆われたものがある。細菌はこのような組織を作らないが、真核生物のなかには作る仲間がいる。そこで、ドウシャントゥオの化石を手がかりに、生命の系統樹の、われわれ自身が含まれる枝を登っていける確信がもてるのである。

これらの精巧にできた化石の具体的な生物との関連づけははっきりしていないが、

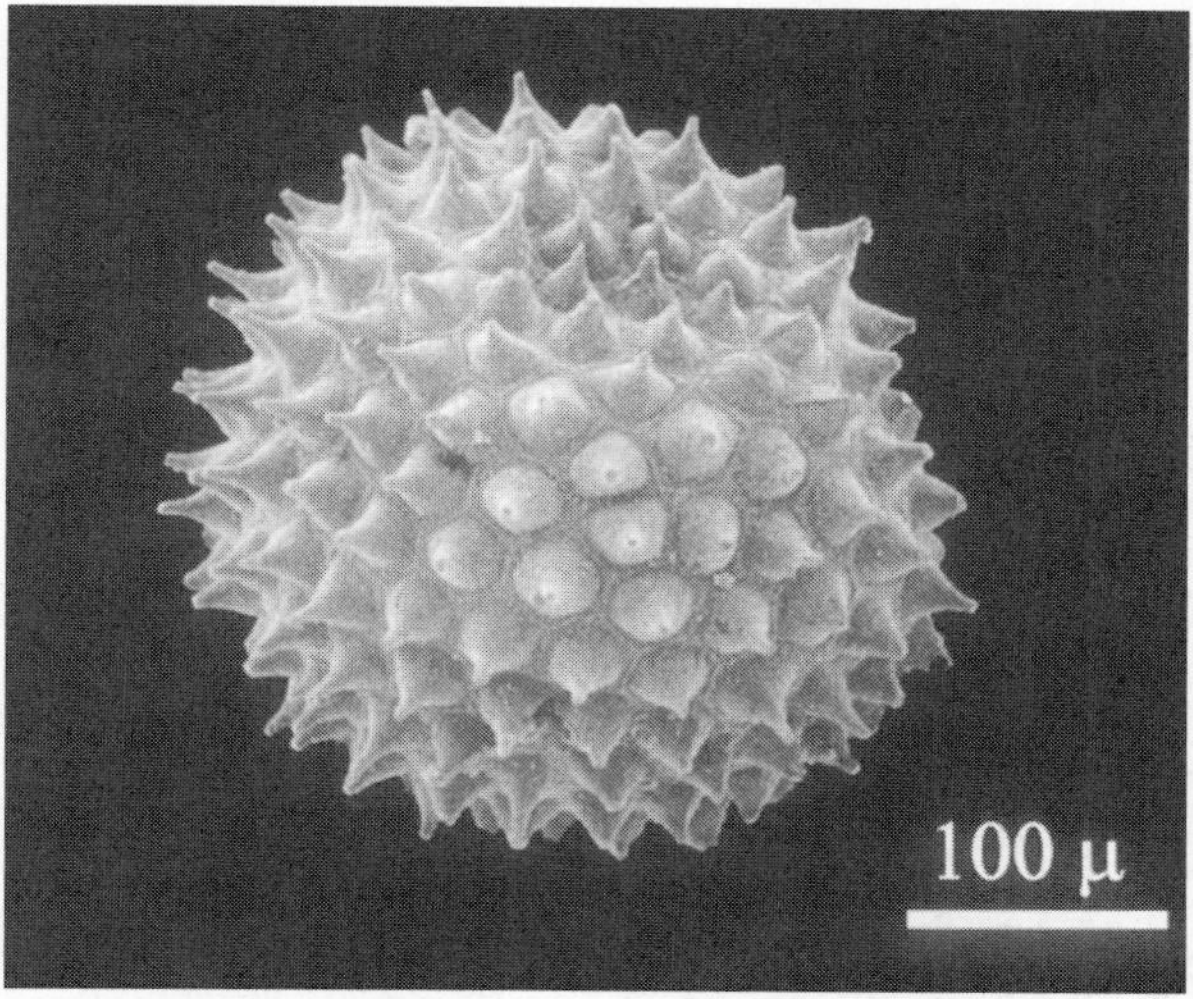

図38　ドウシャントゥオのチャートやリン酸塩岩に多く見つかるトゲだらけの微化石。こうした化石は、真核生物の生殖のための胞子と考えられている。化石の直径は250ミクロン。（写真はシャオ・シュウハイ提供）

大半は藻類の胞子殻が打ち捨てられたもののようだ。似たような遺骸は、オーストラリアやシベリア、スカンジナビア、インドでも見つかっており、それらは、広範な地域を氷河が覆った時代のあとに海生生物が世界じゅうで多様化した事実を記録にとどめている。ところが意外にも、この多様化は短期間で終わった。原因は今も結論が出ていないが（原生代の大陸氷床が最後に広がった出来事と関係があるのかもしれない)、これらの派手に飾り立てた化石のほとんどすべてが、登場して数百万年以内に消えてしまった。地球上でいち早く起きたとして知られる大量絶滅の犠牲になったのだ。

ドウシャントゥオの岩石には、ほかにも宝物がひそんでいる。一九九〇年、中国の古生物学者メンゲ・チェンが、長江三峡に沿った断崖の高所の黒色頁岩から、チャートのものとは大きく異なる第二の化石群集を発見した。この化石は肉眼で見えるほど大きく、層理面でつぶれた有機物の膜として大量に存在した(口絵5a)。やはり明白な組織形態から、この岩石でこれまで見つかっている三〇ほどの群集の多くは真核生物の藻類と言えそうだ。なかには、ほとんど生態が再現できるほど、姿形が非常によく残っているものもある。じっさい、私の元教え子で今はテューレイン大学にいるシャオ・シュウハイは、ミャオヘフィトン(字句から「ミャオへ(庙河:川の名)で見つかる藻類」の意味)という遍在する圧縮化石を、太古の海底に生えそろっていた海藻として再現できた。細い草の葉のようなものが水中に立っていて、根のような付着器がぬかるんだ海底にその体をつなぎとめているという姿だ。私にも、その集団が水中のゆるやかな流れにそよいでいるところがイメージできる。この藻類が成長すると、ときどき先端がふたつに割れて枝分かれした。成熟した個体の上部にできたいぼ状の組織のなかでは生殖細胞が形成され、水中に胞子を放出したり、前もってできた分離面に沿って枝が切断されたりして、増殖分散していった。こうした特徴の組み合わせは今日でも一部の褐藻類で見られ、これを手がかりに、ドウシャントゥオの化石を、機能だけでなく、ひょっとしたら系統関係の面からも解明できるかもしれない。

　ミャオへの化石は、きめ細かい堆積物のなかにすばやく埋没したために保存されたものだ。通常は藻類が死ぬとすぐに細菌に組織を分解されてしまうが、ミャオへでは、粘土の覆いが酸素を締め出すと同時に、細胞を分解する酵素を吸収し、細菌の仕事を最後までやらせなかった。そのまま堆積物が積もるうちに、生物の遺骸は本のページにはさまれた花のように押しつぶされてしまったのである。

　植物の葉はふつう、河川の氾濫原や湖沼で形成されたもっと新しい泥岩で押しつぶされている。しかし海底でできた岩石では、有機物の圧縮化石が見つかるのはまれで、それは穿孔動物が泥やシルトの層に水を送り込んだり、そうした層をかき混ぜたりするからだ。ただ、まれではあってもこれまで知られていないわけではない。事実、化石層として最も有名なカンブリア紀中期のバージェス頁岩では、動物の遺骸が炭素の豊富な泥岩のなかで押しつぶされている。[4]バージェス頁岩の化石の年代は、ドウシャントゥオの堆積物より五〇〇〇万～八五〇〇〇万年ほどあとでしかない。そのためドウシャントゥオの圧縮化石については、あるものだけでなく、ないものにも注目する価値がある。チューブに沿って環状の鍔《つば》のついた個体群は、イソギンチャクに似た単純な無脊椎動物の痕跡にも思える（口絵5b）。だが、バージェス頁岩などのカンブリア紀の岩石で同じように遺骸が残っている露頭によく見つかる、構造的にも形態的にも複雑な動物が存在していた証拠はどこにも見つからない。ドウシャントゥオとバージェスのあいだに、多くの出来事があったようなのである。

動物である証拠

私がドウシャントゥオ化石の研究にかかわるようになったのは、温厚で、豊かな教養をもち、素晴らしく洞察力に富んだ北京大学のチャン・ユン教授から受けた誘いがきっかけだ。一九八〇年代、チャンは貴州省甕安《ウォンアン》近郊のリン鉱山で、ドウシャントゥオ層のサンプルを集めた。するといくつかのサンプルに、多細胞藻類が含まれていた。一九九二年、私に途方もない幸運が訪れた。チャンから、一緒に研究してくれないかと言われたのだ。偶然にも、中国にいる別の友人、南京地質学・古生物学研究所のイン・レイミンも、同じころ中国へ来ないかと誘ってくれていた。インは、長江三峡のチャートに含まれるドウシャントゥオ化石を研究しており、チャンは、貴州省のリン鉱山に見つかる化石群集を調査していた。そこで私は、三人でチームを組んでドウシャントゥオの真核生物の多様性をすべて明らかにしようと提案した。さらに、チャンの指導を受けて北京で学士を取得したシャオ・シュウハイが、同じ年にハーヴァードの大学院に編入しており、彼もチームに加わった。

ドウシャントゥオのチャートと頁岩は、原生代後期の生命を眺められるふたつの曇りなき窓となっているが、貴州省のリン酸塩岩はさらに素晴らしい第三の眺めを提供してくれる。ドウシャントゥオの海の浅瀬にあたっていたこの一角では、堆積物の表層に入り込んだ生物の遺骸は、たちまちリン酸カルシウムの微結晶に覆われ、全体の形態や細胞の構造が驚くほど細かく立体的に保存された。そのため、ドウシャントゥオのリン酸塩岩には、どの時代の岩石にもめったに見られない有機体が残っているのである。

長江沿岸のチャートと同様、貴州省のリン酸塩岩にも、派手な装飾の施された真核

4　一九〇九年にチャールズ・ドゥーリトル・ウォルコットが発見したこのバージェス頁岩は、カンブリア紀の動物の遺骸が圧縮されたものが含まれていることで有名だ。詳しくは第11章を参照。

生物の微化石がぎっしり詰まっている。一部の地層ではこの化石があまりに多く、細胞がリン酸塩と化したものだけで事実上砂岩ができているほどだ。そのほかに多細胞の化石もあり、やはり詳細な形態から、大半は細菌のコロニーではなく、組織を形成した藻類であることがわかっている。とりわけ多くの情報を与えてくれるのが、硬い殻を形成する小さな構造体であり、細胞群が噴水から出る水のように扇形に広がって幾重にも並び、分厚い壁のようになっている（口絵5d、5e）。この組織は生物学者のあいだで「細胞の噴水（cell fountain）」と呼ばれ、とくに紅藻類でよく見られる。独特の生殖組織と、内側と外側の組織構造の違いが、この化石と紅藻類の一種であるサンゴモとを強く結びつけてくれる（ドウシャントゥオ化石は、組み合わさってサンゴモを定義するような特徴をすべてもっているわけではないが、このリン酸塩と化した小さな化石が紅藻類の進化における過渡的な形態であることを示唆するのに十分な程度にはもっている）。現生紅藻類のふたつの大きな枝の中間に位置していそうな、貴州省の化石もある。このことからやはり、ドウシャントゥオのリン酸塩岩に、紅藻類が誕生まもない時期――拡散しだしたころ――に多様化していた事実が刻まれていることがうかがえる。

総合的に見て、リン酸塩と化したドウシャントゥオの圧縮化石は、大型動物が海洋に現れるころまでに、藻類のあいだで多細胞の形態が十分確立していたことを示している。

細胞がそのままの姿で残っている藻類を見つけるのは素晴らしいことだが、ドウシャントゥオの至宝といえば、間違いなく、瓮安近郊のリン酸塩岩で見つかった直径四〇〇〜五〇〇ミクロンの小球だ（図39）。球体のサイズはどれも一様である。一個の細胞が、裂け目の入った分厚い外皮に包まれているものもあれば、多数の細胞が薄い膜で覆われているものもある。二個、四個、八個……と倍々の数でまとまった細胞が、厳密な方向性をもつ細胞分裂で決定された幾何学的パターンに従って配置しているのだ。この一連の分裂過程の各段階が、一九九五年に中国の古生物学者によって報告され、コロニーを形成する緑藻類と解釈されたが、サイズや形状や外皮の形成といった特徴をまとめると、そのような解釈は考えにくくなる。

シャオ・シュウハイは、これらを動物――具体的には、動物の発生初期における受精卵――と判断できる、より多くの情報が詰まった個体群を新たに見つけた。受精卵の化石はめったに地層に残っているものではないが、カンブリア紀の岩石には見つかっている。じっさい、スウェーデン自然史博物館のステファン・ベングトソンとその同僚の中国人チャン・ユエがカンブリア紀の見事な受精卵を一年早く報告しており、

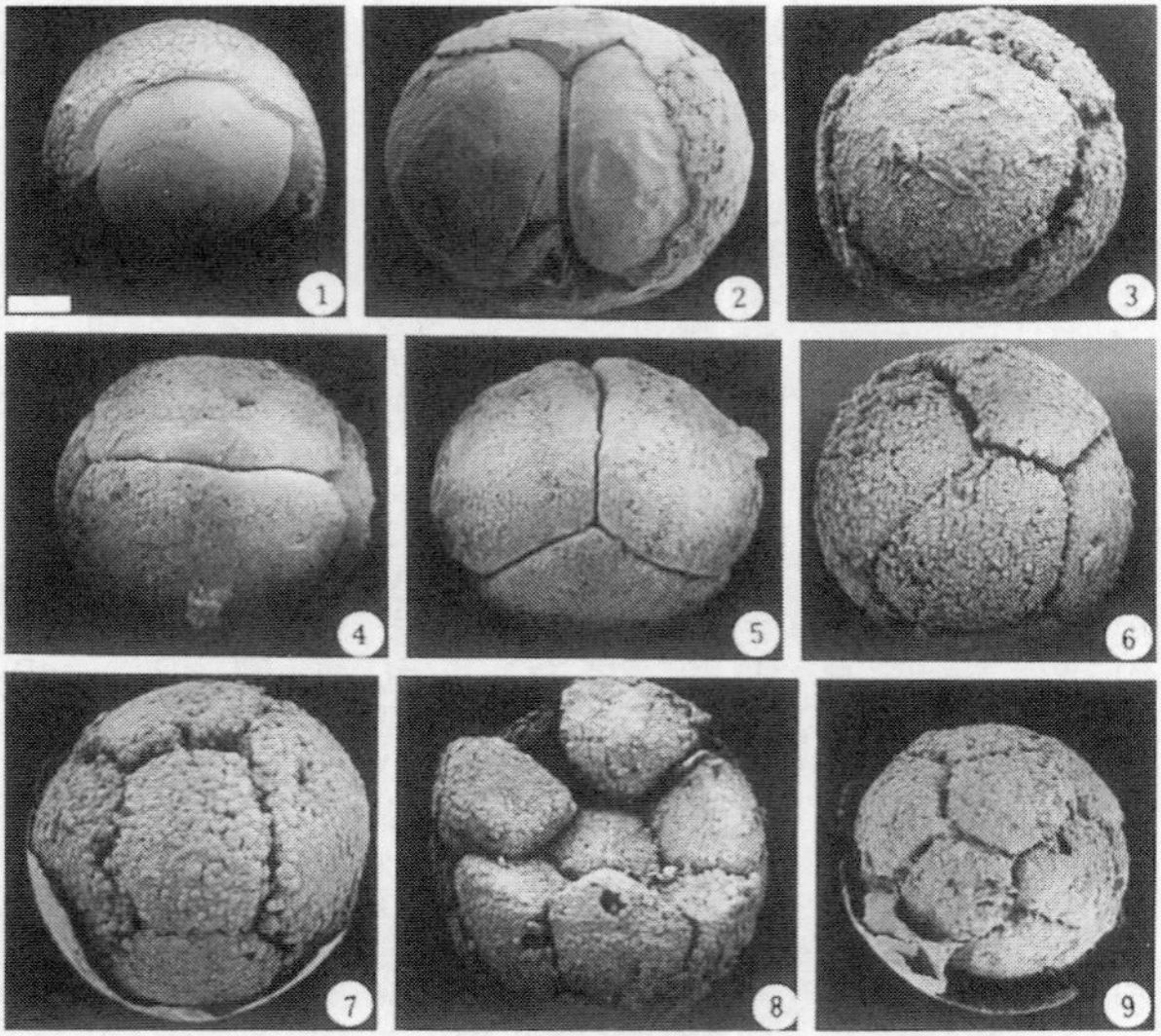

図39　ドウシャントゥオのリン酸塩岩に保存されていた、初期の動物の受精卵。どの化石の直径も400〜500ミクロン。（写真はシャオ・シュウハイ提供）

これに感化されたシャオは、目を皿のようにしてドウシャントゥオ化石を調べたのだ。

その後の発生段階はまだ明らかになっていないので、ドウシャントゥオの受精卵がどのような成体になったのかはわからない。この化石の卵嚢や卵割のパターンは、現生動物のなかでは、節足動物やその近縁の無脊椎動物のものに最も近いが、だからといって、確かに節足動物がドウシャントゥオの沿岸を歩きまわっていたということにはならない。事実、ドウシャントゥオの頁岩と同時代にあたる貴州省のリン酸塩岩には、海綿動物らしきものと、単純なサンゴ様生物が作ったとおぼしき微小なチューブ（口絵5c）は含まれているが、節足動物など、カンブリア紀のリン酸塩岩で見つかるような複雑な構造をした動物がいた証拠は見られない。したがって、六億～五億九〇〇〇万年ぐらい前に動物の進化は始まっていたのかもしれないが、「動物の時代」にはまだ至っていなかったのだろう。ドウシャントゥオの化石には、進化の爆発を間近にひかえた導火線のくすぶりが記録されているのである。

ドウシャントゥオ層は、古生物学における驚異のひとつにかぞえられ、これまでのところ、先カンブリア時代のバージェス頁岩と言うのが最もふさわしい。チャン・ユンは、物静かな先駆者として、先述のような遺物の多くをわれわれに提供してくれたが、一九九九年に亡くなった。しかし今も彼の教え子たちが、新たな化石を求め、初期生命の進化を明らかにしようと、ドウシャントゥオの岩石を調べている。私が生きているうちに、この純古生物学の主脈が調べつくされる可能性はほとんどないだろう。

進化史のギャップを埋める

ここでグレート・ウォールのチャートや頁岩で見つかる化石を思い返せば、生物の劇的な変化は、シベリアの岩石が堆積した一五億年前と、ドウシャントゥオの堆積層が形成された六億〜五億九〇〇〇万年前とのあいだに起きたことが明らかになる。そして、中国南部でドウシャントゥオの岩石が堆積していたころにも、さらに驚くべき出来事が迫っていた。今後の章では、このきたるべき出来事について探る。だがさしあたり本章では、グレート・ウォールの生物相とドウシャントゥオの生物相のあいだに存在する進化史のギャップを埋めることにしよう。

ドウシャントゥオの化石群集には、多細胞の紅藻類や緑藻類がよく見られる。第3章で最初に指摘したとおり、現生のクラドフォラ属に非常に近い緑藻類が、スピッツベルゲンの八億〜七億年前の頁岩に見つかっている。そればかりか、植物プランクトンの一種である緑藻類の胞子と見られる微化石は、海洋の「緑化」が少なくとも一〇億年前に始まっていたことをほのめかしている。

紅藻類にも、原生代にたどった長い歴史がある。現生の真核生物と確実に対応のつく最古の化石として、素晴らしく保存状態のよいフィラメントの群集がある。これは、ニック・バターフィールドが、カナダの北極圏に浮かぶサマセット島でとれた、およそ一二億年前のチャートから見つけたものだ（口絵6a、6b）。ニックが見つけた群集の各フィラメントは、直径五〇ミクロンほどの錠剤形をした細胞が一列に並んでできている。細胞は厚みのない黒っぽい壁で仕切られ、分厚いが色の薄い外壁で、全体がひとつにまとまっている。細胞は、二個（ペア）や四個（ペアのペア）で明確なグループを形成しており、この生物がフィラメントの（両端ではなく）内部で細胞分裂を起こして繁殖していた事実を示す証拠となっている。基部となる片端の細胞群は、太古の干潟の硬い堆積岩にフィラメントをつなぎ止める付着器へと分化している。一部のフィラメントでは、別種の特異な細胞分裂も見られる。錠剤形の細胞が、ときに何度も分裂し、くさび形に切り分けたパイのような多数の小さな生殖細胞を形成することがあるのだ（口絵6b）。

総合的に見て、こうした特徴は、サマセット島の化石を単純な紅藻類（口絵6c、6d）と結びつけてくれる。したがって紅藻類は、真核生物から分岐し、（前章で説明した内部共生によって）光合成を獲得した結果、少なくとも一二億年前には単純なタイプの多細胞生物に進化を遂げていたにちがいないのである。こうして、紅藻類も緑藻類も、一〇億年以上も昔に現れ、六億〜五億九〇〇〇万年前までに劇的に多様化したことになる。二次共生によって生まれた不等毛藻類さえも、早い時期に分化していた可能性がある。シベリア南東部のラハンダ層（累層）から出る化石には、枝分かれした単純なフィラメントが含まれているが、これは現生の不等毛藻類ヴァウチェリアと細かい形態までよく似ている。ラハンダ層は、一〇億三〇〇〇万（プラスマイナス七〇〇〇万）年前の火成岩が貫入しているので、それより年代が古いのである。

そのほかの化石も、原生代の後半に真核生物が目立つようになったという見方を裏付けている。たとえば、真核生物に特有の針などの装飾が備わった微化石は、およそ一三億〜一二億年前の岩石に初めて現れ、一般に原生代の終わりに近づくほど増える（口絵6 e〜g）。さらに具体的に言えば、原生代後期のバイオマーカー分子や（先述のもの以上に議論のかまびすしい）微化石は、渦鞭毛虫類――これも真核生物を構成する大きな分類群――の存在の形跡をとどめている。このほか、グランド・キャニオンの奥底にある七億五〇〇〇万年前の頁岩から得られるバイオマーカーは、繊毛虫類――実は、系統関係で見ると渦鞭毛虫類の近縁――という原生動物の存在を示唆している。

グランド・キャニオンの岩石は、真核生物の系統樹にあるもうひとつの枝の萌芽を記録している。独特な瓶《かめ》形をした微化石については、すでにスピッツベルゲンのチャートや頁岩の議論で紹介した。この化石は、原生代後期の岩石によく見られ、ときに驚くほど大量に産し、それがどこよりも多く見つかるのがグランド・キャニオンなのだ。ハーヴァード大学の学生スザンナ・ポーターは、七億四二〇〇万（プラスマイナス六〇〇万）年前の火山灰層の直下に貫入した炭酸塩の団塊から非常に保存状態のよい化石群集を見つけて調べ、この瓶形の微化石が、有殻アメーバ——自分で作った微小な殻のなかで生活するアメーバ様の原生動物——の作ったものであることを明らかにした（図40）。

この発見が私の興味をそそるのは、原生代後期の生態系を知るヒントを与えてくれるからだ。ここまでの章で論じた微化石の大半は、シアノバクテリアか藻類という、光合成生物である。ガンフリント・チャートで見つかった珍しい化石も独立栄養生物だが、この生物は太陽エネルギーでなく化学エネルギーを成長の燃料として使っていた。一方、瓶形をした生物は、原生動物だ。つまり、ほかの微生物を捕食して生きる従属栄養型の真核生物なのである。それゆえ瓶形の微化石は、原生代後期に海洋の生

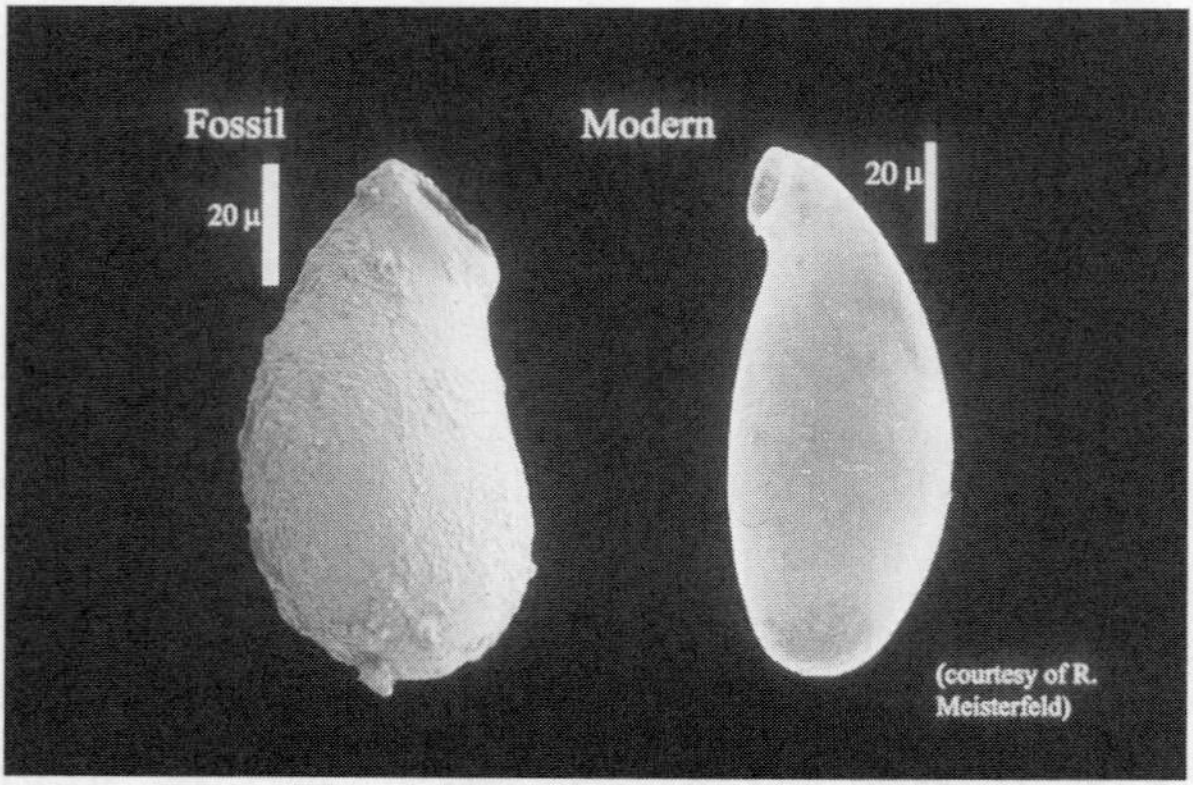

図 40　グランド・キャニオンの約 7 億 5000 万年前の岩石から見つかった瓶形の化石（左）と、現生の有殻アメーバ（右）との比較。写真に書き入れたスケールに注意。（図はスザンナ・ポーター提供）

態系が複雑さを増した事実を物語っている。藻類やシアノバクテリアは、生態系の栄養源となり、無数の細菌に食料を提供した。有殻アメーバは、こうした藻類や細菌を摂取したのである。さらに、瓶形の微生物のなかには、半球形の穴があいているものもあり、これはほかの原生動物がこの微生物たちを食べようとしてあけたものらしい。

このように、七億五〇〇〇万年前までに真核生物は、原核生物の代謝によって本質的に維持された現在の生態系の——複雑にもつれ本質的ではない——頂部を形成する、入り組んだ食物連鎖を構成しだしていた。

トゲだらけの単細胞、多細胞の微化

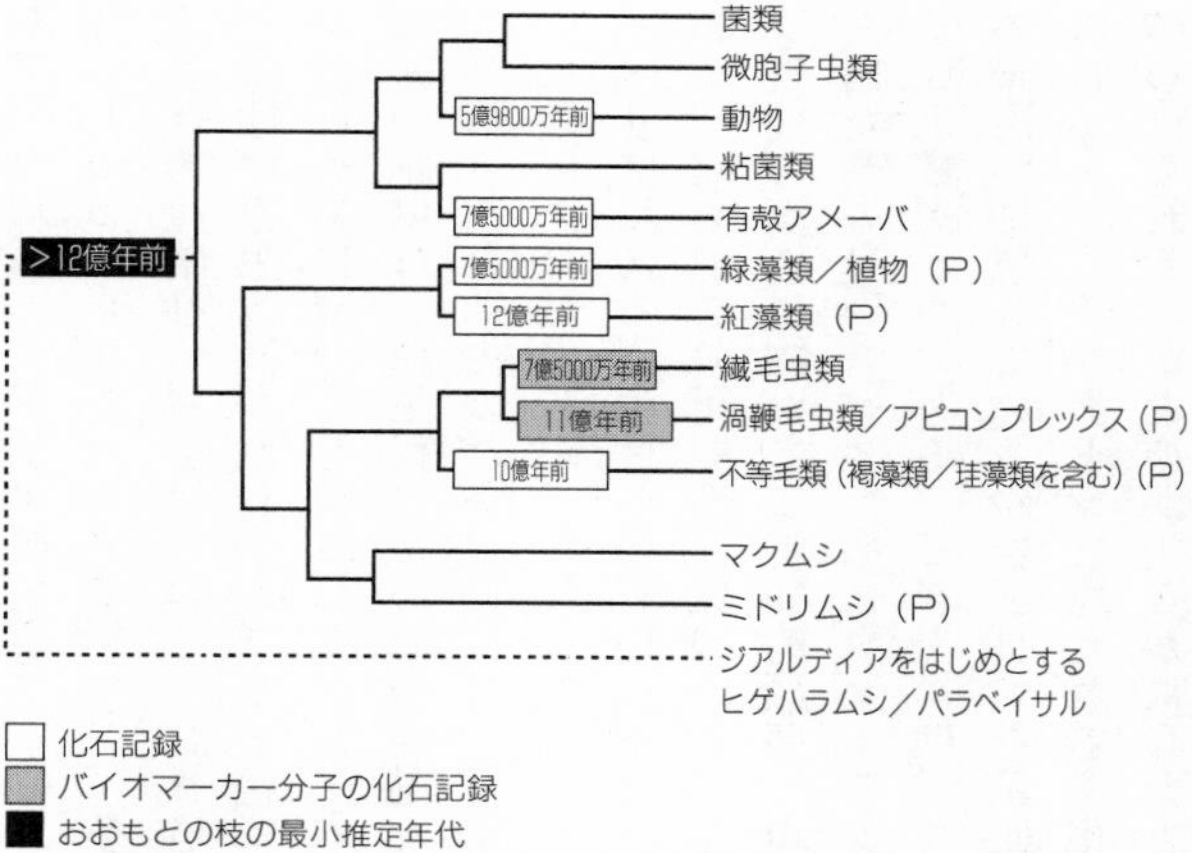

図41　図34で示した真核生物の系統関係に、初期の真核生物の化石の年代を加えたもの。

石、肉眼で見える圧縮化石、真核生物のバイオマーカー分子——これらはすべて、真核生物の系統樹に時間の装飾をほどこすのに利用できる（図41）。そして、長い原生代が終わりに近づくにしたがい、地球が真核生物の惑星になっていったことを明らかにしている。これまでの章で論じたシアノバクテリアとは違い、ほとんどの真核生物の化石は、途方もなく長い年代にわたって見つかることはない。むしろ、原生代終わりの藻類や原生動物の種《しゅ》は、唐突に化石記録に現れ、おのおの異なる期間とどまったのち、消えて二度とその姿が見られなくなる。このいわゆる断続平衡のパターンが示す進化のプロセスは、のちの動植物のものによく似ているが、もっとゆったりしたペースで起きた。多くの原生代の真核生物が存在する地層の幅は、顕生代の生物種の場合よりはるかに大きいようなのだ。総体的に見れば、真核生物の多様性は原生代後期からカンブリア紀にかけて増大したが、その多様化は、何度か大規模な絶滅に遭って足踏みしている。本章の初めに示唆したように、少なくともいくつかの絶滅は、原生代最後の気候変動と関係しているようだ。

このような進化のパターンには、実用的な側面もある。原生代後期の岩石に含まれる真核生物の微化石が、年代決定に利用できるのだ。ボリス・ティモフェーエフは、シベリアにある原生代の岩石のマッピングをおこなったロシアの地質学者のひとりとして、初めてこの可能性に気づいた。しかし、当初は懐疑的だった地質学者たちに、原生代の真核生物がある時間的順序で現れては消えていったことを納得させたのは、人当たりの良いスペイン系スウェーデン人でウプサラ大学の古生物学者だった、ゴンサロ・ビダールである。ビダールは、スウェーデン中南部に位置するヴェッテルン湖の岸沿いに現れている砂岩と頁岩を筆頭に、スカンジナビア半島全体の原生代後期の岩石から、プランクトンと思われる微化石を見つけた。こうした岩石を化石でどう順序づけられるのかを彼が明らかにしたとき、新たな「原生代の生層序学」が始まったのである。

真核生物誕生初期の謎

前章で述べたとおり、真核生物の系統関係にかんする議論は今もかまびすしいが、意見が異なるのは、たいていその系統樹の初期の枝にあたるものの正体と性質だ。今日見られるさまざまな真核生物の多くが、急速な分岐を遂げた比較的短い期間に現れたという点では、広く意見の一致を見ている。古生物学は、この真核生物の進化の「ビッグバン」が少なくとも一〇億年ほど前に始まっていたことを教えてくれているように見えるのだ。

それが正しいとしたら、この新しいタイプの生物が進化の過程でずいぶん遅くなって活気づいたのはなぜだろう？　なにしろ、第6章で語ったように、二七億年前の頁岩から得られたステラン分子が、真核生物の分子的な痕跡と見なされているのである。真核生物が生命の歴史でそんなにも早く登場していたとすれば、このドメイン［超生物界］（われわれのドメインでもある！）はなぜ、海洋全体に広がる前、一五億年ものあいだ原核生物の支配下に置かれていたのだろう？　その答えは実を言うとわかっていないのだが、とりあえず四種類の説明が考えられる。まず、二七億年前のバイオマーカー分子は、真核生物のたったひとつの側面――ステロール化合物を生成する能力があること――を記録しているにすぎない。真核生物にはほかにも際立った特徴がたくさんあるので、ひょっとしたら、特有の遺伝子と、分化した核と、細胞骨格と、ミトコンドリアをもつ「完全な」真核細胞はずっとあとになって現れたのかもしれないのだ。あるいは、真核生物は早々と誕生したものの、分岐したのはずいぶんあとで、なにかそれを可能にする環境の変化が起きてからだった可能性もある。それとも、遅くに分岐をもたらしたのは、生物学的変革だったのだろうか――一番よく言われるのが有性生殖だ。またもちろん、原生代後期に一気に多様化したというのは現実ではなくそう見えるだけで、調べられる岩石が増え、保存状態のよい化石が多くなっているせいではないかとも問わなければならない。

オーストラリアのノーザンテリトリー北部には、石屑だらけでダニのはびこる平原が広がっている。この平原の下に存在する頁岩が、実は、先ほどの最初と最後の説明を不利なものにしている。この頁岩は、一四億九二〇〇万（プラスマイナス三〇〇万）年前の火山岩をもとに年代が決定されている原生代中期のローパー層群［訳注 ローパーはノーザンテリトリーを流れる川の名］の一部をなすが、ここに含まれる微化石は、原生代後期の岩石で最良の保存状態のものに匹敵するほどの質と量を誇る。にもかかわらず、貴州省で見つかるようなトゲだらけの化石はなく、グランド・キャニオンやスピッツベルゲンでとれる瓶形の微化石もなく、中国やスピッツベルゲンのもう少し新しい頁岩に含まれる枝分かれした圧縮化石のようなものもない。つまり、ローパー層群の化石群集には、原生代後期の地層で真核生物の多様性を反映するような、形態のバラエティがほとんど見られないのである。それでも、真核生物の化石が存在するのは確かなのだ。

ローパー層群で見つかる微化石の大半は、球形をした比較的大型の圧縮化石で、北シベリアにあるグレート・ウォールの炭酸塩岩に接するほぼ同年代の頁岩のものと大差ない。それらは真核生物の化石なのだろうが、確実にそうだとは言えない。しかし、ポスドクとして私の研究室にいたベルギー人、エマニュエル・ジャヴォーが発見した少数の個体群は、原生代中期の海洋に高度な細胞組織をもつ真核生物がいた有力な証拠を示している。その化石は直径三〇〜一五〇ミクロンほどというやや大きめの球体で、一本から最大二〇本もの独特の細長いチューブが壁面から突き出ている(口絵6e)。チューブは数も位置も不規則で、なかには分岐しているものもある。よく似た形状は、現代の原生生物の一部にも見られ、こちらの場合、チューブは胞子殻の延長として伸び、内部で分化した生殖細胞を外へまき散らすために使われている。そこから考えると、ローパーの化石に不規則に生えたチューブは、単細胞でありながら、生涯のあいだにみずからの形状を変えることのできた微生物であったことを示していそうだ。細菌はこのような芸当が苦手だが、真核生物はその道の達人だ――細胞の形をさまざまに変えるその能力は、第8章で紹介した細胞骨格という細胞内の動的な枠組みによって与えられている。ここで考えたことが正しければ、ローパーの化石は、真核生物に属する微生物が一五億年近く前に存在していたばかりか、彼らがすでに現生の真核生物のもつ高度な内部組織に似たものを有していたことを物語っている。

ローパーの頁岩には、微化石のほか、真核生物の物的証拠のひとつにかぞえられるステランのような分子化石も含まれている。真核生物のものと思える肉眼で見える化石も、原生代中期の岩石から見つかっている。オーストラリアや中国、インド、アメリカといった国々の目ざとい古生物学者たちが、原生代中期のシルト岩に太さ二、三センチほどのらせん形の圧縮化石を見つけ、また砂岩の表面に残された、直径一～三ミリのビーズが短く連なる数珠状の痕跡も明らかにしているのだ。これらの化石は分類が困難である。思うに、現代の真核生物とゆるいつながりしかもたない絶滅した系統の記録なのではなかろうか。

以上の話を総合すると、さまざまな古生物学的発見は、原生代後期に藻類や原生動物が支配的となったのが真核生物の爆発的進化の引き金を引いたわけではなかったことを示している。それればかりか、真核生物の化石記録上の急激な多様化は、単にそれ以前に比べて岩石の保存状態がよかったり、サンプルが多かったりするせいではないとも言えそうだ。「何か」——なんらかの生物学的変革や環境変化——が起きて、原生代の終わり近くに真核生物の多様化に拍車が掛かったにちがいないのである。

「有性生殖が加わるだけで」説の可否

真核生物が生態系で優位となり、系統分類においても目立つようになったのが、真核細胞の誕生よりはるかにあとだとすれば、多様化をもたらしたきっかけ——生物的なものか物理的なもの——は何かと考えなければならない。有性生殖はどうだろうか？　この案は、単純な観察と少々の計算にもとづいているために、抗いがたい（だが完全には科学的でないかもしれない）魅力がある。観察とは、次のとおり分類学的なものだ。現在、種名のついている細菌は四〇〇〇ほどある。一方、原生動物や藻類では一〇万種以上、菌類でも一〇万種、陸生植物でおよそ三〇万種、動物に至っては一〇〇万種以上が明らかになっているのだ。ここで、有性生殖のおかげで、真核生物は進化の原材料――個体群内の遺伝子の多様性――をとりわけよく生み出せるようになり、その結果多様化が進むという主張に、数学が論拠を与えてくれる。この見方をとくに気に入っているのがビル・ショップで、彼は単純な思考実験によってこう説明する。ひとつがふたつに分かれる細胞分裂で増殖する細菌の場合、個体群のなかで一〇個の変異が起きると、最大で一一種類の遺伝子の組み合わせができる。ところが、有性生殖をする真核生物の個体群で同じ一〇個の変異が起きると、ありうる遺伝子の組み合わせは何千種類にもなる。だから、真核生物がきわめて多様なのも不思議はないというわけだ。この議論は心地よいほど単純で、直感的に理解でき、また「中学生でも知っている」博物学にもとづいている。つまり、大学院生にとっては切り捨てたくなるたぐいの案なのである。

では、種の多様性にかんする統計から検討に入ろう。種名のついた細菌には、ひとつ共通する特徴がある――実験室で培養できるものなのだ。しかし新たな分子的技法により、微生物の生態の研究者たちは、自然環境に存在する多様な細菌のうち、現在培養可能なものが一パーセントにすぎないことを明らかにした。このため、真の細菌の多様性は、原生動物や藻類に匹敵する可能性がある。

遺伝子の多様性の問題も、もう少しつついてみる必要がある。そこには、細菌はふたつの個体の遺伝子を組み合わせる手段をもたないという大前提があるからだ。だが第2章で触れたとおり、この前提は明らかに間違っている。たとえばよく知られている大腸菌は、ある種の有性生殖を営む。二個の細胞が小さなチューブでつながり、遺伝物質が交換できるようになるのだ。あるいは、死んだ細胞から放出されたDNAの断片を取り込む細菌もいる。さらには、ウイルスが運んできた遺伝物質を組み込む連中もいる。じっさい細菌は、しじゅう遺伝物質を交換しており、しかも同じ個体群に属するふたつの個体間ばかりか、種や界の異なる者同士ですらそれをおこなっている。有性生殖を個体間の遺伝物質の交換と定義するなら、細菌は明らかに有性生殖をしている。原核生物は、遺伝子の多様性の乏しさに悩まされてはいないのである。

したがって、有性生殖を真核生物が多様化したきっかけとして考えたければ、初期の真核生物は有性生殖をせず、細菌に見られる遺伝子交換のメカニズムも持たなかったと仮定せざるをえなくなる。しかし、現時点でこの仮定の正否はわからない。いつ有性生殖が真核生物のライフサイクルに入り込んだのかもわからないし、それどころか、現存する原生生物の最後の共通祖先が有性生殖をしていなかったのかどうかも不明なのだ。この問題は、別の角度から取り組むべきなのかもしれない。

この「有性生殖が加わるだけで」説には、遺伝子変異の生じうる率が多様性になんらかの制約を課すという前提があるが、多様性に対しては、それ以上とは言わないまでも同じぐらい、生物の機能や生態も影響している。原核生物の多様性は、細菌や古細菌が種々の栄養源やエネルギー勾配（場所によるエネルギーの差異）を利用する、その驚くべき能力を反映している。これに対し、真核生物は、世界との新しい関わり方に取り組むことによって、多様化を遂げた。前章で述べたように、真核生物の細胞骨格と細胞膜系は、ほかの細胞などを呑み込むという、細菌にはとうていできない芸当を細胞にさせている。こうして真核生物は、グランド・キャニオンの瓶形をした微化石が示すとおり、捕食や採食という手段を微生物の生態系に持ち込んだのである。ジョナサン・スウィフトの滑稽な詩が、その結果をうまくとらえている。

博物学者が観察する
ノミの血を吸う小さなノミに
そのまた血を吸う小さなノミ
それが続くよどこまでも

真核細胞は、生態系の複雑さを増すことによって、新たな多様化の足がかりを築いたのだ。

真核生物は、ほかにも原核生物にはほとんど見られない芸当をこなす。動植物や菌類や海藻は、複雑なパターンをもつ細胞分裂と分化によって生まれるが、それは、細胞から細胞へ伝わって特定の遺伝子のスイッチをオンにしたりオフにしたりする「分子のシグナル」によって操られる。この見事に連係された制御システムは、細胞のライフサイクルのあいだにサイズや形状を変えられた単細胞生物に、すでにあったのかもしれない。だが、それはやがて複雑な多細胞生物の進化をもたらし、真核生物の多様性をさらに高める原動力となった。そして真核生物の現生種の九五パーセント以上は、多細胞なのである。

要するに、真核生物を多様化させたきっかけを何かひとつの特徴に絞り込む必要はない（そうするのは賢明でないようでもある）。有性生殖、細胞骨格、遺伝子の制御のほか、おそらく、相互作用によって今日見られる多種多様の真核生物の形態を生み出しているもろもろの特質は、どれも関係したのではなかろうか。現代の真核生物の「ツールキット」がいつ組み立てられたのかはわからないが、ローパーの頁岩に含まれる微化石は、そのキットが、原生代後期の岩石に記録された多様化の出来事よりはるか以前に提供されていた可能性をほのめかしている。

気候の変化が原因？

ここで、原生代後期の多様化に対するもうひとつの説明の出番だ——気候の変化である。真核生物が原核生物の世界で成功する可能性を高めたとおぼしき環境変化は、推測できるだろうか？　もしできるとしたら、その変化が本当に真核生物の多様化と同時期に起きたという証拠を、岩石は提供してくれるのだろうか？　いずれの疑問に対する答えも、イエスと思えるようになってきている。

第6章で、大気中（および海水面）の酸素濃度が二四億〜二二億年前に増加した証拠について論じた。私が学生だった一九七〇年代、この出来事は一般に地球環境の二大状態間の移行ととらえられていた。二大状態とは、太古代から原生代初頭にかけての酸素が乏しかった状態と、二〇億年前よりあとの、大気にも海にもたっぷり酸素が満ちた状態である。ところが、第6章で述べたように、オーデンセ大学のドナルド・キャンフィールドが、原生代初期の酸素革命はいきなり現代のような世界をもたらしたのではなく、大気と海水面にそこそこ酸素があり、深海には硫化水素があるのを特徴とする、異質な中間状態へ導いたのだと提唱した（図42）。

　オーストラリア北部の化石層は、キャンフィールドの仮説に対し、優れた検証手段を提供してくれる（そして私にとっては、ダニに咬まれつつも得られる科学の見返りを大きくしてくれる）。キャンフィールドと私とポスドクの中国人研究生シェン・ヤナンは、ともに知恵を出し合い、ローパー（やさらに古い二か所）の盆地の深いところに堆積した頁岩が、今日黒海の海底堆積物に見られるものに似た化学痕跡をとどめている事実を明らかにした。黒海は、地球科学者のあいだで有名な存在だ。酸素の豊富な表面層が、硫化水素をふんだんに含む大量の水の上を覆っているからである。ミズーリ大学のティム・ライアンズと私の元教え子である――今はテネシー大学にいる――リンダ・カーも、それぞれ独立した研究によって、原生代中期の海洋がこのように特異な状態だったとする見方を支持し、発展させた。

　これがなぜ、真核生物の進化と大きく関係しているのだろう？　ロチェスター大学の才能豊かな地球化学者エアリアル・アンバーは、先ほど推測したような原生代中期の海水中では、必須の養分となる窒素が欠乏していたはずだと私に指摘した。[5]シアノバクテリアなら、それでも大丈夫だ。彼らは窒素を固定できるうえ、生体に利用できる形の窒素を環境からかき集めるのに長けている。しかし、光合成をおこなう真核生

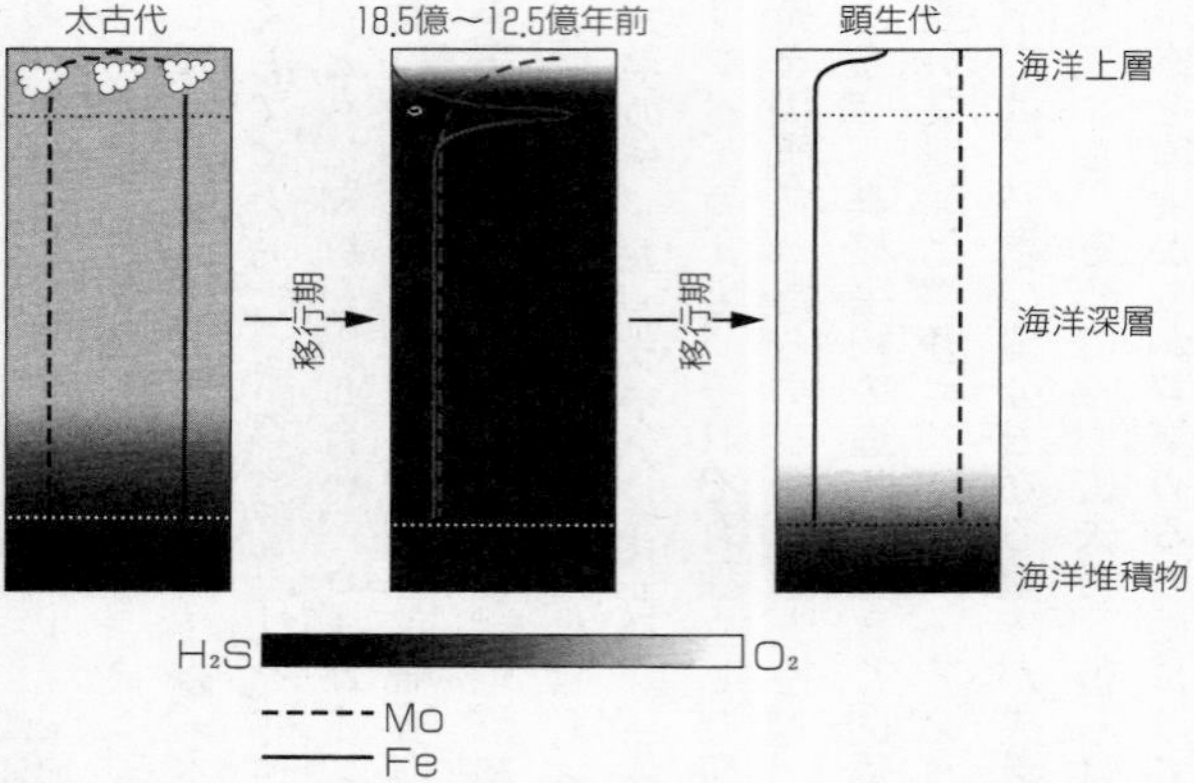

図 42　海洋の 3 段階の進化。初期の海洋には、ほとんど酸素（O_2）がなかった反面、鉄は比較的豊富にあった。一方、現代の海洋には、酸素が豊富で鉄はほとんどない。その中間に、18 億年前から原生代の末近くまで長く続いた状態があると思われ、海洋は、表面付近にはそこそこ酸素があったものの、深いところは硫化水素（H_2S）に支配されていたようだ。そのような海では、鉄（Fe）やモリブデン（Mo）などの生物学的に重要な微量元素（それぞれの濃度を縦に伸びる線 ── 3 つの図でいずれも右側ほど濃度が高い ── で示した）が非常に少なくなっていたのではないか。（A. D. Anbar and A. H. Knoll, 2002. Proterozoic ocean chemistry and evolution: A bioinorganic bridge? *Science* 297: 1137-1142 より許可転載。版権所有、2002 年、American Association for the Advancement of Science）

物となると、話が違ってくる。藻類は現在、硝酸イオン（NO_3^-——生体に利用できる形の窒素で、現代の海水で容易に手に入る）の濃度が成長に必要な短期的条件を超え、そのため不足時に備えて養分をたくわえられるような場所で繁栄している。ところが原生代中期には、これが困難だったらしい。表層より下の海中で酸素が不足し、またそこに硫化物がひそんでいる場合、高濃度の硝酸イオンができないのだ。藻類は窒素を固定できないし、原生代中期の海水に存在したはずのわずかな窒素化合物を手に入れようとしても、シアノバクテリアに負けてしまう。さらに、存在していたかもしれない硝酸イオンを利用するにしても、藻類には金属元素モリブデンが必要だったはずだ。

「モリブデン」は、硝酸イオンを生体で利用できるようにする硝酸還元酵素に必須の材料で、今日、海水の微量成分として幅広く存在する。だが、キャンフィールドの提唱した異質な海洋の世界では、この元素はいくらか違ったありようを示したと思われ

5　第2章で、窒素ガス（N_2）は大気や海水に満ちあふれているが、大半の生物はそれを直接利用できないと言ったのを思い出してほしい。シアノバクテリアも含め、多くの原核微生物は、窒素を「固定」できる。つまり、気体のN_2を、生体分子に取り込めるアンモニウムイオン（NH_4^+）に変換できるのである。

る。当時も今のように、モリブデンは陸地の岩石から風化によってこぼれ出し、酸素に富んだ川によって海まで運ばれていただろう。しかし、今日の海洋における分布とは違い、モリブデンは河口付近の沿岸水域にのみ多く存在していたのではなかろうか。岸から遠く離れると、表層水がその下の水と混ざり合い、モリブデンは硫化水素と反応して除去されてしまった。したがって、外洋に流された藻類は、窒素不足のうえにモリブデンもないという憂き目にあっていたのだ。

このようなことから、一五億年前、真核生物の藻類が生きていくのは困難だったかもしれない（原生動物は、食べた細胞から必要な窒素を取り込めるので、もう少しうまく暮らしていけたはずだ。しかし、古生物学的な記録に、初期の原生動物の痕跡がほとんど見られないことを思い出してほしい。グランド・キャニオンで見つかる瓶形の化石は目立った例外で、原生代後期の真核生物の拡大を物語る化石は、主に藻類のものなのだ）。ローパー層群の岩石にもう一度立ち戻れば、藻類とおぼしきものが原生代中期の沿岸域にどのように分布していたかと問うことができる。すると、光合成型の真核生物は、硝酸イオン濃度がとくに高く、モリブデンもとりわけ多く存在したと思われる太古の海岸沿いにおいて、どこよりも豊富で多様だったと予想される。そして、まさにそのとおりであることがわかっている。

じっさい真核生物の藻類は、地球上どこでも、まず沿岸水域に定着してから大陸棚に広がったようだ。この生態上の拡大はほとんど記録に残っていないが、一般的に見て、キャンフィールドの提唱した中間状態の海洋で窒素不足が解消されだしたころ、つまり一二億年前あたりに始まったらしい。こうして新たな生態上の機会が与えられると、海藻やプランクトンが多様化した——化石記録に見られるとおりだ。また、グランド・キャニオンの奥底に埋まっているような原生動物も、多様化を遂げたにちがいない。従属栄養生物が、藻類の作りあげた新しい「生物的」環境を利用するようになったのである。

したがって、原生代の地質学や古生物学に対するわれわれの見方が裏付けるように、またしても進化のパターンの決定に環境史がかかわっている。だからといって、生物学的変革が無用になるわけではなく——（とくに多細胞が提供する）新たな機能の可能性も、真核生物の多様化を活気づけたのは間違いない——遺伝子の可能性と環境的な機会との「相互作用」に進化の説明を求める必要があるのだ。

酸素に富んだ世界への移行には、長い時間かかったようだ。第11章でもっと詳しく論じるが、海洋は、原生代がほとんど終わるまで、上から下まで豊富な酸素を含むようにはならなかったのかもしれない。だがそのときが来ると、この地球史上最大の環境改造が、最後の生物学的革命——動物の登場——をもたらした。

10　動物の登場

原生代最後の岩石になって、ついにかつてチャールズ・ダーウィンが予言していたものが見つかる——初期の動物の痕跡を示す化石だ。ところが、この化石はダーウィンが期待したものとはまるで違う。現代の動物の祖先が原生代最後の浅い海に住んでいたのは間違いないが、原生代末期の化石はほとんど、カンブリア紀以降の動物相とつながりをもつどころか、むしろかけ離れた見慣れぬ形態をしているのである。

ナミビア砂漠の夜

北極での調査に慣れた古生物学者にとって、ナミビアの太陽は早く沈む。午後六時までには荷物やハンマーを片づけなければならず、懐中電灯で危なっかしく歩きまわるのが嫌なら、薪を集めなくてはいけない。昼間は温度が三八℃にもなるが、朝方は寝袋にびっしり霜がつく。日が暮れると、南西アフリカの荒涼とした丘や幻想的な灌木が夕闇に溶け込んでいく。だが、それらの景色が消えても、新たな驚異が夜空に現れる。砂漠の澄んだ空気をとおして、天の川が見えるのだ。おびただしい数の星が、南の空に大きな弧を描く。その星のあまりの詰まりように、オーストラリアの先住民は、散在する光の点を結ぶのでなく、薄光りのなかにぽっかり空いた領域を見つけて、星座とした。この天の円蓋を、数分ごとに流星がよぎる。

締めつけるような夜の冷気に包まれて眠りに就くわれわれを、星々は優しく見守ってくれる。しかしこの砂漠では、眠りも断片的になりがちだ。星が雲の帳《とばり》の向こうに消えると、もうじき冷たい雨に濡れるのではないかという不安が頭をもたげる。あるいは、シマウマが野営地を抜け、静かな足音が疲れきった地質学者たちを起こしてしまうかもしれない。もっと遠慮のない動物もいる。くすぶる焚き火のすぐ向こうで金切り声がして起こされたことも、一度や二度ではない。声の主は、人間の侵入に苛立ったヒヒの群れだった。それでもまた眠りに落ちると、やがて東の地平線が琥珀色にふちどられ、星空と寒さの退場と、新たな一日の到来を告げる。

初期の動物化石を求めて

ガンフリントやスピッツベルゲンの化石は、シマウマやヒヒのような動物の起源についてはほとんど手がかりを与えてくれない。ドウシャントゥオのリン酸塩岩さえ、シベリアにあるカンブリア紀の崖よりわずか五〇〇〇万年前に形成されたものでありながら、動物の進化を推測する微小なヒントしか収めていない。だが、原生代の最後に堆積したここナミビアの岩石（図43）や、世界各地にある同時期の地層には、カンブリア爆発をもたらした明らかな導火線がついに見つかる――われわれになじみ深い生物相の祖先も含まれていそうな大型動物だ。ある意味でこれは、カンブリア紀より前の動物を見つけるという、ダーウィンの夢を実現したと言える。しかしナミビアの化石は、ダーウィンのジレンマも深めた。その見慣れぬ形状が、生命の系統樹でどこに位置づけるべきかをわかりづらくしているのである。それらの遺物は、本当に現代の動物につながる道をたどっているのだろうか？　それとも、進化の道で行き止まりに至る岐路なのだろうか？

私が初めてナミビアを訪れたのは、二〇年以上も前で、南アフリカの地質学者ジェラード・ジャームスと一緒だった。ジャームスは、哲学好きの温厚な人物で、大学院

図 43　ナマ層群の堆積岩が、ナミビアの砂漠に突き出ている。メサ［訳注：頂部が平らで周囲が崖になっている地形］の左側と頂部付近にある灰色の小山は、石灰質の動物化石を含む微生物の礁だ。エディアカラ動物群の痕跡は、この丘の高所で目立つ岩棚を形成している砂岩に見つかる。

生のころにオランダから移住し、テキサス州ほどの広さのあまり知られていなかった地域を地質学的に整理するという大仕事に挑んだ。彼の成功は、初期の動物進化に対する見方を変えたその後の研究の基礎を固めた。その研究の多くを指揮したのがＭＩＴのジョン・グロッツィンガーで、彼は、この地域の岩石やそのなかの古生物学的資源に対する今日の解釈を築き上げた。ジョンを駆り立てたのは、堆積岩が——とくに生命や環境が現在と異なっていた初期の地球で——どのように形成されたのかを知りたいという欲求である。この問題に取り組むには、太古の分厚い地層が並外れてよく保存され、ことのほかよく露出している場所を見つけなければならない。その条件にぴったり当てはまるのが、ナミビア南部だ。ここの原生代の堆積物は、地殻変動や変成作用の影響をほとんど受けずに残っている。それでいて、峡谷に切り裂かれているおかげで、地質学者は層序関係を三次元的に詳しくマッピングできるのである。ジョンは教え子たちとともに、ナミビアの原生代末期の地層を細かく分析して組み立てなおし、その過程で、地殻や海水面の変動、気候の変化、生物の変遷といったものがどのように今日見られる堆積層を形成したのかを明らかにした。また調査のなかでこれまでにない化石を多数発見し、そのなかには、微生物が作っていながら初期の動物の骨格が豊富に詰まっている、大きな礁もあった。この骨格を研究する機会こそが、私を再びナミビアに向かわせたのだ。

ナマ層群の化石の正体は？

広い盆地にできたナマ層群の堆積岩は、ゴンドワナ超大陸を作り出した大陸同士の衝突のさなかに形成された。最下層は、太古の海岸平野に堆積した礫質砂岩だ。その上には、太古の海岸線沿いに堆積したもっと粒の細かい砂岩があり、続いて沖合いに堆積したシルト岩や頁岩が載っている。シルトや泥も到達しなかった海盆の中央では、澄んだ水から石灰岩が析出した。薄緑色の火山灰層は、近くの火山の活動によるもので、年代の記録を残している。この層の堆積は、約五億五〇〇〇万年前に始まり、原生代の最後（五億四三〇〇万年前）まで続いた。そして隆起と浸食が起きて、下の層に深い峡谷が刻まれたのである。この「古峡谷」をさらに砂岩と頁岩が満たした。種々の生痕《せいこん》化石〔訳注　動物の存在や行動の形跡を示す這い跡などの化石〕と五億三九〇〇万（プラスマイナス一〇〇万）年前の火山灰層は、ナマ層群の堆積が再開したとき、すでにカンブリア紀が始まっていたことを示している。

スピッツベルゲンからシベリアまでの地層で見てきた原生代の生物界を特徴づけるトレードマークは、ここナミビアの岩石に今ひとたび現れる。ストロマトライトがナマの石灰岩に、豊富にとは言わないまでも顕著に見られ、またナマの頁岩には、シアノバクテリアのフィラメントが単細胞藻類の微化石とともに埋まっているのだ。したがって、カンブリア紀はもう目前だというのに、ここの古生物は依然として……そう、原生代のままに見える。とはいえ、ひとつは違いがある。ナマの砂岩を注意深く見れば（できれば、日が傾き、表面の構造をはっきり浮き立たせる午後遅くの時間がいい）、それ以前の地層にあるものとはまるで違う化石が見つかる（口絵7）。大型で複雑な生物の（形態の）印象や、明らかに動物が残した単純な這い跡だ。じっさい、ナマの化石は上の層からたどっても下の層からたどっても大いに驚かされる。というのも、ナマの印象化石に対応するものが、それ以前の地層にないばかりか、この化石は、カンブリア紀以降の地層に見つかる大多数の化石ともやはりほとんど似ていないからだ。ここでふたつの考えが衝突する。ナマ層群などの原生代最後の岩石で見つかる驚くべき化石群は、現代の動物の祖先を記録にとどめているのだろうか？　それとも、動物進化の黎明期になされ、失敗に終わった進化の実験の跡なのだろうか？

ナマの地層からは、早くも一九〇八年には化石が見つかっており、一九二九年から一九三三年にかけて、ドイツの古生物学者ギュリッヒがいくつかの種について詳細に記述した。しかし、この発見は大してもてはやされなかった。それは、その重要性を理解するのに必要な生物学的・地質学的な枠組みがまだ用意されていなかったためかもしれない。当時の科学者は、生命の系統樹からわかる系統関係も、太古の地層の時間的な関係も、十分に理解していなかったのである。だが、一九四六年にレグ・スプリッグが、遠く離れた南オーストラリアのエディアカラ丘陵でよく似た化石群集を発見したころには、必要な枠組みが形成されだしていた。さらに、オーストラリアの化石には、偉大な古生物学者マーティン・グレスナー（先カンブリア時代の古生物学でバーグホーン、クラウド、ティモフェーエフと並ぶ、第四の創始者）という立派な後ろ盾がついた。「エディアカラ」化石として知られるようになったこの化石群を、グレスナー――および彼に従った多くの研究者――は、後生動物〔訳注　多細胞の動物を指す大分類〕の系統樹の根にあたるものと見なしていた。直後のカンブリア紀に多様化した動物の門〔訳注　動物分類上の最大の区分〕のなかで、いち早く現れたものと考えたのだ。グレスナーはナミビアのエディアカラ化石に積極的に興味を示したが、ナマ層群への古生物学的な関心に再び火をつけたのは、一九七〇年代にジェラード・ジャームスとギーセン大学（ドイツ）のハンス・プルークがなし遂げた発見である。こうして煮立った鍋を、さらにドイツの別の科学者がかき混ぜた。一九八四年、世界でも屈指の高名な古生物学者アドルフ・ザイラッハーが、グレスナーは完全に間違っていたと公言したのだ。

「石ころを詰めた靴下」と「靴下が詰まった石」

ここでもう一度、古生物学者がどのように化石を解釈するのかと問う必要がある。

とくにこの場合、エディアカラの印象化石（雄型《おがた》や雌型《めがた》〔訳注　雄型は遺物の形態的凹凸と型の凹凸が一致するもので、雌型はそれが逆のもの〕）からどうやって生物の実体を導き出すのか？　構造や生理機能を示す証拠は、遺骸が周囲の地層に印象を刻んだ直後に失われ、解釈の手がかりは形状しか残っていない。もちろん、たいていの場合、古生物学者の考える材料は形態しか残されていない。恐竜は骨（とごくまれに皮膚の痕跡）しか残っていないが、それで十分に体の大きさがわかる。というのも、恐竜の背骨や肋骨や歯が形態の指標となって、現生の脊椎動物とはっきり関連づけてくれるからだ。同じことは三葉虫にも言える。三葉虫は遠い昔に絶滅していても、多くの体節に分かれた体と関節のある肢が、現生のカブトガニやエビなどの節足動物と結びつけてくれるのである。だがここに問題がある。ナミビアの砂岩に含まれる印象化石は異質な形状をしており、その特徴を現生動物の形態に対応づけるのは、不可能とは言わないまでもかなり困難なのだ。

ナマ層群の岩石に見つかる印象化石で最も単純なものは、直径数センチほどの薄い円盤だ。嵐にでも遭って埋まったクラゲの形跡と考えたくなるような化石かもしれない（口絵7b）。事実、長年にわたり、この化石に対応するのはクラゲに近い生物ではないかと考えられていたが、その解釈には重大な欠陥がある。円盤状の化石はエディアカラ時代の砂岩によく見られ、ほとんどすべてが、砂岩層の底面から下方へ突き出た雄型となっている。つまり、浅い海の底にくぼみを形成した生物の雄型なのである。クラゲがそのような化石を形成するには、堆積物の表面に型を残す際に、逆さまに（しかも相当な勢いで）ぶつからなければならないだろう。嵐の去ったあとに海岸を散歩するだけで、そんなぶつかり方がおかしいことはわかる。むしろ、この円盤状の化石は海底に住んでいた生物で、クラゲの親類だが底生生物である現生のイソギンチャクのように堆積物に身を落ち着けていた可能性が高い。別の円盤状の化石は、球根形や円錐形をした付着器で、より複雑な構造体を錨のように海底につなぎ止めていた。さらにほかのものは、そもそも動物ですらなかったかもしれない。ベルタネリフォルミスというよくある球形の化石は、中が液体で満たされた海藻だったようで（口絵7d）、サイズや構造が現生の緑藻類デルベシアに近い。

ナミビアで見つかっている円盤状化石は比較的少ないが、ほかの場所――オーストラリアのエディアカラの岩石や、ロシアの白海にある素晴らしく化石の豊富な地層――では、そうした円形の化石がエディアカラ動物群のなかで飛び抜けて多く含まれている。たとえばキクロメデューサは、直径が最大で一二～一三センチになり、同心円状のひだと放射状の溝を特徴とする。縞模様の入った円錐を軸方向につぶしたような感じだ。さらに、マウソニテスもある（口絵7b）。これもサイズは同じぐらいだが、同心円状に広がるローブ（花びら状の構造）やこぶをもつ。メデューシニテスはもっと小さくて（直径五センチ未満）平坦だが、中央にはっきりした円状の溝がある。反対にオヴァトスクトゥムは、平行な溝がびっしり入り、まるでコーデュロイの服をおしゃれに着こなしているかのようだ。触手に似た突起が円盤を取り巻いているのは、ヒエマロラである。ローブを広げた格好のイナリアは、ニンニクを海底でつぶしたようにも見える。

大多数の古生物学者は、こうした円盤が、現生の刺胞《しほう》動物――イソギンチャクやクラゲを含む動物門――に近い、単純な構造をした底生動物だと考えている。群体動物［訳注　サンゴなどのようにコロニーを形成する動物］の付着器とされた円盤さえ、この先述べるように、系統的に刺胞動物かその近縁にあたる可能性がある。エディアカラの円盤群に対する最も特異な解釈というと、グレスナーに挑みかかったドイツ人アドルフ・ザイラッハーが提示したものかもしれない。ザイラッハーは、これらの化石の少なくとも一部が、その場にとどまるために堆積物を呑み込んで砂のおもりとする、風変わりな「砂サンゴ」の残骸ではないかと言っている――これを「石ころを詰めた靴下」とは、彼もうまいこと言ったものである。しかし、私も含むその他大勢は、「靴下が詰まった石」――砂のなかに型を残したありきたりの生物――にすぎないと思っている。エディアカラの円盤群に最も近い現生の生物は刺胞動物かもしれないが、原生代に円盤を形成したものが今日生きている種と同じだとは言わない。それらは、単純な構造をした動物が初期に多様化した記録をとどめる、絶滅した分類群なのだ。

ザイラッハーの挑戦――ヴェンド生物群は絶滅した界か

エディアカラ化石の第二のグループは、多くは木の葉のような形をした複雑な形態で、チューブ状のユニットが多数並んでできている（口絵7a、c、e）。これはヴェンド生物群と総称され、ナミビアでは数種見つかっている。このうちランゲアという細長い化石は、全長が最大で約一五センチに達し、中心の軸から左右に一列ずつ枝が出ている。その枝は、太さ数ミリの無数のチューブがつながってできている。この独特の形状から、多くの古生物学者はウミエラを思い浮かべた。ウミエラはクラゲやイソギンチャクの親類で、単純な個体が木の葉に似た複雑なコロニーを形成している。ランゲアがコロニーを形成する動物だとしたら、無数のチューブはそれぞれ構成する個体を示しているのかもしれない。

ところが、ウミエラとの関連づけは、ほかのナマ層群のヴェンド生物群に対してもおこなおうとすると、認めづらくなる。プテリディニウムは、ナマ層群の中ほどにある暴風堆積物の層に豊富に含まれる第二の木の葉形構造物で、一見ウミエラに似ているが、「羽根」を二枚でなく三枚もっており、それぞれの羽根は、主軸から垂直に突き出たチューブが一列に並んでできている（口絵7e）。現代のウミエラでそのようなものはない！ ジョン・グロッツィンガーが原生代の最上層で見つけたスワルトプンティアもやはり、頑丈な主軸に付いた三枚の幅広の羽根をもち、羽根はチューブが並んでできている——ピカソにでも想像させたうちわのようだ（口絵7a）。エルニエッタはさらに厄介で、多数の細長いチューブが複雑なカップを作り上げ、上部が開いていたのかもしれない。

ヴェンド生物群は、古生物学者にとってのロールシャッハテスト〔訳注 インクのしみのような模様が何に見えるか答えさせて被験者の心理状態を診断するテスト〕だ。化石によって、コロニーを形成する刺胞動物、たくさんの体節に分かれた蠕虫《ぜんちゅう》、原始的な節足動物や海藻や地衣類など、いろいろ解釈されているのである。一方で、「ヴェンド生物群はどれも共通の構造をもつので、共通の祖先がいる」と主張する古生物学者もいる。ここでアドルフ・ザイラッハーが、最高に大胆な挑戦に乗り出した。ヴェンド生物群がすべて同じ生地《きじ》から切り出されたばかりか、その生地は今では存在しないという考えを提示したのである。エディアカラ化石は現生動物の門から早い時期に分かれた横枝だとするグレスナーの解釈などものともせずに、ザイラッハーは、ヴェンド生物群はたくさんのチューブで構成されたキルト［訳注　二枚の布のあいだに綿などをはさんで縫った刺繡製品］のような生物で、チューブのなかには細胞組織でなく「流体状の原形質」が詰まっていたと断じた。このようにとらえると、ヴェンド生物群は――動物とかけ離れた――まったく異質なものに見えてくるが、それこそザイラッハーの意図するところだった。一九九二年、彼は正式に、ヴェンド生物群が動物とは異なる絶滅した界であると提唱した。大型多細胞生物を作る実験でできたもので、地質学的に見て一瞬繁栄したものの、最終的には失敗に終わったというわけだった。それ以前のヴェンド生物群の解釈は、われわれをびっくりさせたにすぎない。ところが、ザイラッハーの解釈は人々を激昂させ、それが研究に新展開をもたらした。

ナマ層群の化石は、ヴェンド生物群の奇妙な形態をいろいろ教えてくれるが、ほかの産地からは真の多様性が明らかになる。チャルニオディスクスは、初めにオーストラリアで発見された華々しい化石だ。ランゲアと同様、これも形は木の葉に似て、七～八センチはある大きな円盤状の付着器によって、直立した軸を海底につなぎとめていた。主軸の両側から三〇～五〇本の枝が列をなして水平に伸び、それぞれの枝には、片面に何本も平行な溝が入ったフラップ（ひらひらしたもの）が垂れ下がっている。化石の全長はときに三〇センチ以上になる。ザイラッハーの見方によれば、チャルニオディスクスは異質なヴェンド生物群の典型だ。しかし、アデレード大学の高名な古生物学者リチャード・ジェンキンスは、チャルニオディスクスをもっとふつうに見て、現生のウミエラのようにコロニーを形成した刺胞動物と解釈している（ただし、現生のウミエラとは違い、チャルニオディスクスの枝は互いにくっついて連続した面をなしていた）。

イギリスのチャーンウッド森で最初に見つかり、今ではニューファンドランドやオーストラリアやロシアでも発掘されているチャルニアは、一見チャルニオディスクスに似ていながら、主軸をもたずに枝が重なっている。枝を構成するチューブ状のユニットは、平行に並んで密着し、複雑なキルト模様の面をなしている。フィロゾーンもキルト状だが、海底にミニチュアのカーペットのように広がっていたらしい。

ひょっとすると、ヴェンド生物群のなかで最も詳しく調べられている——そのため最も激しい議論を呼んでいる——ものは、オーストラリアや白海の大群集で有名なディキンソニア（口絵7c）かもしれない。ディキンソニアは、円筒形のチューブが長軸に接合して並び、連続的な面をなした楕円形の化石だ。標本は一セント玉ぐらい小さなものもあれば、大皿ほどのものもあるが、厚みは数ミリ以上にならない。長軸の中央には細いがはっきりした畝《うね》が走っている。グレスナーの同僚で南オーストラリア博物館にいたメアリー・ウェードは、初めてディキンソニアを環形動物と説明し、軸から横へ伸びるチューブを体節、中央の畝を消《しょう》化《か》腔《くう》と解釈した。そしてそれに対応する現生生物として環形動物のスフィンクテルを提案したが、この蠕虫の平たい形状は、環形動物門のなかでも非常に珍しく、決して原初的形態とは言えない。一方、白海の化石に注目した気さくなロシア人ミーシャ・フェドンキンは、ディキンソニアのチューブ状の体節が主軸に沿って接してはいるが、主軸を横切ってはいないのではないかと言った。フェドンキンの主張が正しければ――この解釈にグレスナーの複数の信奉者は反対しているのだが――ディキンソニアは環形動物ではありえないことになる。もちろん、アドルフ・ザイラッハーにとっては、ディキンソニアもまた絶滅したヴェンド生物群の一種にすぎない。

ディキンソニアは蠕虫なのか、それとも失敗に終わった実験の産物なのか？　われわれになじみ深い動物の遠い祖先なのか、それとも現生無脊椎動物と遠縁でしかない絶滅した生命形態なのだろうか？　解釈を示すのは容易ではないし、思い切ってなんらかの見解を述べたとしても、すぐに異論が唱えられるだろう。それでも、この問題を解決する手がかりがいくつか与えられている。UCLAのブルース・ラネガーと南オーストラリア博物館のジム・ゲーリングは折れ曲がった標本を見つけており、これはディキンソニアが柔軟な体をもっていたことを示している。また少数の化石において、チューブが伸縮可能で、それゆえ筋肉細胞を収めていたにちがいないと言える証拠が明らかになっている。さらに、チューブが破けているのに円筒形が保たれている標本もまれにあることから、この組織を満たしていたものが何だったにせよ、「流体状の原形質」ではなかったとも言えそうだ。これはヴェンド生物群仮説に対する一撃となる。一方、ディキンソニアには、環形動物ならもっているはずの器官系の形跡が認められない。中央の畝の端部に口が見当たらず、髪の毛状の剛毛もなく、疣足《いぼあし》(海生環形動物の体節から突き出たこぶ状の付属肢)も付いていない。当初はそうした特徴の不在を保存状態のせいにすることもできたが、もうその言い訳は通用しそうにない。ほとんどかつてそこに存在していたままのものを、現在われわれは目にしているのである。

エディアカラ化石を含む岩石には、小型のディキンソニアが移動した跡かもしれない溝はあるが、大型の個体によるものだと——理論上だけでも——考えられる這い跡はほとんどない。したがって、どうやらディキンソニアは堆積物の表面に横たわっていたものの、移動はしなかったらしく、蠕虫とは考えにくくなる。そのうえ、ディキンソニアがやはりヴェンド生物群だとする解釈を裏付ける知見がもうひとつある。チューブの並び方が、ナマ層群の三つ叉に割れた化石、スワルトプンティアがもつう、ちわ状の羽根のものとよく似ているのだ。

こうした不可思議な化石の解釈に、かなりの不確かさがあることは認めよう。ヴェンド生物群は、現代の藻類のような作りには見えないし、今日生きている蠕虫のようでもない。だが私は、それらがシェリーの書いた詩に出てくるオジマンディアス王の巨像のように、大昔にあったが消滅したkingdom(シェリーの詩では「王国」、ヴェンド生物群の場合は生物分類の「界」を意味している)の形跡をとどめているとも確信できない。ではほかに案があるのか? ランゲアやチャルニオディスクスを手がかりとして、私は、大半のヴェンド生物群は——少なくともおおまかには——現生の刺胞動物と類縁関係にある群体動物だったのではないかと思っている。今日、コロニー(群体)を形成するというのは、海面に浮かんでいるカツオノエボシ(その気泡体〔訳注　浮きの役目をする嚢状体〕と、刺す機能をもつ触手と、生殖組織はどれも構造的に完成した個体である)から、海底で繁殖する大きな造礁サンゴや繊細なヤギ類(海楊類)

に至るまで、刺胞動物に広く見られる特徴である。刺胞動物は、十分に発達した器官系をもたないため、コロニー内の「個体」の分化によって複雑さを獲得しており、ヴェンド生物群もそうだったかもしれないのだ。

ヴェンド生物群のコロニーを構成するチューブ状の個体は、単純な構造をしていたにはちがいないが、現生刺胞動物と同じく、すでに神経網も、連係して機能する筋肉細胞も、もっていた可能性がある。さらに、チューブの構造を支えていた物質は、クラゲのもつ「ゼリー」に似た不活性物質だったかもしれない。また、マウント・ホリオーク大学のマーク・マクメナミンが最初に考えたように、ヴェンド生物群は、(またもや)多くの現生刺胞動物と同様、共生する藻類や細菌から栄養を手に入れていた可能性もある。「かもしれない」だの「可能性もある」だのと、じれったくもわからないことばかりだ。しかし、ヴェンド生物群の複雑な形状を、単純な動物の個体からなるコロニーと考えれば、こうした化石のすべてとは言わないまでも大多数が、はるか昔に消えた単一の系統にまとまると解釈できる。ヴェンド生物群は、動物界と並ぶ絶滅した界を構成するのではなく、現生刺胞動物の特徴の全部ではないにしても一部をもっていた初期の動物なのではないかと私は思う(刺胞動物の特徴で、ヴェンド生物群には見られないものもあり、たとえば触手に縁取られた口などである)。じっさい、アドルフ・ザイラッハーとイェール大学のレオ・バスは、絶滅した界とする説から一歩譲って、そのような可能性も示唆していた。

私たちの祖先はどこに？

シャーロック・ホームズは、「不在」――手がかりがないことや、出来事が起きなかったこと――の重要性に気づいていたことで知られている。


「ほかに私が注意すべき点はありませんか？」

「事件当夜の犬の奇妙な動きに注意すべきでしょうね」

「しかし、犬はあの夜、何もしませんでしたよ」

「それが奇妙だというのです」とシャーロック・ホームズは言った。

［『シャーロック・ホームズの回想』（アーサー・コナン・ドイル著、大久保康雄訳、早川書房）所収「シルヴァー・ブレイズ号事件」より引用］

ナマ層群などの原生代終わりの岩石においても、「不在」は注目に値する。なによ

図 44　原生代最後の海にいた左右相称動物による這い跡の化石。標本は南オーストラリア産で、這い跡の幅は１ミリ強。

り明白に欠けているのは、わずか一〇〇〇万〜二〇〇〇万年後に堆積したカンブリア紀の岩石には非常によく目につく化石だ。エディアカラの円盤状化石やヴェンド生物群は、原生代最後の生態系に、刺胞動物に似た動物が多く存在していたことを示唆している。だが、三葉虫や軟体動物や腕足類の祖先——ひいてはわれわれ人類の祖先——はどこにいたのだろう？

「証拠の不在」が示唆に富んでいるにしても、はたしてどの時点で、それを「不在の証拠」と見なしていいと言えるのか？　例によって、サンプルの収集がその答えの鍵を握っている。カンブリア紀の岩石は、複雑な動物がどこでどのような条件のもとで化石になったかを教えてくれる。しかし、原生代の岩石をすべて調べあげないかぎり、化石の欠如に対する進化上の解釈については確信がもてない。

カンブリア紀の岩石には、浅海域に住んでいた、構造も行動も複雑な動物による足跡や這い跡や穿孔が見つかる。じっさいコトゥイカン川沿いの崖では、カンブリア紀の地層を上にたどるほど、量も種類も急激に増していく。ナマ層群の砂岩にも、初期の動物が、海底面直下の細菌に富んだ堆積物のなかを這い進んでつけた跡は存在する。その這い跡は小さくて単純で、太さといい、形といい、うっかり床に落としたスパゲッティを思わせる（図44）。道筋は堆積面と平行で、多少なりとも深くもぐり込むことはめったにない。しかし、現生生物の這い跡と比較して考えると、これらの痕跡の大半はイソギンチャクやクラゲより複雑な生物がつけたもののようだ。この種の這い跡を残す動物には、共通する特徴がひとつある。頭から尻までの断面を対称面として、左右相称の体をしているのである。この「左右相称動物」（第11章で詳しく論じる）には、三葉虫から脊椎動物まで、複雑な構造をもつ後生動物がことごとく含まれる。生痕化石は、原生代最後の海洋にそのような生物が存在していたことを示唆している。では、左右相称動物はエディアカラの印象化石にも潜んでいるのだろうか？

オーストラリアや白海で見つかる化石のなかには、円盤にもヴェンド生物群にも相当しないものがあり、ここにより複雑な動物を探る余地がある。たとえばトリブラキディウムは円形の雄型で、エディアカラの円盤と同類に扱いたくなりそうだが、三本の太い溝が多くの枝を生やしながら中心からちせん状に広がっている点が異なる。白海で産出しているいくつか似たような化石もそうだが、トリブラキディウムは、海綿動物や刺胞動物や棘《きょく》皮《ひ》動物とさまざまに関連づけられている。しかし、そうした類縁性についてはなお疑問が残る――三回対称〔訳注　互いに一二〇度ずつ回転した関係にある三つの対称軸をもつ〕の構造は、現生の動物ではほとんど見られないからだ。機能面に注目すると、管状の内部構造が、現代の海綿動物と同様、大量の海水を体内に流していたことをほのめかしている。

このほか、多少なりとも節足動物に似た小さな化石もあり、こちらはもっと期待がもてる。パルヴァンコリナは、盾状の雌型として見つかり、たいていは長さが一センチ半もない（図45）。盛り上がった輪郭のなかにT字形の畝が見え、上部は丸みを帯びた（前部の？）縁《へり》に沿って曲がっている。肢と解釈されることもある複数の淡い線も、その盾状物の下に見える。パルヴァンコリナは確かに左右相称で、一見して三葉虫を思わせる。だがもちろん三葉虫ではなく、それを彷彿とさせる特徴もある一方、三葉虫やロブスターやカニなどの節足動物に共通して見られるほかのさまざまな特徴

図45　パルヴァンコリナ。一見したところ（外見だけだと私は思うが）三葉虫に似ている怪しげな化石。

を欠いている。

同じようなことは、プレカンブリディウムやヴェンディアなど、ほかのエディアカラ化石の分類に対しても言える。エディアカラ化石を発見したレグ・スプリッグにちなんだ名前のスプリッギナは、この点でとくに興味深い。長さ五センチほどの体には、複数の体節と、丸い盾状の頭部とおぼしきものがあり、節足動物によく似ている。アドルフ・ザイラッハーは、かなりの希望的観測をもとに、連結したチューブでできたヴェンド生物群の一種と解釈したが、多くの古生物学者はスプリッギナを、多くの体節に分かれた左右相称の動物と見なし、節足動物（arthropod）そのものではないにしても

「節足動物様生物（arthropoid）」だと考えている。

最後にキンベレラを挙げよう。この小さな生物は、薫製のムール貝に似た姿で岩石に保存されている。ミーシャ・フェドンキンと、セントラル・アーカンソー大学のベン・ワゴナーによれば、似ているのは単なる偶然ではないという。ふたりはキンベレラを左右相称型生物ととらえ、筋肉のある肢で歩行し、内臓の詰まった袋状の体をもち、背中に硬い外套膜をまとっていたと考えている。これらはすべて、カタツムリやイカのほか、貝をも含む軟体動物門に見られる特徴なのだ。しかしスプリッギナと同じく、キンベレラも、比較の対象となる現生動物がもつほかの特徴を欠いている。

こうした化石には、興奮と同時にもどかしさを覚える。興奮というのは、なじみ深い生物が垣間見えるからで、もどかしさというのは、ひとつひとつとしてはなじみ深い特徴が、まるっきりなじみのない組み合わせで現れるからだ。ところが、原生代の化石に現代の動物を重ね合わせたいという欲求を捨て、エディアカラ化石の形態をありのままに受け入れると、天秤は一気に興奮のほうへ傾く。キンベレラやスプリッギナなどのエディアカラ化石からはっきり得られるのは、カンブリア紀の動物に「現生動物の祖先」のレッテルを貼れるような諸特性が組み合わさりだした初期段階を保持しているという印象だ。エディアカラの生物種はもうその時代には姿を消していたが、一部は途絶えずに進化の道をたどっていたのである。

カンブリア爆発のものと異なる原生代末期の動物群

原生代とカンブリア紀の境界より下にある単純な生痕化石を、同じ境界より上で量も種類も豊富に見つかる複雑な足跡や穿孔と照らし合わせると、カンブリア紀の最初になにか大きな出来事が起きたとする見方が裏付けられる。だが、カンブリア紀の生物が多様だというイメージは、実は炭酸塩岩に残された骨格によるところが大きい。ナマ層群には炭酸塩岩の一種である石灰岩も多く存在するため、それが進化のパターンに対するもうひとつの検証手段を提供してくれる。ナマの炭酸塩岩には、太古の生物の骨格は含まれているのだろうか？ もし含まれているとすれば、それらの化石は原生代の動物とカンブリア紀の動物との生物学的な連続性を示しているのか、それとも、両者の違いを際立たせているのか？

古生物学者は長いこと、鉱化した骨格の起源がカンブリア爆発と一致すると考えていた。ところが一九七二年、ジェラード・ジャームスは、この見方が間違っていることを明らかにした。ナミビアでのフィールド調査の際、彼は、ナマの石灰岩層から炭酸カルシウムでできた小さなチューブを発見した（図46a）。この化石にジャームスは、プレストン・クラウドへの敬意からクラウディナと命名し、また、ふたつの種があることに気づくと、片方に自分の母親にちなむ名をつけた。その二種クラウディナ・ハルトマナエとクラウディナ・レイムケアエは、大きさが違う――前者は長さが二・五～五センチ、太さが六ミリほどで、後者はその半分ほどのサイズ――だけで、組織構造は共通している。この化石はゆるやかに曲がった円筒形をして、間隔の不規則な鍔《つば》がびっしり並んでいる。全体はまるで、小さな漏斗がいくつも積み重なっているように見える。有鬚《ゆうしゅ》動物門の蠕虫（ミミズの遠い親戚にあたる）はこのようにできたチューブのなかに棲んでいるが、もっと単純な動物も鉱化したチューブを形成することがある。そればかりか、中国で見つかった珍しい標本は枝分かれしており、これはエディアカラの円盤状化石と同様、クラウディナもイソギンチャクやクラゲと近縁である可能性を示している。骨格の壁は薄く、生きていた当時は柔軟に曲げられたようだ。クラウディナはきっと、炭酸カルシウムの薄いコートを優雅に着こなしていたにちがいない。

クラウディナが重要なのは、カンブリア紀が始まるよりかなり前に、動物が鉱化した骨格を形成しだしていたことを示す証《あか》しとなるからだ。しかし、これについて、どれだけのことがわかると期待できるだろうか？　クラウディナは、あくまでも特異な生物――「バイオミネラリゼーション（生物が鉱物を形成する作用）はカンブリア紀に生じた」という原則の存在を立証する例外［訳注　例外があるのは規則がある証拠という慣用句を意識している］――にすぎないのか？　それとも、カンブリア紀に骨格を多様化させた動物につながる、原生代末期の動物群の一員だったのだろうか？

ここで、本章の冒頭で触れた、ジョン・グロッツィンガーが調べたナマ層群の礁に話を戻そう。その礁は、野外で目にすると圧倒される。砂漠の表面から六〇メートルも頭を出しており、ここ数千年のあいだの浸食によって、周囲の頁岩が剝ぎ取られて露出したのである（図43）。礁を作ったのは微生物で、おそらくは藻類やシアノバクテリアなどだが、骨格を形成する動物も、平坦な海底から高く登った小さな生態環境に安住の地を見つけていた。このナマ層群の礁には動物の化石がふんだんに含まれ、風雨にさらされた岩の断面を見てみると、さまざまな形状やサイズのものがあることがわかる（図46b）。チューブ状の化石もよく見つかるが、クラウディナと同定できるような鍔が見えるものはわずかしかない。もっと多いのは丸いカップで、大きさは最大で二〜三センチだ。そのほかに、カップの下にチューブがつながったゴブレット形の化石や、六回対称性をもつ化石もある。

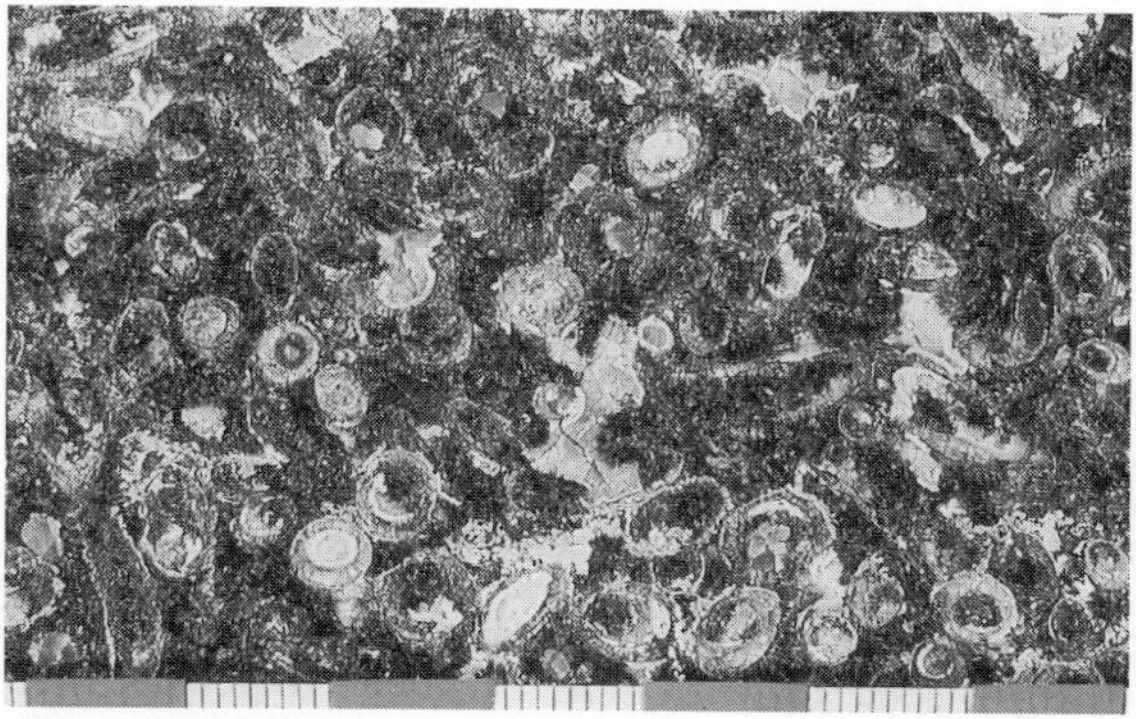

(a)

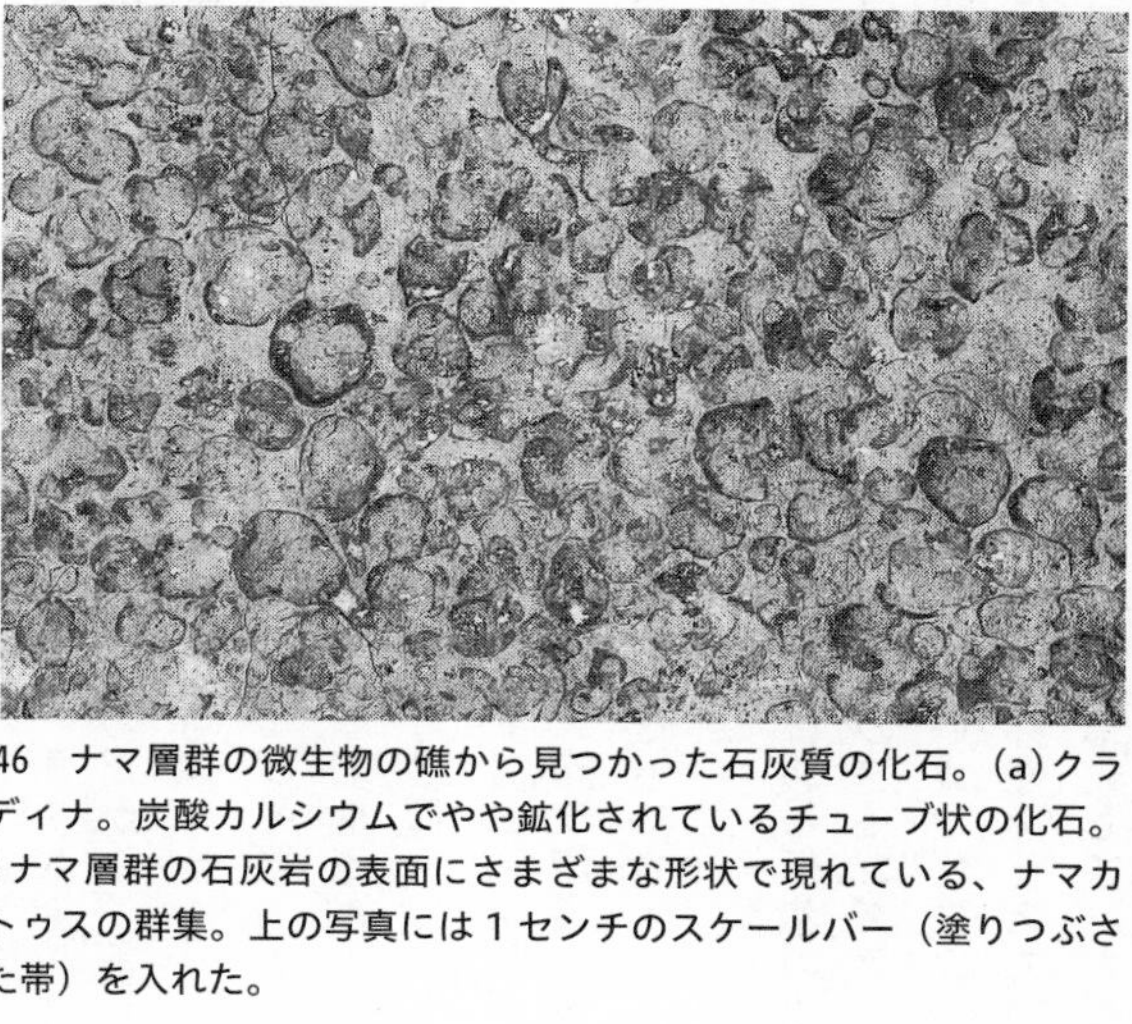

(b)

図 46　ナマ層群の微生物の礁から見つかった石灰質の化石。(a)クラウディナ。炭酸カルシウムでやや鉱化されているチューブ状の化石。(b)ナマ層群の石灰岩の表面にさまざまな形状で現れている、ナマカラトゥスの群集。上の写真には１センチのスケールバー（塗りつぶされた帯）を入れた。

ジョンと私は、何時間もこの礁のあちこちを調べ、どんな種類の動物が存在し、全体でどれだけの数の種《しゅ》になるのかを解き明かそうとした。だがそれは、野外ではなかなか取り組めない問題だ。岩石から化石を取り出して確かめられないのだから。答えを明らかにするために、われわれは大きな岩石の板(スラブ)を何枚も(マサチューセッツ州)ケンブリッジへ持ち帰らなければならなかった。ケンブリッジへ戻ると、ジョンはスラブの表面を滑らかにし、一度に二五ミクロンずつゆっくり表面を削り取り、削り終わるたびにぴったり同じ場所をデジタル画像に収めるような装置を設計した。そして、もとは医学研究用に開発されたソフトウェアを使って、いくつもの断面のデータから化石の三次元モデルを再構成したのである(図47)。実質的な作業の多くは、MITの聡明な学生で、物理学の頭をもちながら古生物学の心をもつウェス・ワッターズがしてくれた。

コンピュータが作ったモデルは不気味なほど生々しく、まるでそこにある仮想の水の流れにそよいでいるかに見える。再構成された化石はぐにゃぐにゃのワイングラスのようで、円筒形の柄《え》がてっぺんで開き、直径二、三センチほどの丸いカップになっている。等間隔に空いた六つ(まれに七つ)の穴が、カップに六回対称性を与えている。クラウディナと同じで、このカップの壁も薄く柔軟で、わずかに鉱化していただ

図 47　ナマカラトゥスの化石のモデル。本文に記したとおり、デジタル画像をもとに再構成したもの。(画像はウェス・ワッターズによる)

けなのかもしれない。どうやら初期の動物は、子孫を捕食者から守るために硬い鉱物の骨格をもつ必要がほとんどなかったらしい。

　化石のモデルができれば、どんな平面で切った断面もシミュレーションで得られる。さらに、つぶれたり折れ曲がったりするケースも想定すると、礁の表面に見られるチューブやカップやゴブレットはほとんど全部、ひとつの形態が織りなすものとも解釈できる。鉢ポリプ［訳注　刺胞動物門鉢虫綱に見られるポリプと呼ばれる形態）は、（これまた）クラゲの親類にあたり、現代の海でゴブレット形の体を海藻にくっつけているが、これはナマの化石を理解するための少なくとも一般的な手引きになる。

ナマの浅海域に住んでいた骨格形成型の生物は、確かにクラウディナだけではない。ナマカラトゥス――「ナマのゴブレット」――は、微生物の群集に覆われている海底のいたるところで繁殖し、研究が進むうちに、礁の割れ目にコロニーを形成したサンゴ様の動物など、ほかにも鉱物を作る種の存在が明らかになった。一方でこれも確かなことだが、多様性は乏しかった。ナマ層群の礁で新しい化石がたくさん見つかっているにしても、そのなかには二枚貝も、節足動物も、腕足類も、棘皮動物もない。ほかにほうぼう探しまわっても、原生代末期の生命はやはりカンブリア紀のものとはまるで違って見えるのだ。

灼熱の太陽が照りつけるナミビアの昼下がり、ジョン・グロッツィンガーと私はぽつんとたたずむ丘の上を歩きまわり、そこかしこに露出している原生代末期の岩石を眺める。どの岩も化石でいっぱいだ。ヴェンド生物群のスワルトプンティアやプテリディニウム、石灰質のクラウディナやナマカラトゥス、それに、あまり種類はないが生痕化石もある。それらは動物の記録をとどめている。しかし、明らかに原生代の特徴をもつ動物であって、コトゥイカンの崖で見つかる複雑かつ多様な無脊椎動物とはかけ離れている。カンブリア紀の動物にとって、ナマ層群でよく目につく化石は、丘にいるわれわれの眼下に広がる平原で草を食《は》んでいる哺乳類にとっての、恐竜のような存在だ。先住者ではあっても、直接の祖先ではないのである。

　ナマの化石は、カンブリア紀の複雑な生態系が原生代に長い時間をかけて徐々に形成されたと考えたダーウィンには、まったく慰めにならないだろう。いまや、カンブリア紀の海にいたおなじみの生物群は、その紀が始まったころに現れたように見えるのだ。われわれがコトゥイカン川で最初に考慮したダーウィンの答えは、どこがいけないのだろう？　原生代の終わりまでに動物の多様化はどこまで進んでいて、何がカンブリア紀の到来を告げたのだろうか？

11　そしてカンブリア紀へ

現生動物のような複雑な形態は、カンブリア紀になってようやく現れ、少なくとも一〇〇〇万～三〇〇〇万年の期間をかけて形成された。近年、発生にかんする遺伝学的な知見が得られるにつれ、カンブリア紀に起きた進化の仕方やテンポが明らかになってきているが、ここで生態学的な条件も考慮に入れる必要がある。生態学的な条件とは、初期の変異体が海洋に足がかりを築くことを可能にした許容性の高い生態環境と、その後の多様化をもたらした生物種間の生態的相互作用である。

われわれは探究をやめない
そしてすべての探究が終わると
最初の振り出しに行き着き
初めてその場所を知ることになる

T・S・エリオット『リトル・ギディング』

これで最後にするつもりで、われわれはゴムボートを岸に向かわせる。ヘリコプターの鈍いとどろきの接近が発掘期間の終わりを告げる前に、もうひとつだけ露頭を探ろうと思ったのだ。川べりに転がる大ぶりの石でボートを固定すると、目の前にそびえるベージュ色の崖に目を凝らす。あなたにも見覚えのありそうな岩石だが、それもそのはず。ここまで地球上をあちこちまわり、三〇億年にわたる歴史をたどった末に、今再びコトゥイカン川沿いのカンブリア紀の崖に戻ってきたのだ。だが戻ってはきても、エリオットが看破していたように、今度は新しい目で見つめ、新しい形で理解することができる。事実、すでにこれまでの旅で、カンブリア紀の進化の本質的な真理が明らかになっている。生命は先カンブリア時代に深く根差しているが、カンブリア紀の動物の複雑な形態はそうではない。カンブリア紀のような動物は、カンブリア紀になるまで存在しなかったのだ。

カンブリア爆発は、先カンブリア時代の進化を極めた出来事だが、同時にまた脱却した出来事とも言える。カンブリア紀の生物の連続性と革新性の両方をうまくとらえるような解釈は、はたして打ち立てられるのだろうか？

動物の系統樹は?

原生代の終わりに生命がどんな状態にあり、その後のカンブリア紀にどう変化したかを知るためには、進化生物学でそうであるように、系統学の提供する地図が必要になる。すでに第2章で、初期生命の組織構造や形態が一部の動物群の関係を明らかにしていることについて述べたが、鳥や二枚貝や条虫といったまるで異質な生物をどう関係づけるかという問題は、長いこと動物学者を悩ませた。そこで役立ったのが、発生学である。たとえば二枚貝と多毛類は、成体には共通する特徴がほとんどないが、幼生の段階では多い。しかし、動物の系統関係にかかわる最大級の難題が解き明かされるようになったのは、分子生物学の時代が訪れてからのことだ。図48に、現在考えられている動物の系統樹を示す。組織や機能や発生を手がかりとし、過去へさかのぼりながら化石を示すことによって、この系統樹を根元へたどっていくことができる。

動物は、原生動物がただ巨大化したものではないし、もしそうだったとしても現在のような成功は収めなかったろう。それなら後生動物は、雑多な生物の住む惑星で繁栄できるようにどう変わったのだろう? 系統樹の根元に近い枝に、多細胞化の成果

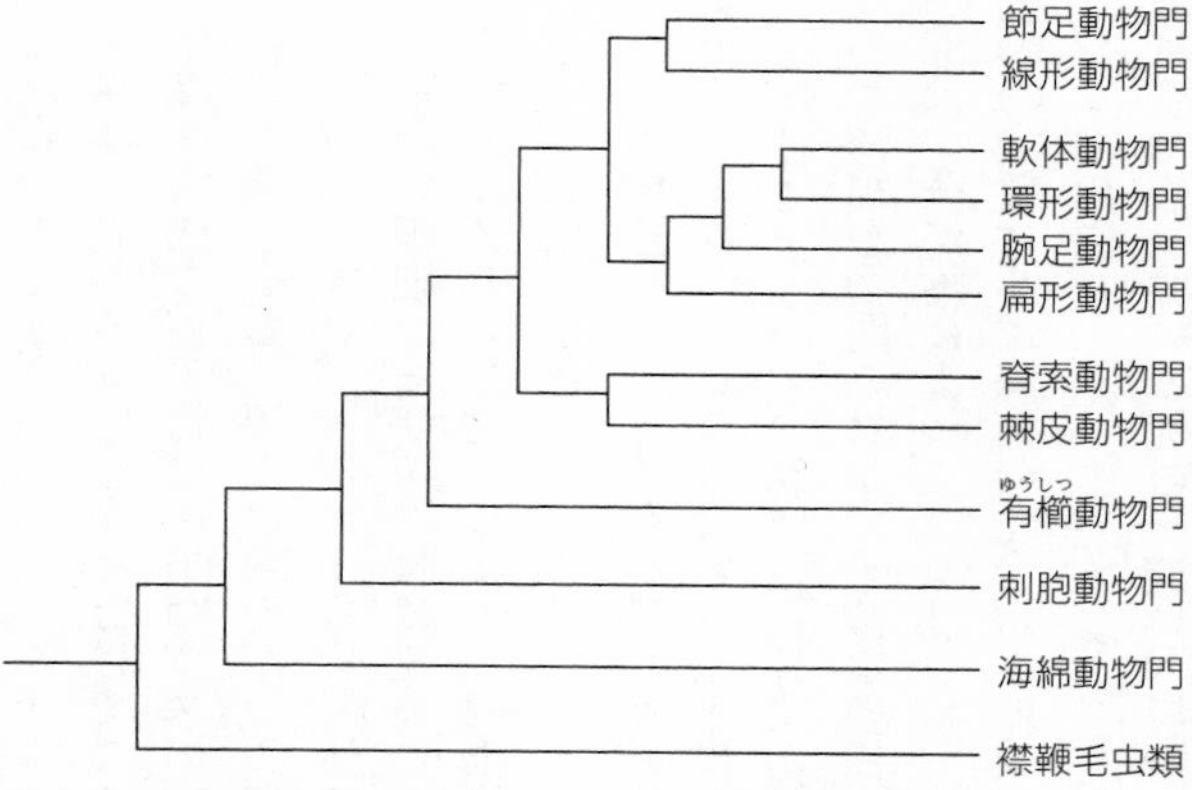

図48　分子系統学から明らかになった、進化史上の動物門の関係。

がはっきり表れている。

動物に最も近い親類として知られるのは襟《えり》鞭《べん》毛《もう》虫《ちゅう》類で、これはコロニーを形成する原生動物の特異なグループだ。襟鞭毛虫類の細胞は、その鞭毛の周囲に特徴的な襟をまとっている。レンブラントの絵画に描かれた、オランダの市民がつけているような襟だ。海綿の食物採集用の細胞にもよく似た襟が見られ、そのため襟鞭毛虫類は、かなり前から動物の起源ではないかと考えられている。とはいえ、すべての海綿の細胞がこの特徴をもつわけではなく、襟鞭毛虫類と動物との違いも際立つ。動物の場合、一個の受精卵から形態や機能の異なる多くの細胞が生まれる。それゆえ後生動物は、原生動物には真似のできない形で「マルチタスク」(複数の仕事)を実行できるのである。

海綿は、異なる細胞を作るだけでなく、そのように分化した細胞を並べてより大きな組織を構成し、食物の採集やガスの交換を可能にしている。多くの海綿は、中空で、多孔質の壁をもち、頂部に穴が空いた瓶形になる。内面に並んでいる襟細胞は、一斉に同じ方向に揺れ、食物粒子を取り込み、排泄物を送り出すような水流を生む。外面は、平たい細胞がモザイク状に覆っている。一方でアメーバに似た細胞が、中間のゼラチン状のゾーンを巡回しながら繊維状タンパク質を分泌し、ときには骨片が組み合わさった鉱化した骨格を作る。

海綿は間違いなく原生代後期に系統樹から分岐していたが、エディアカラの化石群集のなかには多く見られない。原生代とカンブリア紀の境界近くに鉱化した骨格が進化を遂げてようやく、海綿が目立つ存在になった。骨格の化石は、カンブリア紀になって海綿動物門のなかで急激な多様化が起きた事実を物語っている。初期の海綿の一部は、分泌物によって、シリカでできた骨片を作っていた――現在見つかっている五〇〇〇種に及ぶ海綿の九〇パーセント以上は、シリカかタンパク質(ヨクヨウカイメン〔浴用海綿〕がそうだ)、あるいはその両方でできた骨格を形成している。また、今日まで残っている別の一群は、炭酸カルシウムでできた骨片を――ときには大型の骨格も——作っていた。カンブリア紀初期の海洋では、炭酸塩を分泌するアルケオシアトゥス類の海綿がとくに多様化を遂げたが、この紀の半ばに大量絶滅によって激減し、なぜかはわからないが紀が終わるころには完全に消えていた。生態系を支配してから進化の終焉を迎えるまで、二〇〇〇万年——かくして世の栄光は移りゆくのである。

接着・コミュニケーション・遺伝子

動物の系統樹をのぼっていく前に、ひとつ根本的な疑問に取り組む必要がある。多細胞生物は、成長時にどうやってその体組織をきわめて複雑に分化させているのだろうか？　複雑な多細胞組織を形成するには、細胞同士の接着と、細胞間コミュニケーション（連絡）と、発生のさなかに細胞の分化を制御する遺伝子プログラムが必要になる。接着は、分裂した細胞の分散を防ぎ、多細胞の機能を実現するための空間的組織を可能にする。海藻や植物の場合、セルロースなどの多糖類でできた細胞壁が隣り合った細胞をくっつける。ところが動物細胞には細胞壁がないので、細胞同士を結合するのに細胞外の分子を利用しなければならない。その筆頭に挙げられるのが、コラーゲンという、人間の軟骨を構成しているタンパク質だ。海綿も細胞外にいろいろなタンパク質を作って、細胞を瓶形に組み立てている。もっと複雑な動物も同様のタンパク質を生成するが、さらに種類が多い。

複雑な藻類や陸生植物では、糸状の細胞質が細胞壁の小さな穴を通して隣り合う細胞を結びつけ、細胞間コミュニケーションの直通ルートを形成している。動物の場合は、ギャップ結合という分子チャネル（分子の通路）がほぼ同じ役割を果たす。このチャネルでは、細胞膜に埋まっているタンパク質同士が結合して化学的なシグナルを送り合い、分子のメッセージを細胞核まで伝える連鎖反応を起こしている。このように、細胞の表面のタンパク質は、接着ばかりかコミュニケーションもうながし、細胞の集団が連係して機能できるようにしているのだ。

細胞間コミュニケーションは、動物の発生という、受精卵が自動的に複雑な成体になる驚くべきプロセスの鍵も握っている。多くの単細胞真核生物は、ストレスを受けると、保護壁のなかに身を隠し、不可欠なものを除くすべての細胞活動を停止させる。要するに、環境からのシグナルに反応して、特異なタイプの細胞に分化（特殊化）するのである。動物でも外部のシグナルが細胞の分化をうながすが、その場合、シグナルは隣り合う細胞から入る。「発生のツールキット」とも言われる比較的少数の遺伝子の集合は、細胞分裂、細胞の分化、さらにはプログラムされた細胞死といったものの――まさに命を吹き込む――厳密なパターンを統御している。これらの遺伝子の大半は、個々の組織の製作を任されたいわば分子の大工ではない。むしろ、ある遺伝子から指示を受けて次の遺伝子にそれを渡す、中間管理職なのだ。このため発生のプログラムは、集合的に成長を制御する複雑にからみ合った遺伝子相互作用によって進行する。海綿の遺伝子ツールキットは比較的単純だが、ハエや哺乳類のように複雑な動物の場合はずっと手が込んでいる。植物や藻類でも似たような制御のネットワークが発生を導いているが、関与する遺伝子の多くは動物とは異なる。

刺胞動物とは

海綿は、動物の系統樹で一本の大枝をなし、ほかのすべての動物は別の枝に属する。[1]海綿より複雑な動物は、さらに二本の大枝――刺胞動物と左右相称動物――に分かれたと考えられる(図48)。これらの動物群については、すでに第10章で紹介した。刺胞動物は、クラゲ、サンゴ、ウミエラのほか、多くのエディアカラ化石と似た構造の分類群からなる。左右相称動物は、主にエディアカラの堆積物に這い跡の形で残っており、今日では、扁形動物からクジラまで、驚くほど広範な種が含まれる。一般的に見て、刺胞動物は明らかに海綿より複雑だ。筋肉細胞や単純な神経網など、より多くの種類の細胞をもっているのである。さらに、刺胞動物（や左右相称動物）の場合、細胞外のタンパク質が細胞同士を密着させ、動物の身体を区画に分ける「上皮」という膜を作り出している。つまり刺胞動物は、海綿と違い、別個に分かれた組織を形成できるのだ。

すべての刺胞動物は、単純な体制［訳注　生物体の構造の基本形式］——中空の半球状か円筒状で、開口部（口）を腕のような触手が取り巻く——に従っている。発生の初期に分化するふたつの組織の層は、体の内面と外面に並び、中間のゼラチン状物質（クラゲの英語 jellyfish の「jelly（ゼリー）」がこれだ）をはさみ込む。外側の組織は「外《がい》胚葉《はいよう》」といい、そのなかには、筋肉細胞や神経のほか、「刺細胞」——らせん状に畳まれた小さな針をもち、刺激を受けると飛び出し、先端から毒を出す——がある（クラゲに刺された経験のある人は、刺細胞にじかに触っていたことになる）。内側の組織にあたる「内胚葉《ないはいよう》」には、消化酵素を分泌する細胞がびっしり並んでいる。刺胞動物は、哺乳類の心臓や胃のような、複数の組織をとりまとめる複雑な器官までは形成しない。しかし、第10章で説明したとおり、別のやり方で——コロニーのなかで機能を特化した個体に分化するという手段で――似たような複雑さを獲得しているのである。

筋肉細胞と神経と刺細胞は、三位一体となって、動物に新たな機能をもたらした。海綿は海水を漉《こ》して食物粒子を採集するが、刺胞動物は捕食者で、獲物を針のついた触手で捕らえ、内部の消化腔に押し込む（前にも言ったように、造礁サンゴをはじめとする一部の刺胞動物は「飼育」を開始し、共生する藻類をみずからの組織に取り込んだ。それでも、刺胞動物は基本的に獲物を捕らえることによって食物を手に入れる）。クラゲやその親類はそのうえ「移動」もおこない、さらに狩りがしやすくなっている。

原生動物のなかにもほかの細胞を捕らえて食べるものがいるが、動物になると、捕食はまったく新しい次元に進む。原生動物は一度に一個から数個しか細胞を飲み込め

1　一部の分子系統学者は、刺胞動物と左右相称動物は炭酸塩を析出する海綿の特異な親類にあたり、シリカを生成する海綿だけが最初に分岐した枝だと言っている。細胞の超微細構造に見られるいくつかの特徴もこの見方を裏付けているが、なお決着はついていない。かりにそれが正しいとしたら、早く枝分かれした海綿のなかからもっと複雑な動物が生まれていたはずなのではないか。

ないが、動物は、櫛形の器官で海水を漉すなどして、何千個、何万個もの細胞を捕らえられるようになったのである。その結果、体が大きくても安全ではなくなった。微生物だけでなく動物も、捕食者を避けなければならず、海藻も、食べられないように対処する必要に迫られた。要するに、捕食性の動物が、途方もなく重要な影響を及ぼす環境因子となったのだ。その結果起きた捕食者‐獲物間の（攻撃と防御の）いたちごっこが、五億年以上にわたって進化を推し進めた。

多くのエディアカラ化石は系統的に刺胞動物に近いのだろうが、大半はその系統で早い時期に分かれ、絶滅した枝にあたるようだ。現代の海洋に生息する刺胞動物は、およそ一万種である。

刺胞動物と左右相称動物の違い

刺胞動物以外の動物種――ヒトも含め、全部で一〇〇〇万種に及ぶ[2]――は、すべて左右相称動物に属する。左右相称動物は、基本的に三つの点で刺胞動物と異なる。第10章で説明したように、左右相称動物の体は、ひとつの対称面によって、頭部（大多数の左右相称動物では程度の差はあれ分化している）から尾部まで左右に分かれる。

また、発生の初期に、ふたつでなく三つの細胞層に分化を遂げる——皮膚や神経細胞になる外胚葉と、消化器系を作り出す内胚葉に加え、筋肉や生殖器系などに分化する中胚葉と呼ばれる中間層ができるのだ。刺胞動物と同様、左右相称動物も組織を形成する。だが、組織を結びつけて複雑な器官を作る点が異なる。これによってまたもや多様な機能が新たに生まれる可能性が広がる。

動物の捕食を始めたのは刺胞動物かもしれないが、それを完成させたのは左右相称動物だ。まず、器官系の登場によって、速く泳げるようになった。筋肉を備えた付属肢によって、獲物をつかんだり抱えたりできるようになった。口には大顎［訳注 多くの無脊椎動物の口器で、食物を咬んだりする構造のこと］や、歯や、物を削ることのできる器官が並び、ピントがはっきり合う目などの高性能な感覚器官ももち、とりわけ脳のおかげで、こうしたすべての系の複雑な相互作用を統御できるようになった。

捕食性の動物が増えると、体を保護する必要性が高まった。ある種の動物は、隠れることで捕食者から逃れる。別の動物は、毒を分泌する。そして三番目の方策は、さ

2　現生動物種の数はまだつかみきれていない。本書執筆の時点で約一五〇万種が記載されているが（その半数以上は昆虫）、実際に存在する数ははるかに多いのではないか。現時点の推計の中間値が一〇〇〇万種程度になる。

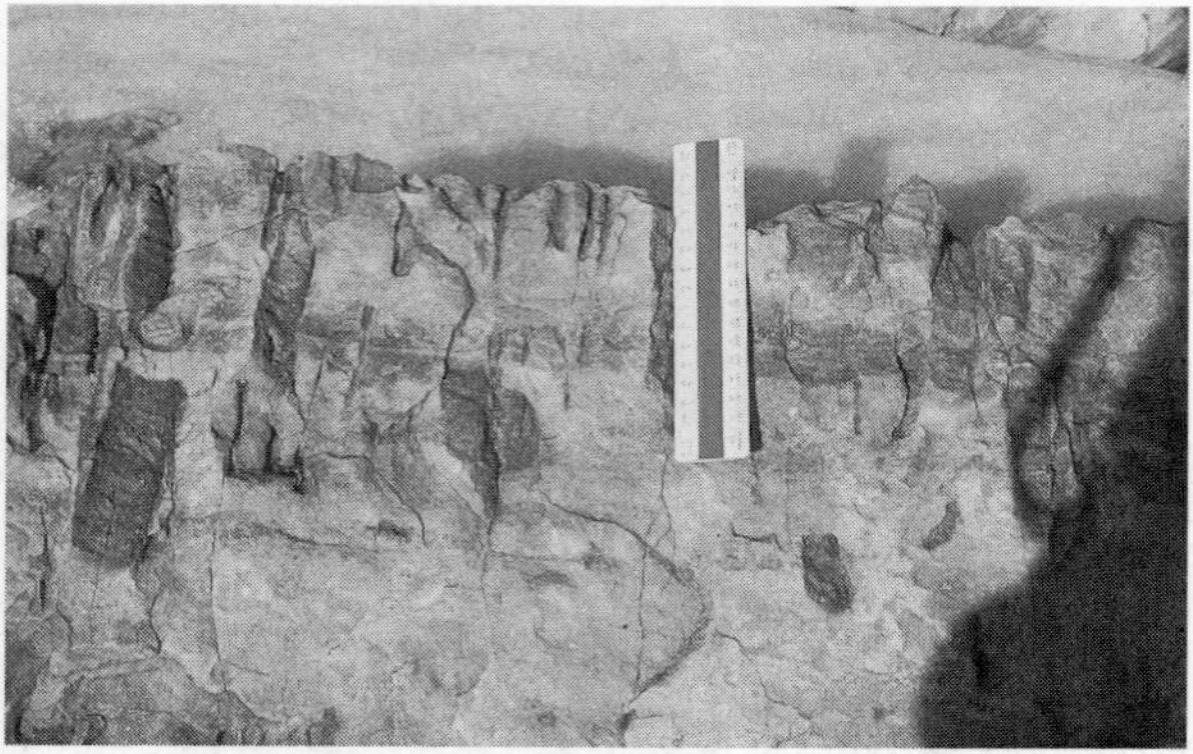

図49　カンブリア紀の浜辺の砂に無脊椎動物が掘ったU字形の穴。現代でも多毛類の蠕虫がよく似た穴を掘る。

まざまな動物群が独立に手に入れた鎧《よろい》である――鉱物の入った骨格によって、歯や鉤爪のようなものから身を守るのだ。クラウディナとナマカラトゥスの存在は、原生代後期に少なくともいくつかの動物がやや石灰化した覆いをもっていたことを示しているが、骨格が本当の意味で登場したのはカンブリア紀になってからだ。これは生物学に大きな影響を及ぼし、進化のいたちごっこをますます激しくして、捕食者は獲物の防御を破れるような構造を進化させた。鉱化した骨格は、新たな機能ももたらした。たとえば穿孔性の二枚貝は、みずからの殻を使って堆積物に穴を空ける。またもちろん、古生物学に及んだ影響も甚大だ。骨格が堆積岩によく保存されるようになると、その作り手が化石記録に残る可能性が高まる。それどころか、カンブリア爆発は見かけ上の進化を表しているにすぎない——化石の「爆発」であって種の「爆発」ではない——と主張した地質学者もいる。しかしそのような考えは、よく吟味するとぼろが出てくる。石灰質の化石は、原生代末期の礁に多く存在するが、カンブリア紀以降の岩石（口絵8）に見られるような、多様で複雑な形態があった様子はうかがえない。リン酸カルシウムに形状を写し取られたり、頁岩に押しつぶされたりした原生代後期の化石も、きたるべき多様化を匂わせていない。さらに、骨格とは別に生痕化石が、カンブリア紀になって動物の行動にも劇的な多様化が起きた事実を物語っている（図49）。スウェーデン自然史博物館のステファン・ベングトソンが主張したように、骨格の進化は、カンブリア紀に動物の大幅な多様化が起きた事実の重要な側面を示すものとして理解すべきなのだ。動物は、炭酸カルシウム、リン酸カルシウム、シリカ、あるいは単に堆積粒子の塊からなる骨格を形成した。これは、進化した捕食者の登場がうながした構造的・生化学的な変革である（当然ではあるが、すばやい移動やカムフラージュや毒といった方策も別にあるので、すべての動物が鉱化した骨格を形成したわけではない。現代の海の動物相でも、あとに残るような骨格を作るものはおよそ三分の一にすぎないのだから、カンブリア紀の海では、その割合ははるかに低かった可能性がある）。

さまざまな左右相称動物

左右相称動物にはとんでもなく多様な形態があるが、発生学的・分子生物学的データから、この動物群は三つの大きな系統に分類できる（図48）。一九世紀の動物学者は、発生過程における共通の特徴をもとに、われわれヒトの属する脊索動物門を、棘皮動物門（ヒトデ、ウニ、ナマコなど）や半索動物という小さな門とまとめて巨大なグループを作り、新口《しんこう》動物と名づけた。分子配列の比較によって、こうした門の進化上の結びつきが裏付けられており、さらに残りの左右相称動物（旧口《きゅうこう》動物という）もふたつの巨大なグループに分けられている。まず、節足動物と線形動物といくつか小さな門は、脱皮動物にまとめられる――この系統の動物はすべて、外部クチクラ［訳注　体表を覆う比較的硬質の膜状構造］を形成し、成長とともにそれを脱ぎ捨てる。もうひとつの系統は冠輪《かんりん》動物と命名され、軟体動物、環形動物、腕足動物、扁形動物といった特徴的な動物が含まれる。多くは初期の胚で細胞がとぐろを巻くように並んでいるが、すべてではない。

ひとつの門に属するすべての現生動物は、共通の祖先の流れを汲む（ただし変更が加わっている）ことを反映するような一群の分子的・形態的特徴を共有している。たとえば昆虫と甲殻類とムカデ類はそれぞれまったく違うように見えるが、どれも、体節に分かれた体と、関節のある肢と、硬いキチン質の外骨格といった基本構造のさまざまなバリエーションを見せているにすぎない。さらに、それら節足動物（門）は、線形動物（門）——鉤虫《こうちゅう》症や象皮病や旋毛虫症の病原寄生体を含む、小さいがどこにでもいる動物——と近縁関係にある。このふたつの門は、発生初期の珍しい様態や、クチクラの脱皮、遺伝子の塩基配列など、最後の共通祖先がもっていた特徴を共有している。一方で、節足動物と線形動物はまるっきり外見が異なる。後者は両端で細くなった小さな円筒にすぎない。したがって、両者の共通の祖先は、細かく見ると線形動物とは違い、また明らかに現生のいかなる節足動物とも異なる、かなり単純な生物だったにちがいない。ひとつの門に含まれる現生種の最後の共通祖先と、近縁関係にあるふたつの門の最後の共通祖先とのあいだに見られる明白な差異は、体制の進化にかかわる重要な点を際立たせてくれる。系統の分岐と、系統内での複雑な体制の進化は、ふたつの別個の現象なのだ。節足動物に向かう系統がひとつの枝として分岐してから、現生節足動物の最後の共通祖先が生まれるまでのあいだに、数多くの生物学的な変化が起きたのである。

節足動物と線形動物の最後の共通祖先から、節足動物の体制がはっきりわかる動物までの道のまわりには、絶滅した形態が散らばっている。そのなかには、体節に分かれてはいるが、キチン質の骨格や関節肢はない形態もあったかもしれないし、体節に分かれ、キチン質の骨格もあるが、関節肢はない形態もあったかもしれない。生物学者は、これら進化の中間形態について、別個に説明する。これから語るふたつの生物群の概念は非常に重要なので、またしてもジェイコブ・マーレイ的な事実の称号を与えられる。

生物の門（あるいは綱などどんな系統上の分類群でもいい）の「冠部《クラウン》」に位置する集団は、その門に含まれる現生生物の最後の共通祖先とその全子孫で構成される（図50）。したがって、原生代後期かカンブリア紀初期のいつごろかに、原始節足動物も生息していて、それがふたつに分かれた。やがて、その一部はクモやサソリやそれらの親類を生み出し、残りは甲殻類や昆虫やそれらの親類に進化した。そうした子孫のなかには、その後絶滅してしまったものもいる。たとえばサソリに似た広翼類（ウミサソリ）は、古生代の浅海域を泳ぎまわっていた。ともあれ、共通祖先の誕生とその後の分岐によって、現代の種々の節足動物に至る道筋がつけられたのだ。

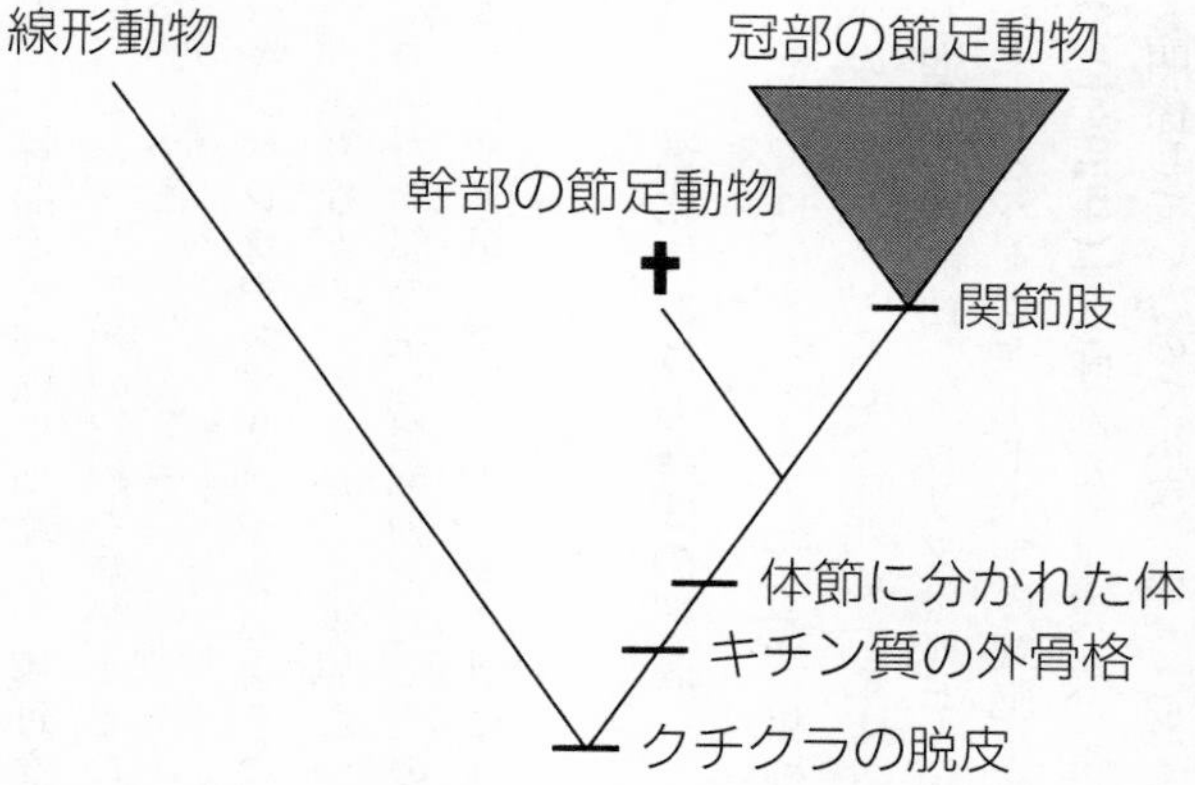

図50　節足動物の進化が物語るとおり、幹部生物群と冠部生物群の概念を表した図。詳しくは本文を参照。

冠部の節足動物と、節足動物と線形動物の分岐点とのあいだに相当する絶滅した中間形態は、「幹部《ステム》」の節足動物という（図50）。現生動物の細部にこだわる比較生物学者にとっては、幹部の生物群や最後の共通祖先は、系統樹から推測した架空の存在にすぎない。しかし、古生物学者にとってはそうではない。長い歴史と化石に彩られたわれわれの世界では、現生動物の祖先は、遠い昔の海で泳いだり、這ったり、ただじっとしていたりした実在の生物なのだ。それを想像する必要もない。岩石のなかに、生身の体でなくとも、骨格や圧縮された跡として残っているのだから。科学者は、古生物学によってのみ、幹部の生物種に到達し、複雑な体制の進化を明らかにすることができる。そして、カンブリア紀の記録を解釈するためには、幹部と冠部の生物群を理解しなければならない。

キンベレラやスプリッギナのようなエディアカラ化石は、現生動物と興味深い類似性がありながら、もどかしくも異なっているようだが、おそらく原生代末期の海に住んでいた幹部の左右相称動物だったのだろう。一方、冠部にあたる左右相称動物は、カンブリア紀になってようやく目につくようになる。

進化における時間の把握

それでは、カンブリア紀が左右相称動物の世界になったことは、どう理解したらいいのだろう？　ここで説明の一助となるのが、発生を司る遺伝子ネットワークにひそむ進化の可能性——カリフォルニア大学バークリー校の発生生物学者ジョン・ガーハートとハーヴァード大学の細胞生物学者マーク・カーシュナーはこれを「進化能(evolvability)」と呼んだ——だが、生態系の増幅効果や、ひょっとしたら環境の攪乱も関係していたのではないか。これらは注目に値するが、まずはカンブリア紀に起きた多様化の最も基本的な要素——時間——を把握する必要がある。

　左右相称動物の冠部生物群は、カンブリア紀になったとたんに現れたわけではない。コトゥイカンの崖で見たように、カンブリア紀最古の地層には、疑わしげな遺物が数少ない種類しか含まれておらず、大半は、蠕虫状の動物——や刺胞動物かもしれないもの——が残した微小なチューブである。このあと、節足動物、軟体動物、腕足動物と関連づけられそうな幹部生物群が現れ、それらの冠部はさらにあとになって登場した。どれだけあとだったのかは、一九九〇年代に明らかになった。MITのサム・バウリングを筆頭とする地質年代学者が、カンブリア紀の化石層のなかにはさまった火山灰層の年代を決定したのである。足跡や這い跡を見るかぎり、関節肢をもつ動物は、カンブリア紀になって一〇〇〇万年のあいだに現れたようだが、三葉虫（**口絵8**）は二〇〇〇万年経つまで誕生しなかった。さらに、甲殻類や鋏角類《きょうかくるい》（クモやサソリを含む動物群）の冠部は、カンブリア紀が三〇〇〇万年以上も過ぎたおよそ五億一一〇〇万年前にならないと記録が見つからない。

　古生物学界のふたりの革命児と言われるグレアム・バッドとゼーレン・イェンゼンは、節足動物の登場について今ざっと述べたようなパターンが、ほかの左右相称動物の門にも当てはまると主張した。たとえば、リン酸カルシウムでできた小さな帽子状の殻は、カンブリア紀に入って一三〇〇万年ごろのシベリアの地層から見つかる。この化石は腕足動物と判別できるが、殻の構造が詳細に保存されたものから、筋肉系と外套膜組織が現生の腕足動物とは異なることが明らかになっている（図51 a）。腕足動物の二大系統の冠部とおぼしきものは、さらに七〇〇万〜一〇〇〇万年は記録に現れない。そして、螺板綱《らばん》という、らせん状に並んだ炭酸カルシウムの板で覆われた袋状生物の化石が、五億二五〇〇万〜五億二〇〇〇万年前の岩石に見つかる（図51 b）。その摂食用の組織や骨格の微細構造によって、螺板綱は明らかに棘皮動物門と結びつけられるが、これらの奇妙な化石は今日生きているどの棘皮動物ともまるで似ていない。冠部の棘皮動物は、カンブリア紀のもっとあとのほう、あるいはカンブリア紀中期のいくつかの化石の解釈によっては、オルドビス紀になるまで登場しないのだ。最後に軟体動物門を考えよう。エディアカラ化石のキンベレラは、軟体動物の進化における初期の中間形態かもしれず、原初の軟体動物が作った微小ならせん状の殻は、カンブリア紀が始まって数百万年後に形成された岩石によく見つかる（図51 c）。続いて、二枚貝や腹足類の小型の幹部生物群が、カンブリア紀になって約一五〇〇万年経ったころに現れるが、古生物学者のだれにもなじみ深い大型の二枚貝や巻き貝や頭足類の殻は、ずっとあとのオルドビス紀になるまで、堆積岩にはっきり現れない。

図 51　左右相称動物の門や綱の幹部にあたると解釈されているカンブリア紀の化石。(a)カンブリア紀初期の腕足動物。(b)螺板綱の棘皮動物。(c)カンブリア紀最古の地層で見つかった、とぐろを巻いた軟体動物。本文を参照。(写真(a)はレオニード・ポポフ提供、(b)はデイヴィッド・ボットジャーとスティーヴン・ドーンボス提供、(c)はステファン・ベングトソン提供)

カンブリア紀の進化を際立たせるものとして、古生物学で最も有名な化石群がある。バージェス頁岩は、カンブリア紀の動物を収めた驚くべき宝庫としてまさに有名だ。海綿動物、有櫛動物、多毛類、鰓曳《えらひき》動物、腕足動物、節足動物、さらにはナメクジウオに似た脊索動物の、きわめて詳細な圧縮化石は、バージェスの時代までに左右相称動物のなかでさまざまな体制の進化が起きた事実を物語っている。ところが、それらの遺物の残る地層には、従来の古生物学の理解に異議を唱えるとんでもない問題児も多く存在する。体長五センチほどのオパビニア（図52a）には、節足動物らしくキチン質の殻に覆われた体節と羽のような鰓があるが、肢がなく、さらに厄介なことに五つの目と、物をつかめる吻《ふん》［訳注　口の部分から出たノズル状の構造］を備えていた。ナメクジのようなウィワクシア（図52b）は、鎖かたびらのようなキチン質のうろこをまとい、やはり奇妙な姿だ。アノマロカリス（図52c）もそうで、この巨大な（最大で六〇センチもあった！）捕食者は、体節に分かれた体に、肢の代わりに扇形のローブ（葉状構造）を備えながら、頭の下面には対になった関節肢ももっていて、それでカメラの絞りのように見える風変わりな口に食物を運んでいた。

スティーヴン・ジェイ・グールドは、著書『ワンダフル・ライフ』［邦訳は渡辺政隆訳、早川書房］でとくにオパビニアに注目し、それがバージェス化石を生物学的に解釈する

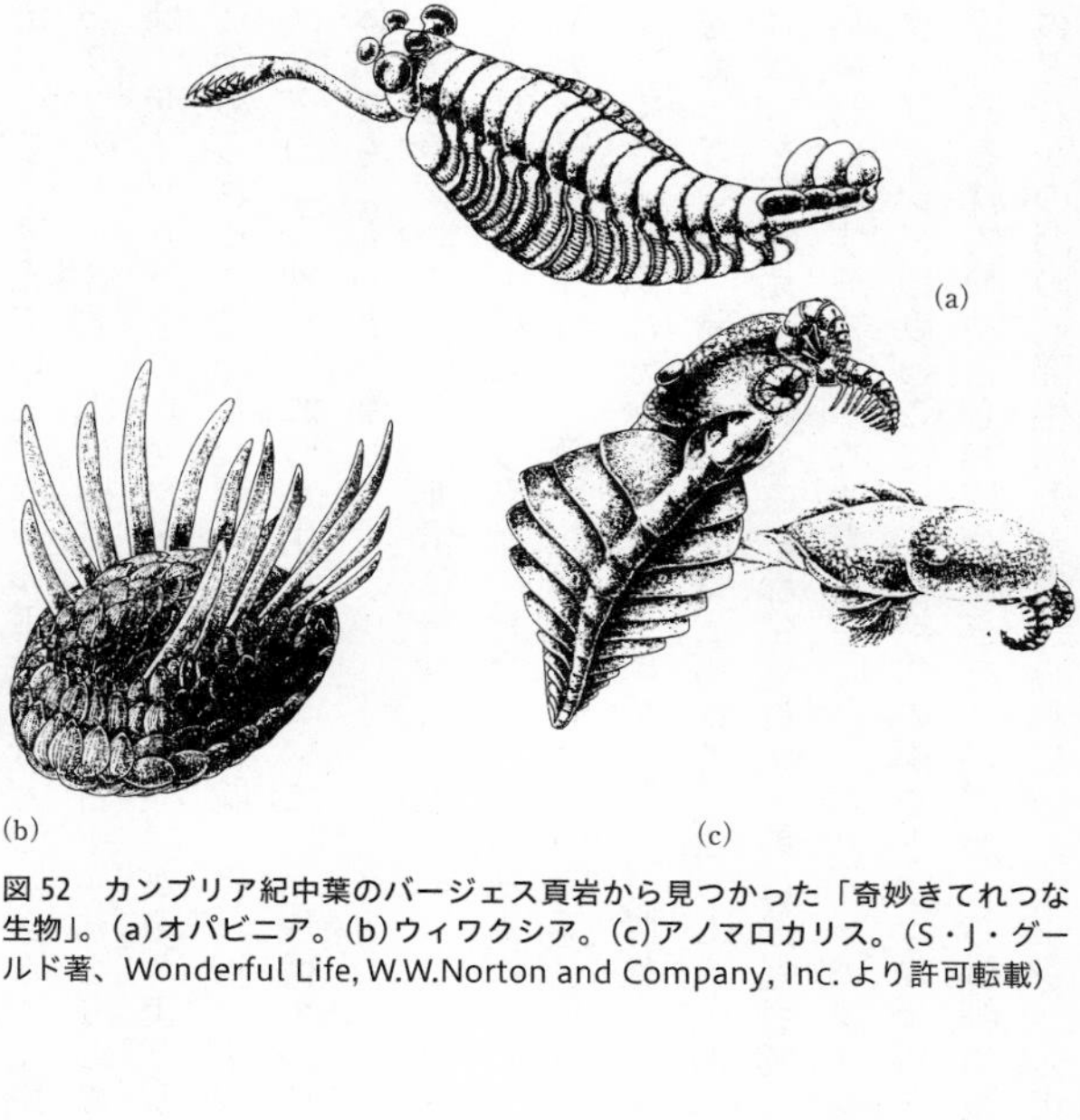

図 52　カンブリア紀中葉のバージェス頁岩から見つかった「奇妙きてれつな生物」。(a)オパビニア。(b)ウィワクシア。(c)アノマロカリス。(S・J・グールド著、Wonderful Life, W.W.Norton and Company, Inc. より許可転載)

うえで重要な鍵になると考えていた。[3] グールドは、オパビニアを現生動物と区別する特徴――風変わりな吻と、SF小説に出てくるような目――にとりわけ深い関心を寄せ、この化石は、ザイラッハーのヴェンド生物群と同様だがそれより新しい（そして左右相称動物に含められる）絶滅した門にあたると結論した。彼は、ウィワクシアやアノマロカリスなどの「奇妙きてれつな生物」についても、現代の海にいるのとは違う、絶滅した体制をもつものと解釈した。

バージェス動物群のなかに、確かに非常に奇妙な生物がいることは認めよう。しかし、それらは完全に異質なものというわけではない。そもそも、オパビニアの体節に分かれた体やキチン質の外骨格は、節足動物との進化上の関係を示唆している。アノマロカリスに至っては、体節に分かれた胴体とキチン質の外骨格に加え、少なくとも頭部に関節肢をもっている。奇妙かどうかはともかく、こうした化石は、現代の節足動物に至るプロセスを垣間見せてくれる幹部生物群――前に節足動物の進化で仮定した中間形態を具体的に示す遺物――なのだ。[4] さらに、ニック・バターフィールドが示したように、ウィワクシアのうろこには、多毛類の蠕虫との（ひょっとしたらその進化上の類縁関係にある軟体動物とも）結びつきをうかがわせる微細構造がある。一方、左右相称動物のどれかの門の冠部生物群と考えられていたバージェス化石にも、よく調べてみると、幹部の生物が含まれていそうだ。たとえばアユシェアイア・ペドゥンクラタは、長らく初期のカギムシ（有爪《ゆうそう》動物門の一種）と思われていた小さな化石だが、今日、近縁の緩歩《かんぽ》動物という門に見られるような口と末端付属肢をもつ。

では、そのように幹部生物群に富んだバージェス化石は、今からどれぐらい前のものなのだろうか？　バージェスの露頭には、火山灰層は見つかっていないが、年代がはっきりしているほかの地層群との生層序学的関係から、これらの華麗な動物がおよそ五億五〇〇〇万年前、つまりカンブリア紀に入って四〇〇〇万年近く経ったころに生きていたことがわかっている。[5] したがってバージェス頁岩は、左右相称動物の冠部生物群の登場ばかりか、幹部の存続をも象徴している。カンブリア紀が始まって四〇〇

3　グールドは当初その著書に『オパビニア賛歌（*Homage to Opabinia*）』という題をつけていたが、編集者は——賢明だったのかもしれないが——それを退けて『ワンダフル・ライフ（*Wonderful Life*）』を選んだ。この題はうまいことに、ジェームズ・スチュアート主演の映画『素晴らしき哉《かな》、人生！（*It's a Wonderful Life*）』を彷彿とさせると同時に、生命の素晴らしさのすべて（all that is wonderful about life）もほのめかしている。

4　この見方は、イギリスの古生物学者デレク・ブリッグズとリチャード・フォーティとマシュー・ウィルズが初めて公言し、サイモン・コンウェイ・モリスの著書『創造のるつぼ——バージェス頁岩と動物の台頭（*The Crucible of Creation: The Burgess Shale and the Rise of Animals*）』で詳細に扱われている。

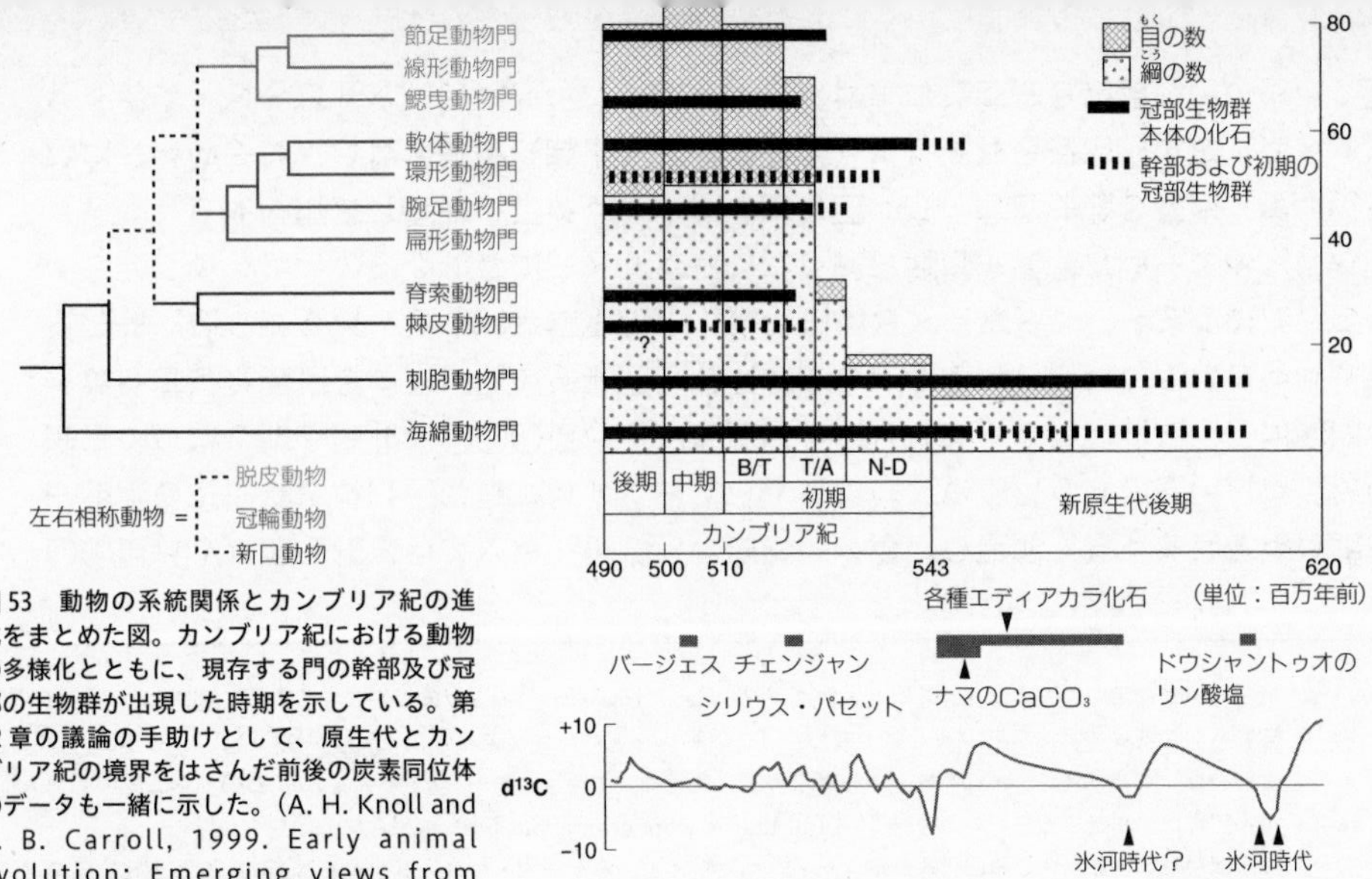

図 53　動物の系統関係とカンブリア紀の進化をまとめた図。カンブリア紀における動物の多様化とともに、現存する門の幹部及び冠部の生物群が出現した時期を示している。第12章の議論の手助けとして、原生代とカンブリア紀の境界をはさんだ前後の炭素同位体のデータも一緒に示した。(A. H. Knoll and S. B. Carroll, 1999. Early animal evolution: Emerging views from comparative biology and geology. Science 284: 2129-2137 (Copyright 1999 American Association for the Advancement of Science) より許可転載)

〇万年後においても、進化の中間形態はまだ海洋の生態系で大きな部分を占めていた。左右相称動物の多くの門で冠部生物群の種が海洋を支配するようになったのは、それより一五〇〇万〜二〇〇〇万年後、オルドビス紀に再び劇的な多様化が起きたときのことだ。

要するに、節足動物、腕足動物、軟体動物、さらには脊索動物と認識できるような体制は、カンブリア紀の前半に一〇〇〇万〜三〇〇〇万年かけて形成されたのである(図53)。その後、カンブリア紀の残りの期間にも進化が続き、左右相称動物の門や綱の冠部生物群に今日見られるような特徴の組み合わせができあがった。ここまで通して五〇〇〇万年になる。この期間を異常に短いと見なすべきか、それとも退屈なほど長いと考えるべきなのか? カンブリア爆発などというものは、本当にあったのだろうか?

この問題に言葉の意味から取り組んだ人もいる。数千万年もかけて起きた出来事は

5 中国のチェンジャン(澄江)やグリーンランド北部のシリウス・パセットでも、よく似た華麗な化石が見つかっており、ややこちらのほうが古い。原初の魚に似た動物も含まれるこれらの化石は、早くも五億二〇〇〇万年前に形成されていたようだが、それでもカンブリア紀が始まってから二〇〇〇万年以上経っている。

何であれ「爆発的」のはずがなく、「爆発的に増えた」のでないとしたらカンブリア紀の動物は何も変わったことなどしていないのかもしれない、というわけである。カンブリア紀の進化は、確かに漫画の展開のように速くはなかった――驚くほどのことはないのだ。しかし、原生代の頁岩や石灰岩が重なる分厚い地層を見てまわったことのある人なら、カンブリア紀の出来事が地球を変容させた事実に疑いを抱くまい。カンブリア紀の体制の進化に五〇〇〇万年かかったとはいっても、その五〇〇〇万年が、三〇億年以上におよぶ生物の歴史に変革をもたらしたのである。

カンブリア紀の進化があまりに遅い展開でどこも特別でないという見方を退けられるのなら、反対に速すぎたと考えるべきなのか？　現生動物の出現を説明するために、なにかユニークだがよくわかっていない進化のプロセスを仮定しなければならないのだろうか？　そうは思わない。カンブリア紀には、原生代にできなかったことを、集団遺伝学者に知られていないプロセスに頼らなくてもなし遂げられるだけの時間が十分にあった――二〇〇〇万年は、一～二年ごとに新しい世代が生まれる生物にとって、長い時間なのである。カンブリア紀に起きた進化の説明は、発生と生態の接点にある別の場所に求めなければならない。

Ｈｏｘ遺伝子

歴史の古さにせよ、アプローチの仕方にせよ、古生物学と分子生物学は生命科学の両極端に位置している。ところが、一九九〇年代からの一〇年間で、そうした生命科学の系列は丸まって円をなし、古生物学者と分子生物学者を、相互の情報が役立つほど密接に結びつけた。この事実は、すでに分子的な系統関係と太古の地球史との相関で見たとおりだ。古生物学者と発生生物学者がどちらも体制の進化に関心を向けると、結びつきはさらに強固なものとなる。というのも、化石が初期の動物の多様化にかかわる層序学的なパターンを確立するとしたら、発生遺伝学はその進化がどのようにしてなし遂げられたのかを明らかにするからだ。

前に紹介した「発生のツールキット」に話を戻そう。生物学者は、実験遺伝学で馬車馬のごとく働かされるショウジョウバエの研究によって、発生について多くのことを明らかにしてきた。どの動物の場合もそうだが、ショウジョウバエの発生は、細胞が増殖すると同時に、個々の細胞が分化していくことによって進行する。細胞の分化の最後に起きる遺伝子の発現でできるタンパク質群は、細胞骨格などの細胞質の諸要素を変化させ、ニューロンや筋肉線維といった個別の機能をもつ細胞を形成する。これらのタンパク質は確かに分子の大工と言えるが、どの大工にどの細胞の形成を任せるかは、ハエの発生の全体的なパターンを制御する「上流の」遺伝子によって決定されている。

個々の細胞の素性を最終的に決定する遺伝子の干渉は、実は発生の初期段階、それも受精卵が分裂しだす前に始まっている。母親が卵子に込めたRNAのメッセージをもとに作られたタンパク質群が、受精卵の片端からもう片端にかけて、濃度勾配を生み出すのだ。このタンパク質群は、ほかのRNAのメッセージの翻訳を選択的にうながしたり阻害したりすることによって、発生期の体軸の前端と後端を決定する。そのパターンは、細胞分裂によって核からの遺伝子の転写が始まると、明確さと精巧さを増していく。その後も遺伝子の相互作用が続き、胚の体軸に沿ってさらに細かい領域が規定される結果、ついには個別の体節――節足動物の組織のトレードマークだ――ができあがる。こうしてショウジョウバエの体節を作ったら、遺伝子はそれに肢や羽や触角や目を加えていく。この「*Hox*遺伝子群」は、体軸に沿って――重複はあるものの――決まった領域で発現し、各体節がどのように成長するかは、それぞれの細胞で働く*Hox*タンパク質（*Hox*遺伝子が生成するタンパク質）の組み合わせに左右される（ショウジョウバエがもつ八つの*Hox*遺伝子は、一本の染色体上のふたつの部分に固まっており、驚いたことに、この遺伝子の並び方はハエの胚で発現する空間的序列と一致している）。

体節の区別ができたら、別の遺伝子群が個々の体節の細かい構造を作りだす。ディスタルレス（*Distal-less*）という遺伝子は、各体節に一対ずつ肢を発生させる。*Hox*遺伝子の発現がもたらす制約と、ほかの遺伝子産物の誘導によって、頭部のひとつの体節から伸びた付属肢は触角になり、胸部の体節に生えた付属肢は歩ける脚として成長する。ショウジョウバエの腹部では、肢の形成は完全に阻止される。アイレス（*Eyeless*）も研究の進んでいる遺伝子で、眼の発生をうながし、ティンマン（*Tinman*）は心臓の形成を命じる（発生に利用される遺伝子には珍妙な名前のものが多い。ティンマンは、『オズの魔法使い』で主人公ドロシーと一緒に旅をするブリキ（tin）でできた――心をもたない――男を念頭に置いた名だが、私のお気に入りはソニック・ヘッジホッグ［訳注　ハリネズミ（hedgehog）を模したゲームのキャラクターの名前］だ。この遺伝子は、肢、歯、毛穴など、脊椎動物のさまざまな部位の形成に使われる）。

ショウジョウバエの発生は、実際にはこれ――分化する組織全体の発生――よりもはるかに複雑だが、ここに示した知見はいくつか重要な点を際立たせている。ハエの体のパターン形成は、受精卵の時点で始まり、その後次々と生じる遺伝子相互作用によって、胚のどんどん細かい部分が規定されていく。個別の細胞タイプの形成を導く遺伝子が変異しても、たいていは、目の色や剛毛の数などのそれぞれに小さな影響を及ぼすにすぎない。ところが、発生の初期に発現する調節遺伝子が変異すると、劇的な変化が起きる。たとえば*Hox*遺伝子の変異により、多くは死に至る奇形の体制が生じる。触角ができるべきところに脚が生えたり、ひとつでなくふたつの体節から羽が生えたりするのだ。このような変異は、*Hox*遺伝子がハエの基本的な外見を決定的に制御している事実を示している。

節足動物は、どれも共通の*Hox*遺伝子群をもっていながら、驚くほど多様な形態を見せる。この多様性は少なからず、その体を形成する体節の数や構造や細かい形態(付属肢のタイプなど)のバリエーションに結びつけられる。ケンブリッジ大学のミカリス・アヴェロフとマイケル・エイカムの研究を端緒に、発生生物学者は、*Hox*遺伝子の発現パターンと、こうした体節の形態のバリエーションとのあいだに強い相関があることを明らかにした(図54)。この対応関係は、*Hox*などの調節遺伝子が節足動物の発生を導いていることに加え、これらの遺伝子の「変異」が節足動物に今日見られるような多様な形態をもたらしたことまでも匂わせている。事実、最近の研究でカリフォルニア大学サンディエゴ校のウィリアム・マクギニスとウィスコンシン大学のショーン・キャロルは、*Ubx*という*Hox*遺伝子のわずかな変化が、多数の肢をもつ甲殻類から六本肢の昆虫への進化を決定づけたことを明らかにした。いまや、実験室のハエの*Hox*遺伝子が、カンブリア爆発の分子的な面を暴きはじめているのだ。

話は節足動物にとどまらない。実験室で使われるもうひとつの「馬車馬」がマウスで、生物学者は、ショウジョウバエの発生をもたらす遺伝子回路を探り当てたように、マウスの発生過程についてもかなり理解できるようになった。ハエとマウスの遺伝子を比較すると、素晴らしくも意外な相関が明らかになる。マウスもハエも、少数だが融通性の高い発生のツールキットをもっているだけではない。両者のキットには共通のツールが多く含まれているのである。*Hox*遺伝子群は、ハエにかぎらずマウスでも、頭部から尾部までの発生を決定する。ただし、遺伝子重複によって脊椎動物には*Hox*遺伝子群が四組存在し、それぞれの組が、節足動物で見つかるひととおりの遺伝子群に相当する。アイレスとディスタルレスに近い遺伝子は、ハエと同じようにマウスでも目と四肢の発生をもたらす。またマウスの心臓も、ティンマンに対応する遺伝子が形成を命じる。この類似性は驚くほど高く、アイレスに似た遺伝子をマウスから取り出してショウジョウバエに導入しても、正常な目が発生する。もちろん、発生

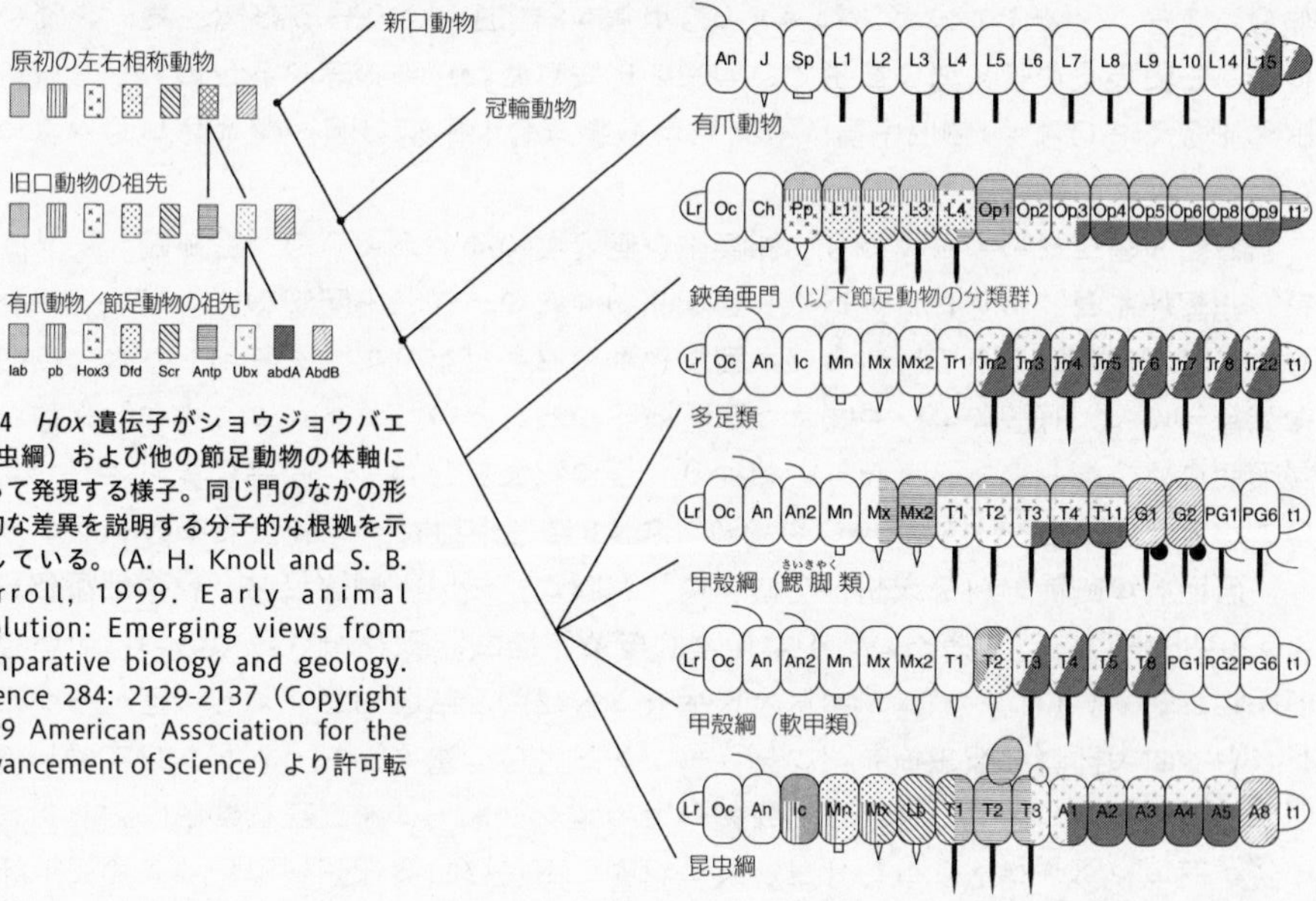

図 54　*Hox* 遺伝子がショウジョウバエ（昆虫綱）および他の節足動物の体軸に沿って発現する様子。同じ門のなかの形態的な差異を説明する分子的な根拠を示唆している。（A. H. Knoll and S. B. Carroll, 1999. Early animal evolution: Emerging views from comparative biology and geology. Science 284: 2129-2137（Copyright 1999 American Association for the Advancement of Science）より許可転載）

のツールキットが似ているとはいっても、マウスの受精卵は毛皮で覆われた齧歯類として発生する一方、ショウジョウバエの受精卵はミニチュアの急降下爆撃機になる。遺伝子は似ていても、形状は異なる。ただ、節足動物のなかで見られるパターンは、さまざまな門のあいだで当てはまるのだ。

ハエとマウスのほか、線虫のカエノラブディティス・エレガンス（これも実験でよく使われる）でもよく似た遺伝子が見つかったのをきっかけに、生物学者は、動物界全体で発生のツールキットを探し求めた。海綿動物や刺胞動物には少数の調節遺伝子しかないが、左右相称動物は皆、マウスとショウジョウバエで最初に見つかったのと同じ、もう少し規模の大きなツールキットをもっている。したがって、左右相称動物の多様化に必要な遺伝子は、現生左右相称動物の最後の共通祖先に備わっていたことになる。左右相称動物の生痕化石が、ロシアの白海で採れたエディアカラ時代の岩石から見つかっている事実を考えれば、この祖先は少なくとも五億五五〇〇万年前には生息していたにちがいない。カンブリア紀が始まったころ、体制の進化をうながす遺伝子のエンジンは、すでに存在していたのである。

「許容性の高い」生態系

これで、カンブリア紀の動物がどうしてダーウィンの予想を上回る速さで進化できたのかを理解する糸口がつかめた。調節遺伝子の変異が、急激な多様化を可能にしたのだ。

調節遺伝子の変異がカンブリア紀における生物の多様化の原動力となったのなら、そうした変異は、ほかの時代よりもカンブリア紀に多く生じたと言えるのか？　そうは思わない。この遺伝子変異は今日の動物集団でも起きており、しかもその率はカンブリア紀とおそらく違わない。だが、そのような変異の大半は死に至るもので、生まれる動物は失敗作だ。実験室のインキュベータ（保育器）のなかでなら生きていける変異体もあるが、自然界では見られそうにない。機能性の低い動物は、機能性の高い生物に満ちた世界では生き残れないのである。

この事実が、カンブリア紀の進化の核心へと導く。生物の革命をうながすには、変異さえ起きればいいわけではない。変異体が生き残って繁殖しなければならず、その結果さらに多様な変異が生まれ、それに対して自然選択が作用するのだ。一般に、進化における多様化は、完成度の高い変異がいきなり起きて、一気に世界に広まるように思われている。だがそうではない。長い時間をかけて、自然選択が変異を研ぎ澄ますのである。生物の多様化は、許容性の高い生態系が機能性の低い新種を生き残らせたときに開始する。

ここで言う「許容性の高い」とは、資源をめぐる競争がめったにないか厳しくないような生態環境を指している（進化のゲームで勝つためには、絶対的に優れている必要はない。相対的に優れていればいいのだ）。許容性の高い生態系が生じるのは、環境の変化によってそれまでにない生理機能が有用になるからかもしれないし、あるいは進化の過程で目新しい何かが生まれ、生物が資源を――効率は悪くても――それまでにない形で利用できるようになるためかもしれない。さらには、破滅的な大災害が引き金となることも考えられる。大量絶滅を生き延びた個体群が、ぽっかり空いた生態環境で多様化する可能性があるのだ。ちょうど恐竜が消え去ったあとの哺乳類のように。このあと第12章でも語ることになるが、原生代末期からカンブリア紀にかけての歴史は、今挙げた三つの状況が初期の動物の多様化をもたらした可能性をほのめかしている。

レイ論文の衝撃——分子時計から

一九九六年、デューク大学の生物学者グレッグ・レイらが、古生物学界に激震を与える論文を公表した。論文には、動物の化石は過去六億年以内のものしか残っていないとしても、左右相称動物ははるか以前に大きなグループに分かれていたはずで、ひょっとしたら一〇億年前かそれより昔かもしれない、と書かれていた。レイの出した結論は、地質学ではなく、分子生物学的なデータの解釈によるものだ。つまり「分子時計」というものによって進化の枝分かれの時期を推測したわけだが、これは、遺伝子の塩基配列の変化がおおよそ規則正しく蓄積され、時間的なばらつきや分類群による違いはほとんどないという仮定にもとづいている。この仮定を受け入れれば、ふたつの生物種間の遺伝子の違いを調べ、それをもとに、両種の系統が最後の共通祖先から分かれた時期を見積もることができる。実を言うと、この最初の仮定には異論もある——当てはまらない遺伝子も多く知られている——のだが、分子時計の支持者らは、詳しく調べればその食い違いを把握して影響を取り除けると主張している。

グレッグ・レイのチームは、さまざまな脊椎動物の種から特定の遺伝子を取り出し、その塩基配列を記録した。そしていろいろな組み合わせを選んで二種のあいだの遺伝子配列の差異を割り出し、両種が系統的に分岐した時期を化石から見積もったうえで、配列の差異を時間に対してグラフにプロットした（脊椎動物を選んだのは、骨が化石記録として非常によく残っているからだ）。すると（少なくとも私にとっては）驚いたことに、いくつかの遺伝子についてのデータがおおまかに見て直線上に乗った（図55）。これは、塩基配列の変化が確かに規則正しく蓄積されたことをうかがわせる。

ここまでは、すでに知られている遺伝子の差異と、すでに知られている進化上の分岐の時期とを比べたにすぎない。しかし、脊椎動物で較正した分子進化の速度が、動物の系統樹のもっと根元に近い枝にも当てはめられると仮定するあたりから、異論のある話になる。レイのチームは、この仮定をもとに、旧口動物と新口動物の種間に見られる遺伝子配列の差異を測定し、左右相称動物を構成するこのふたつの大枝が分岐した時期を見積もった（図55）。ヘモグロビンの遺伝子からは、早くて一六億年前と推定されたが、シトクロム酸化酵素を指定する遺伝子は、もっと遅く――八億年前かもしれない――に分岐した可能性を示唆していた。ただ、「遅く」とはいっても、最古のエディアカラ化石よりもはるかに昔である。

レイの研究結果は物議を醸したが、それに刺激されてほかの研究チームも分子時計と動物の起源の検討に乗り出した。左右相称動物がふたつに分かれた時期については、

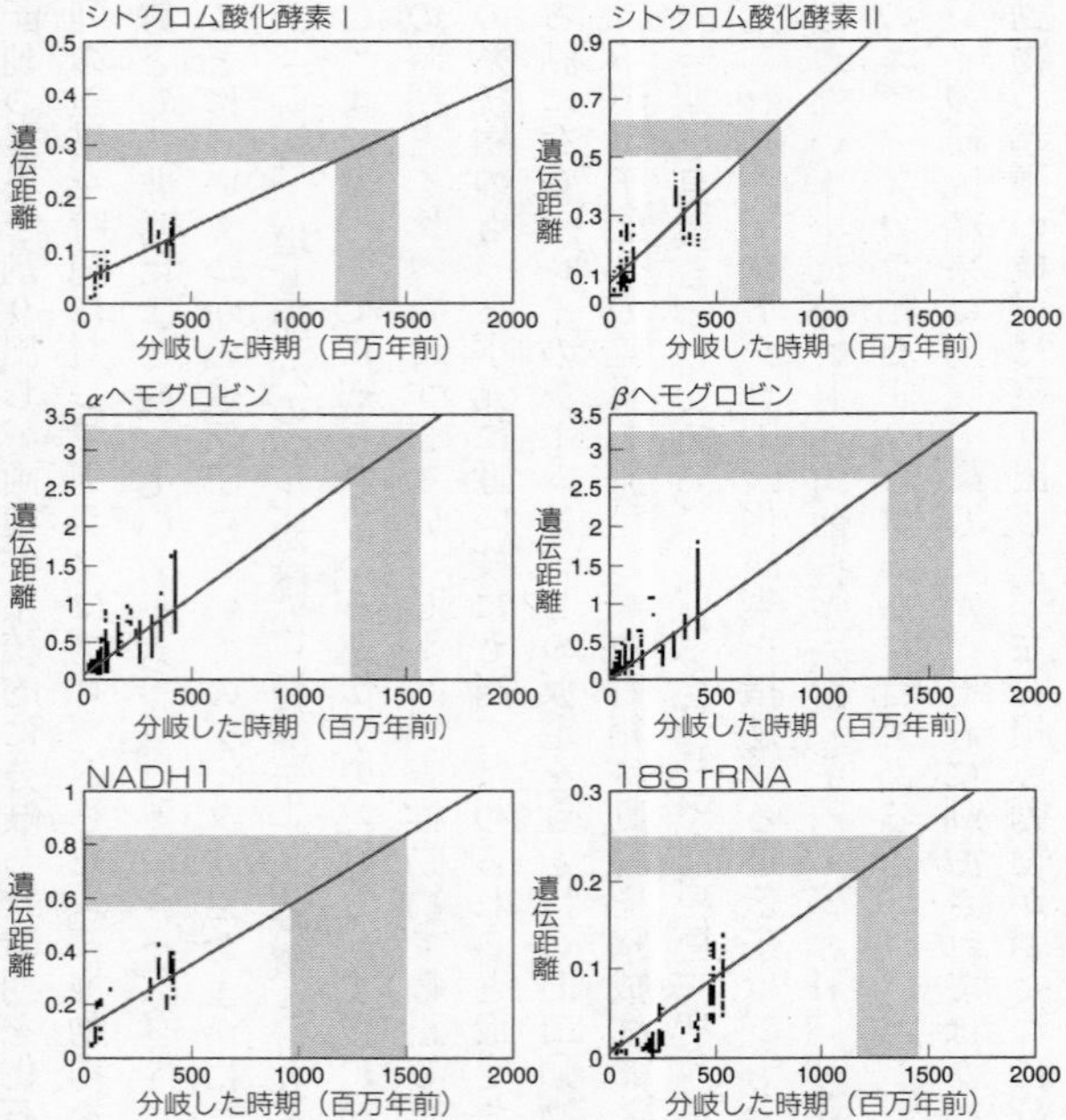

図 55　レイらのデータ（1996）をもとに図に示した分子時計。影つきの領域における縦軸の値は、新口動物と脱皮動物・冠輪動物のあいだで実測した遺伝距離［訳注：ここでは遺伝子の塩基配列の差異のこと］を示す。横軸上の値を読み取ると、当該の２種が最後の共通祖先から分岐した時期が推測できる。（G. A. Wray, J. S. Levinton, and L. H. Shapiro, 1996. Molecular evidence for deep Precambrian divergences among metazoan phyla. Science 274: 568-573（Copyright 1996 American Association for the Advancement of Science）より許可転載）

公表されている推定値に一六億年前から六億五〇〇〇万年前までの幅があるが、これは研究で使われた遺伝子や計算法の違いを反映している。

多くの生物学者は、脊椎動物の分子進化の速度が動物全般に当てはまるという考えに疑念を抱く。この疑念と、年代の推定値に大きなばらつきがある事実を考え合わせると、分子時計の刻む時間は不規則だと結論づけたくなる。この結論に、古生物学者はほっとするかもしれないが、それでは重要な点を見過ごしてしまうおそれがある。どんな問題があるにせよ、これまで公表されているすべての分子時計による推定は、動物の多様化が化石の証拠よりもずっと早く始まっていたことを示しているのだ。

最近になって、ダートマス大学のケヴィン・ピーターソンとカーター・タカクスが、分子時計を新しい角度から見直した。脊椎動物ではなく棘皮動物の遺伝子と化石をもとに、時計の較正をおこなったのだ。そこからふたりは、マウスとショウジョウバエの最後の共通祖先が生きていた年代を六億〜五億四〇〇〇万年前と推定し、それは化石記録と非常に良い一致を見ていた。この推定は、左右相称動物のもっと大きな分類群がそれ以前にたどった長い歴史を必要としない（また、これまでの古生物学が正しかったことを示唆している）ため、多くの古生物学者に受け入れられている。しかし、これで古生物学者が安泰なわけではない。左右相称動物が旧口動物と新口動物に分かれたのはたかだか六億〜五億四〇〇〇万年前なのかもしれないが、生命の系統樹によれば、左右相称動物と刺胞動物はもっと昔に分岐したにちがいなく、左右相称動物と刺胞動物の共通祖先はさらに前に海綿動物から分かれていたはずなのだ。ピーターソンとタカクスは、動物の系統樹における初期の枝が七億五〇〇〇万〜七億年前に形成されたと見積もっている。ところが、海綿動物にしろ刺胞動物にしろ、六億年前よりあとのものしか知られていない。したがって、ピーターソンとタカクスによる控えめな分子時計の見積もりでも、まだ地層中に見つかっていない動物の歴史が最大で一億五〇〇〇万年分はあることになる。

では、動物が早い時期に分岐したと訴える分子時計と、後生動物が比較的最近になって登場したことを示す化石記録とを、どうすり合わせられるのだろう？　分子生物学と古生物学を器用に使い分けるアンドルー・スミスが、すり合わせの選択肢をわずか三つにまとめている。

可能性のひとつは、動物進化の初期に遺伝子配列が異常な勢いで多様化していたため、分子から年代を読み取ろうとしてもだめだというものである。遺伝子が初期の生物の多様化のあいだに急激に変化するというのは、ばかげた考えではなく、その場しのぎの解決策でもない。その後に登場した一部の生物群で、爆発的に多様化したあいだに遺伝子が急激に変化した証拠が見つかっているのだ。したがって、顕生代の脊椎動物の遺伝子配列が五〇〇〇万年ごとにおよそ一パーセント分岐しているのに対し、初期の動物では一〇〇〇万年で一パーセント分岐していたとする場合、脊椎動物の分岐速度をそのまま当てはめると、動物の系統樹で初期の枝が分かれた時期を相当古く見積もりすぎてしまうことになる。とはいえ、当初進化が急激で、その後減速した遺伝子があったとしたら、四種類の塩基で綴られた膨大な遺伝子のメッセージのなかに、ペースの変化したしるしがそれとわかる形で残っているはずだ。スミスは、動物の遺伝子の分岐について求めうるかぎりのデータを調べたが、進化の速度が変わった証拠は見つけられなかった。

続いてスミスは、遺伝子が語っていることは正しく、古生物学は誤った解釈へ導いていたという可能性も考えた。つまり、これまでまだ地層に残された記録を調べ尽くしていないので、原生代後期の岩石に動物の化石があるのを見つけそこねているというわけである。スミスはこの可能性にそこそこ心を惹かれているようだが、これまで二〇年の大半を、原生代後期の岩石を訪ね歩いて過ごした私としては、注意深く探せば古い地層にカンブリア紀のような化石が見つかるとする考えには疑いを禁じえない。生痕化石がその問題を明らかにしてくれる。動物の足跡や這い跡が原生代末期になって初めて地層に現れるだけではない。いったん現れると、いたるところで見つかるようになるのだ。ところが、それより古い地層には、いくら探してもほとんど何も見つからない。[6] ドウシャントゥオやナマなどの、遠い過去に例外的に開いた窓も、たとえ原生代後期の岩石に見過ごしているものがあるとしても、それはカンブリア紀のような大型の複雑な動物ではないという見方を裏付けている。

スミスが指摘した第三の選択肢は、分子生物学と古生物学はどちらも正しいが、語っていることが違うというものだ。ここで、グループ内における体制の進化は、グループ間の系統的な分岐とは異なる（またそれより遅れて起きる）と前に言ったのが思い出される。正確であろうがなかろうが、分子時計は進化の枝分かれが生じた時期を推定する。一方、化石は動物門のなかでの体制の進化を記録しているのである。

真核生物の大きなグループが急速に分岐したとする系統的な推論と、多細胞の紅藻類が一〇億年以上も昔に存在していたという化石の証拠を考慮に入れるなら、幹部の動物が早い時期に現れていたと思うのも決してばかげてはいない。刺胞動物や左右相称動物の初めの幹部生物群が、まれだったり華奢だったり小さかったりして、化石記録には残りそうにない（少なくともそれとわかりそうにはない）ということは、確かに認めなければなるまい。だが、ここで共通の遺伝的・形態学的特徴を考えると、推測をある程度絞り込める。初期の刺胞動物は、現生のヒドラに似ていた可能性がある。ヒドラは非常に小さな（最大でも高さが一センチ程度で、太さも一ミリ以上になるのはまれだ）ポリプと呼ばれる形態をして、分泌物によって骨格を形成しないため、ふつう堆積物の表面に跡を残さない。そのような動物の化石は、あるとしてもめったに見つからないだろう。一方、旧口動物と新口動物の最後の共通祖先は、十分に大きくて複雑な体をしており、少なくとも海底を移動したり有機物として残るクチクラを形成したりしたと仮定するなら、堆積物に跡を残せたはずだ。もちろん、相当な仮定ではある。たとえば線形動物は、顕生代全体を通じて豊富に存在していたはずだが、ほとんど識別可能な化石を残していない（図56）。

「分子時計」仮説の定量的な主張はさておき定性的な主張だけでも受け入れるためには、エディアカラ化石の時代の出来事について、特定の見方をする必要もある。早い

6　最古の動物の化石を見つけたという主張は、数年おきに現れる。なかでも有名な候補は曲がりくねった印象化石で、アドルフ・ザイラッハーが、今では一六億年前のものとわかっている岩石から見出した。しかし、枝分かれしたパターンなどの特徴を見るかぎり、私には動物よりむしろ藻類の可能性が高いように思える。もっと率直に言えば、そのような構造を、五億五五〇〇万年前から豊富に現れる生痕化石と層序学的に結びつけたり、そうした痕跡を残した動物と系統的に関連づけたりできる証拠が見つからない。

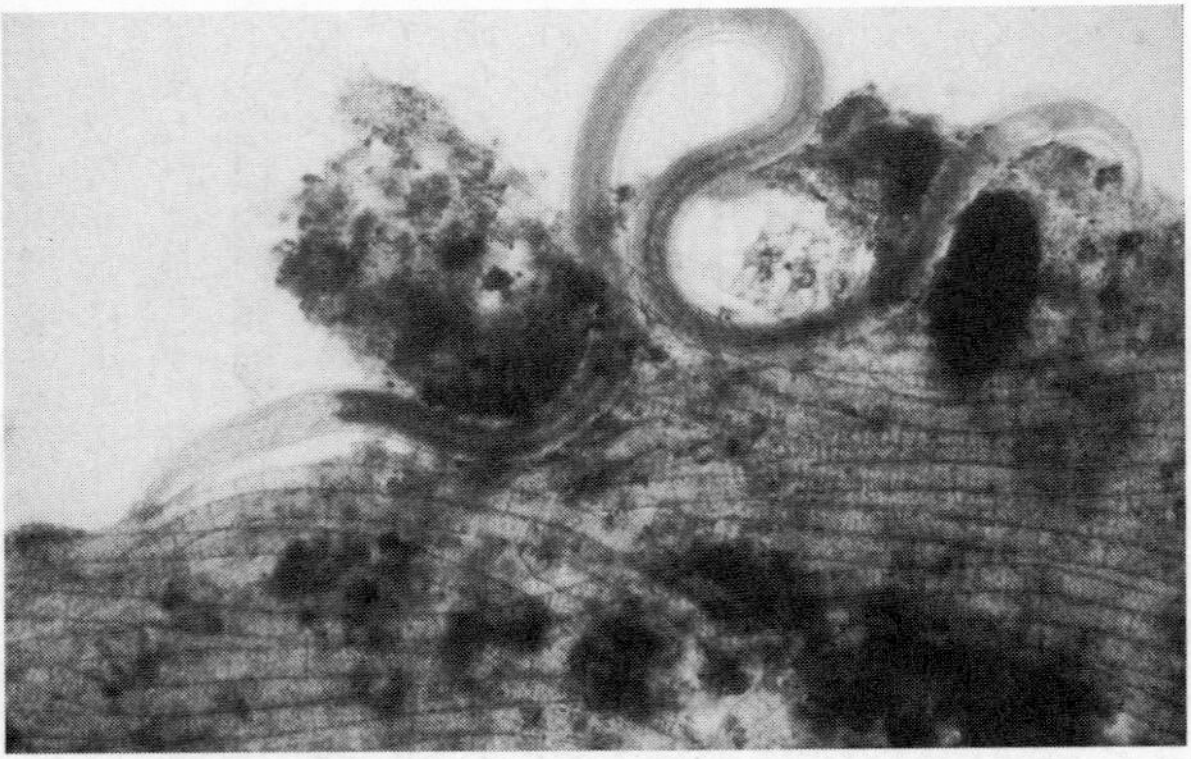

図56　このくねくねして両端が先細になったチューブは、線形動物 ── 今日の環境でほぼどこにでも見つかる小さな（全長1ミリにも満たない）動物 ── の一種である。線形動物は、複雑な組織と器官をもつが、ほとんど化石に残っていない。ちなみに下にたくさん見えるフィラメントは硫黄酸化細菌だ！（写真はアンドレアス・テスケ提供）

時期に分かれた動物の大枝のなかで、大型生物が独自に遂げた進化と見なさなければならないのだ。すると、複雑な体制を備えた大型動物が、微小な体の祖先が多様化しだしてずいぶん経ってから現れたのはなぜかと問う必要も出てくる。

本書執筆の時点で、この問題は解決できていない。分子時計仮説を古生物学的に検証するには、ドウシャントゥオの岩石で見つかるような、小さくても明瞭なリン酸塩化石を求めて、原生代後期の堆積岩をくまなく探さなければならない。じっさい多くの人が探しまわっているが、現時点ではだれも確実な証拠を見つけていない。しかしわれわれは、動物の進化――いやもっと正確に言えば、六億〜五億八〇〇〇万年前の、化石に残る大型動物の進化――を刺激したかもしれない環境的な出来事についても、よく考える必要がある。そしてまた、この時代に多様な海藻やプランクトン型藻類、大型原生動物、大型動物が、同時に現れた事実も説明しないといけない。そのために、原生代後期の世界を揺るがした物理的な大変動に注目すべきなのだ。

12 激変する地球、許容性の高い生態系

原生代とカンブリア紀の境界期に、超大陸が分裂し、地球が氷に包まれ、酸素濃度が上昇し、短期的な環境の攪乱が生じた。こうした地球史的大事件は、初期の動物進化のプロセスを形作り、許容性の高い生態環境を断続的に出現させ、後生動物の多様化をうながした。

氷が地球をおおったころ

一世紀以上ものあいだ、古生物学者は初期の動物を探して岩肌を這いずりまわってきた。だが最近まで、それは孤独な作業だった。ほかの科学者は各自の問題や課題に取り組んでいたのだ。ところが、すでに見たように、古生物学は分子生物学という仲間を見つけた。さらに、同じぐらい重要な働きをするパートナーが、伝統的な地質学の本拠からも現れた。地球科学者が、岩石と生命と空気と水がどのように相互作用し

図 57　ナミビアのヌメース漂礫岩と呼ばれる、粒が粗いうえに揃っていない堆積岩。同様の岩石が世界中で見られることは、原生代後期の地球に広く氷河作用が及んでいた事実を物語っている。

てわれわれを囲む環境を形成しているのか、理解を深めようとしているのだ。地球システム科学と呼ばれるこの研究の多くは、地球環境の未来への関心によって突き動かされている。しかし、地球化学者や気候学者は、地球環境の「過去」も研究しだしており、それにより、初期の動物進化が初めて、原生代後期からカンブリア紀にかけての環境史と結びつけられるようになった。では、その歴史はどんなものとわかりはじめているのだろうか。

スピッツベルゲンでは、アカデミカーブリーン層群の化石入りのチャートとそれより新しいカンブリア紀の岩石とのあいだに、分厚い漂礫岩——氷河作用によってできた、粒が粗いうえに揃っていない堆積岩――の地層がはさまっている。第9章でも述べたが、漂礫岩は、中国南部の珍妙なドウシャントゥオ化石群のすぐ下にも見つかる。またオーストラリアでも、頂上付近にエディアカラ化石が含まれる堆積物の山のすぐ下に、氷河作用による岩石がある。同様の層序パターンは、インドのヒマラヤ山麓、ロシアのヨーロッパ側、ノルウェー、ナミビア、ニューファンドランド、あるいはデスヴァレーからカナダ北部に至るロッキー山脈、さらにはボストン湾にも見られる（図57）。氷河は動物の時代の到来を告げたのである。

ブライアン・ハーランド――スピッツベルゲンでの調査に私を誘ってくれたあのブライアン・ハーランドだ――は、このように漂礫岩が広範に存在することの意味に初めて気づき、一九六四年、原生代の終わりごろに全地球規模の氷河時代があったとの考えを提唱した。われわれは、今から一万八〇〇〇年前にボストンやシカゴが氷河に閉ざされていたという話を聞くとびっくりしがちだが（それも当然ではある）、更新世の大陸氷河は、氷河時代の最盛期でもロングアイランドより南へは下りず、北米大陸の多くの地域は氷に覆われなかった。ところが、ハーランドの考えが正しければ、原生代後期の地球では、ほとんどの陸塊が氷に覆われていたことになるのだ。

ハーランドの説は、数十年にわたる綿密な調査によって裏付けられた。それどころか、大陸氷河が地球を覆ったのは一度ではなかった。ただし、原生代後期に訪れた氷河時代の正確な回数については、いまだ見解の一致を見ていない。大半の地域で漂礫岩の地層が二層しか見つかっていない点を挙げて、一部の層序学者は、地球が氷に閉ざされたのは二回だと考えている。ところが、同じアプローチを顕生代の岩石に適用すると、過去五億年で地球は二回の氷河時代を経験したことになるが、実際には三回あった。[1] この問題は、厳密な放射性年代決定でしか解決できない。私自身の考えを言えば、地球は原生代後期に少なくとも四回冷えたのではないか。初回は七億六五〇〇万年前より少し早い時期で、おそらくアフリカに限られていた。正真正銘地球規模と言える二回の氷河時代は、七億一〇〇〇万(プラスマイナス二〇〇〇万)年前と、六億年より少し前にあり、最後に少なくとももう一回、カンブリア紀が始まる前に(比較的小規模なものが)起きた。

1　北アフリカを中心とする比較的短い氷河時代は、オルドビス紀の終わりに近い、四億四〇〇〇万年前ごろにあった。その後、古生代の後期に大陸氷河が再び広がり、三億五五〇〇万~二億八〇〇〇万年前あたりにゴンドワナ超大陸の多くの地域を覆った。三三〇〇万年前には三回目が訪れ、南極大陸で氷河が広がりだしたが、大陸氷河が北半球の大陸にも広がったのは最近二〇〇万年のことにすぎない。これら三回の出来事がすべて堆積岩に記録されている地域はない。

スノーボール・アースの生き物たち

一般に堆積地質学者は、氷河作用による岩石を寒冷な気候と結びつけ、炭酸塩の蓄積を温暖な気候と結びつける。しかしスピッツベルゲンでも見たとおり、原生代後期の漂礫岩はたいてい炭酸塩に富んだ地層にはさまれている。さらに言えば、原生代後期の氷河堆積物の上にはほぼ必ず、特徴的な炭酸塩岩の地層が乗っている。特徴的というのは、太古代から原生代初期にかけての石灰岩に見つかるような多数の細長い結晶をはじめ、特異なものが含まれているからである（図58）。じっさい多くの場所で、氷河堆積物とその上に重なる「キャップ」炭酸塩岩との境界面は、ナイフの刃で示せるほどはっきり分かれている。

われわれがスピッツベルゲンでおこなった調査では、このキャップ炭酸塩岩について、もうひとつ奇妙な――ここでは化学的に奇妙な――特徴が見つかった。第3章と第6章で、堆積岩中の炭素同位体をもとに二種類の情報が得られると言ったのを思い出してほしい。石灰岩と有機物との同位体組成の「差異」は、局所的な生態系における生物の代謝を反映している。一方、石灰岩やドロマイトに含まれる^{12}Cに対する^{13}C

図58　ナミビアのヌメース漂礫岩の上に乗っているキャップ炭酸塩岩。キャップ炭酸塩岩は、ここに見えるような幾重にも重なって褶曲した薄層や、海底に直接析出した花弁状の結晶など、特異な層理構造を示す。

の比の「絶対値」からは、それらの岩石が形成されたときに埋没した炭素に対する、炭酸塩と有機物の相対的な寄与が推定できる（第6章の図27）。原生代後期の氷河堆積物の下に続く分厚い炭酸塩岩層では、概して炭素同位体比（先述の絶対値）が非常に高い。二四億〜二二億年前の岩石での最大値にほぼ匹敵するほどで、それを除けば地質学的な記録に表れるどの値をも上回っている。ところが、キャップ炭酸塩岩の炭素同位体比は、極端に低い値にまで落ちる。この化学的なパターンは、スピッツベルゲンにかぎらず（この先語るように多少の違いはあるが）世界じゅうで見られる。しかも、大きな氷河時代には必ず当てはまるのである。

したがって、原生代後期の氷河時代は、地球規模の炭素循環における特異な挙動と結びつけられる。こうした化学的な変動は、どのように説明でき、原生代後期の世界について何を語っているのだろうか？

地質学が、同位体のデータの説明を助けてくれる。炭素同位体比が異常に高くなりはじめるのは、原生代後期にひとつかそれ以上の超大陸が分裂したのと同時期だ。大きな大陸が分裂すると、海峡ができ、そこへ急速にたまる堆積物のなかに有機物が埋没しやすくなる可能性がある。要するに、「地質構造上の」変化で、炭素同位体比の高さという「化学的な」知見を説明できるかもしれないのだ。有機炭素の埋没する割合が高くなると、大気中の二酸化炭素濃度が比較的低く保たれるようになり、気候が全体的に寒冷化し、地球は氷河に覆われやすくなる。このような関係が示す地球と環境の複雑な結びつきこそが、地球システム科学の研究対象である。

キャップ炭酸塩岩の炭素同位体比が低いことについては、数通りの解釈がある。ひとつの可能性は、氷河時代のあとの海には藻類やシアノバクテリアがわずかしかいなかったため、有機物の埋没した割合が低かったというものだ。あるいは、キャップ炭酸塩岩の堆積が極端に速く、その勢いは、有機炭素の埋没が炭素同位体比に及ぼす影響を圧倒するほどだったとも考えられる。さらに、氷河が退くにつれ、温暖化していく大陸の辺縁部からメタン（炭素同位体比が非常に低い）が吐き出された可能性もある。

そればかりでない。原生代後期の氷河作用とからんで復活した太古の堆積物の特徴は、特異な炭酸塩の析出だけではない。鉄鉱層も再び現れているのだ。ウエスタン・オンタリオ大学の地質学者グラント・ヤングが立証したとおり、鉄鉱層は世界じゅうで原生代後期の漂礫岩中に存在し、とくに約七億一〇〇〇万年前の大規模な氷河時代に形成された漂礫岩によく見られる。本書ではすでに、もっと昔の鉄鉱層について、酸素や硫化物の乏しい深海で溶存する鉄が析出してできたと説明した。そのような状態の海が、永久に消えたように見えてから一〇億年以上も経って再び現れることなど、どうしてありうるのだろうか？

このあとまた氷河と鉄の問題に戻るが、原生代後期の氷河作用について、ほかのすべての特徴を説明する鍵となる可能性を秘めているという点で、もうひとつ注目すべき特徴がある。少なくとも一部の漂礫岩は、原生代後期の赤道付近の海面で形成されているのだ。われわれの祖先であるクロマニョン人が経験した氷河時代には、それは起きていない。

なぜそんなことがわかるのか？　大陸がこれまで長いあいだ構造プレートに乗って移動してきた事実を考えれば、遠い昔の地球でできた岩石が熱帯地域に堆積したものだとどうして言えるのだろう？　その答えは、堆積岩や火山岩がもつ磁気的な性質にある。岩石が形成されるとき、鉄を含む鉱物は、地球の磁場の向きに並んで結晶化する。この磁化方向は、長い地質学的な時間にわたって維持されるため、地質学者は太古の岩石ができた緯度——経度は無理にしても——を決定できる（ただし、のちの出来事によって磁化方向がリセットされることもあるので、古地磁気のデータの解釈はきわめて慎重におこなわなければならない）。綿密な調査の結果、オーストラリア南部や北米西部の氷河堆積物は、原生代後期の赤道から南北一〇度以内で形成されたことが明らかになっている。中国のナントゥオ漂礫岩は、古緯度にして四〇度あたりの地域でできたと考えられ、これは、磁気的な痕跡が高い信頼度で測定されている本当にわずかな漂礫岩のなかで、最も「極寄りの」ものに属する。

一九九二年、カリフォルニア工科大学地質学部の才気煥発な異端児ジョー・カーシュヴィンクが、原生代後期の氷河時代について驚くべきイメージを描いてみせた。彼いわく、氷河作用は高緯度地域や標高の高い場所でふつうに始まったが、氷床（大陸氷河）が赤道に迫ると、地球の気候システムは臨界点に近づき、ついにはそれを越えた。氷は太陽光を宇宙へ反射する（気候学では「アルベドが大きい」という）ため、氷河の拡大にともない地球はますます寒冷化する。寒くなるとさらに氷河が成長しやすくなる。したがって、氷床の拡大とともに正のフィードバックが生じることになる。カーシュヴィンクの考えでは、氷河が赤道からおよそ三〇度以内の緯度まで達すると、冷却に歯止めが利かなくなり、地球は数千年以内に氷に覆われたのだという。氷床は北極から南極まで広がり、海氷が海面を覆い尽くし、カーシュヴィンクの想像力豊かな表現によれば、スノーボール・アース（雪玉地球）ができたのである。

当初、カーシュヴィンクのアイデアを真面目に受け止める人はほとんどいなかった。ひとつには、過激な選択肢を支持する代わりに、更新世の気候にもとづく一般に認められたモデルを退けなければならなかったからだ。そのような行動は、元来保守的な科学者たちの好むところではない。そのうえ、スノーボール・アースは根本的な問題も提起した。いったん地球がそうした状態になったら、そこから抜け出すのは難しいのだ。

ところが一九九八年、突然スノーボール・アース仮説の株が上がった。地質学者のポール・ホフマンと地球化学者のダニエル・シュラグが、ハーヴァード大学の地球科学研究棟で深夜の議論を続けるうちに、原生代後期の氷河作用にかんする地質学的な知見を、全地球凍結というカーシュヴィンクの見方とすり合わせる方法を思いついたのである。ふたりは、キャップ炭酸塩岩の地質学的・化学的特徴を、カーシュヴィンクの提案したスノーボールの冷たい魔の手から抜け出すプロセスの存在を示す証拠と見なした。

ホフマンとシュラグが手直ししたスノーボール・アース仮説によれば、原生代後期の氷河時代は、ほぼカーシュヴィンクの考えどおり、通常の氷河が緯度の臨界域を越えてから、一気に地球を覆うことによって始まった。地球が氷で蓋をされると、一次生産がほとんど停止した。これが、長いこと炭素同位体比が低かったとされている期間の説明となる。ホフマンは同僚とともに、少なくともひとつの氷河時代でその期間が漂礫岩のすぐ下から始まっていることを見出している。氷の覆いはさらに、大気中の酸素が海水に拡散するのを妨げ、海洋は無酸素になった。一次生産が停止するということは、硫酸塩還元の速度も低下するわけで、硫化水素の生成量が減り、そのため――一八億年前よりあとの時代では初めて――深海で鉄鉱層が形成された。

寒さと氷は大陸の風化も止めた。こうして氷河は、大気から二酸化炭素を除去する二大プロセスをほとんど阻止したのだ。一方で氷河は、大気に二酸化炭素を増やす大きな原動力――火山活動――を阻止できなかった。その結果、氷原の上の大気では、二酸化炭素濃度がじりじりと上昇した。二酸化炭素は温室効果ガスの代表格だが、ホフマンとシュラグは、地球全体を覆った氷床をなくすには、大気中の二酸化炭素濃度が現在の三〇〇〜四〇〇倍にならなければいけなかったと推定している。そのように莫大な量の二酸化炭素をため込むにはかなりの時間がかかる。ホフマンとシュラグは、氷河の存続時間を見積もったうえで、数千万年ではないかと言っている。しかし、いったん（またもや）臨界点を越えると、ほぼ即座に退氷［訳注　氷河が次第に解け去っていくこと］が始まり、広大な氷床が解けて（急激な海面上昇を引き起こす）、海水温は一気に四〇℃以上――今日の最も温暖な海よりはるかに温かい――にまで上がっただろう。氷河時代が明けた地球では、化学的な風化作用が空前の勢いで進行し、大量のカルシウムが海に供給された結果、キャップ炭酸塩岩が堆積した。こうした風化はまた、大気から二酸化炭素を奪い、地球はたちまち元の状態に戻ったというわけである。

スノーボール・アースにおいて、生物はどうだったのだろう？　ホフマンとシュラグによる破滅的なシナリオを信じるなら、氷河が広がると、それまでの豊かな生態環境が消滅し、大半の海生生物は、現代のアイスランドのような熱水噴出口近辺のわずかな避難所にのみ生き残った。その後、事態はさらにひどい展開を迎える。氷河による滅亡をかろうじて免れたあとで、生物たちの世界は「火あぶり」にされた。海が温められ、ほとんどの真核生物が長期間は耐えられないほどの温度になったのだ。それでもホフマンとシュラグは、スノーボール・アースとその直後の状況が、動物を生み出するつぼになったのではないかと語る。この考えは、主に原生代後期の漂礫岩の上にエディアカラ動物群が現れるという層序学的な事実にもとづいているが、極端な環境ストレスが生物の革新の原動力となる変異を引き起こすという、遺伝学界で大いに議論されている見方もそれを支持している。

スノーボール・アース仮説の正否

スノーボール・アースは、気候史、地球化学、生物学といった驚くほど広範な領域を網羅した途方もないアイデアと言える。そして当然かもしれないが、途方もないアイデアには付きものの激しい議論を呼んだ。議論された点のすべてがここでの話に必要なわけではないが、古生物学者としては、次のふたつの疑問を提示しなければならない。地球がなんらかの形態のスノーボールになったのは事実なのか？ そしてもし事実なら、それが生物進化にどのような影響を及ぼしたと結論づけるべきなのだろうか？

ここでふたつの問題が、現在の議論の本質を明らかにしている（完全に網羅するわけではないが）。第一の問題は、原生代後期の氷河時代における水をめぐるものだ。もともとのスノーボール・アースのシナリオでは、厚さ八〇〇メートルに及ぶ海氷のせいで、海洋から大気への水蒸気の移動は厳しく制限され、地球上の水の循環はほとんど停止していた。ところが、原生代後期の赤道付近で形成されたオーストラリアの漂礫岩は厚さ九〇〇メートル以上に達しており、氷河が熱帯地域まで到達したあとも長いあいだ氷床が成長しつづけたことを物語っている。スノーボール・アースのシナリオでは低緯度の海氷が一気に形成されることを考えると、この漂礫岩の存在と水の循環の停止とを両立させる説明は見つけづらい。そこで、海氷の厚みを減らし、海には薄い（一メートルほどかもしれない）氷の膜しか張っていなかったと考えることもできる。それなら氷が割れて、水の循環が続いた可能性がある。しかしこの可能性を認めると、大気と海洋の二酸化炭素のやりとりを許すことになり、大気中の二酸化炭素濃度が当初の仮定ほどは増大しなくなってしまう。

第二の問題は、先ほど簡単に触れた炭素同位体の記録に関係する。炭素同位体比が氷河時代の前後でともに低いとしても、現在発展しつつあるスノーボールのシナリオでは、低い理由がそれぞれ異なる。シュラグとホフマンは、同じハーヴァードの大学院生ピッパ・ハルヴァーソンとイェール大学の地球化学者ロバート・バーナーとともに、有機物の豊富な堆積物から漏れ出たメタンが氷河時代直前の気候を決定したという仮説を立てた。生物起源のメタンには^{12}Cが豊富に含まれ（第6章参照）、分子同士で比べれば、メタンは二酸化炭素よりもはるかに温室効果が高い。そこでシュラグとホフマンと同僚たちは、「地球は温暖さを維持するのにメタンに頼るようになり、あるときなんらかの理由でメタンの供給が停止した結果、温度が急激に下がり氷河が広がった」と考えた（ただしこのアイデアは、原生代後期の地球で酸素濃度が低かった場合にしか成り立たない。今日、海底堆積物から徐々に放出されているメタンは、海中を上昇しながら酸素と反応し、生成した二酸化炭素を大気に供給している。酸素の問題にはあとでまた戻ろう）。一方、氷河時代よりあとの炭素同位体比については、シュラグとホフマンは、炭酸塩がきわめて急速に堆積した結果と見なしている。

　これらの仮説は氷河時代の前後の炭素同位体比を別個に説明するので、氷河時代のさなかの炭素の状態については何も予言しない。多くの研究者は、氷河時代のあいだも炭素同位体比はずっと低かった——それゆえ一次生産は極端に低いレベルまで落ち込んだ——と考えたが、近年、漂礫岩のなかに存在する比較的珍しい炭酸塩層の分析によって、この仮定に疑いが生じている。スノーボール・アース仮説への懐疑派を代表する三人と言えば、カリフォルニア大学リヴァーサイド校のマーティン・ケネディと、アバディーン大学（スコットランド）のトニー・プレイヴと、コロンビア大学のニコラス・クリスティー＝ブリック（彼はＭＩＴで「新原生代の法螺話《スノージョブ》」と題した講演をおこない、自分の考えを率直に語っている）だが、彼らはいくつかの大陸で氷河時代の炭酸塩岩のサンプルを採取した。それらの岩石の炭素同位体比は、石灰岩やドロマイトとしてごくふつうの値を示した。ここで氷河時代の炭酸塩岩は氷河時代以前の岩石が再堆積してできたと主張することもできるが、この地層には、氷河時代の海水から析出したにちがいないウーライト（魚卵岩）［訳注　前に述べたウーイドを主成分とする石灰岩］が含まれている。また、炭酸塩岩中の炭素同位体組成が、埋没した炭素に対する有機物と炭酸塩の相対的な割合を示すことを思い出そう。すると、炭酸塩の堆積は地球全体が氷河に覆われた期間の一次生産にともなって減少したか、そもそも一次生産はそれほど落ち込まなかったと結論できる。[2]

　実のところ、原生代後期の氷河の記録については、氷が覆った範囲など、たいていのことがらに複数の解釈がある。現在デューク大学にいるトム・クロウリーは、二一世紀の地球温暖化を探るべく考案された気候モデルを使い、原生代後期の氷河作用を調べた。このモデルでは、氷床は古緯度にして三〇～四〇度に達すると急速に広がり、海氷は世界の海洋の大部分を覆うほど拡大を見せる——スノーボール・アース仮説に一票だ。ところが、完全なスノーボールのシナリオとは違い、クロウリーが何度かモデルを応用しても、赤道付近の海には氷に覆われない領域がかなり残った。さらにもうひとつ違いがあった。クロウリーのモデルでは、大気中の二酸化炭素濃度が氷河時代以前のたかだか四〜五倍に達した段階で、氷が退きはじめてしまうのだ。

さて、だれが正しいのだろう？　それはわからない。というのも、ひとつには、対立する可能性のなかから答えを選ぶ手助けとなるような、観察結果や測定結果がまだないからだ。私は、スノーボール・アース仮説を多くの点で気に入っている。それでも正直なところ、原生代後期の気候史を語るなら、もう少し穏やかな「スラッシュボール（半解けの雪玉）」・アース仮説——スノーボールほど始まりや終わりが破滅的でなく、海洋に少しは水面が覗いていたとする考え——のほうが好きだ。そのほうが私自身がフィールドで目にしている事実とすり合わせやすいと思うし、多様な真核生物が生き残った事実についてもその場しのぎの説明をしないで済む（細菌や古細菌は、ここではあまり解決の役に立たない。第7章で触れたように、原核生物はほとんどどんな環境でも死滅させにくいのだから）。

スノーボール・アースの研究は、まだ結論が出ていない。とはいえ、この説の要《かなめ》と言えそうな点を明らかにできるだけのことはわかっている。許容しうる最も穏やかなシナリオでも、氷は地球の海洋の大部分と大陸棚のほとんどを覆ってしまうのだ。現在の議論からどう答えを引き出しても、原生代の氷河時代が更新世のものに似て、ただ時代が古いだけといった安易な考えには戻れないだろう。原生代後期の氷河作用は特別で、その痕跡を現代の生物界に残しているにちがいないのである。

大量絶滅とその中での生存者

第9章で、真核生物の初期の化石記録について論じた。紅藻類は、原生代後期の氷

2　こうしたデータは、スノーボールのシナリオが提示する別の主張もおびやかす。キャップ炭酸塩岩の炭素同位体比が低いことについては、氷河時代のあとにメタンが噴き出したとか、^{12}Cに富んだ深海の水がわき上がったといった説明もある。いずれのメカニズムも、せいぜい数十万年しか海水の組成に影響を及ぼさない。したがって海水の炭素同位体比が、全地球規模の氷河時代の開始から終了直後まで、数百万年にわたって低かったとしたら、メタンの放出や深海水の湧昇にもとづく仮説は否定される。一方、炭素同位体比の低い状態が、退氷とともによ うやく始まり、その後まもなく終わったとすれば、炭素同位体のデータは必ずしもどれかの説明をほかよりも支持することにはならない。

河時代が始まるはるか以前に登場していたのだから、氷河の拡大と消滅による環境の激変を生き残ったにちがいない。緑藻類もそうで、褐藻類の仲間や、渦鞭毛虫類、繊毛虫類、有殻アメーバもその例に洩れない。分子時計が使い物になるとしたら、微小な動物さえも、そうした苛酷な気候の少なくとも一部を耐えしのいだはずだ。

　生命の系統樹をもとに推測すると、生存者のリストはさらに拡大する。たとえば、七億五〇〇〇万年前の岩石に有殻アメーバの化石が見つかっていることを考えると、少なくとも、菌類と動物の共通祖先も生息していたのでなければならない。有殻アメーバならではの特徴が進化したのは、理論上、そのグループが動物＋菌類と系統分岐したあとのはずだからだ。それどころか、現生真核生物の主要なグループのほとんどは、原生代後期の氷河時代が始まる前に現れていたにちがいない。多くの系統が、大気候変動を生き残ったのである。

　氷河時代の生物をこのようにとらえると、最悪の期間にもあちこちに無数の避難所が存在しつづけたことになる。だから私は、比較的穏やかな古気候のシナリオに愛着があるのだ。一方で、氷河時代の生存者をリストアップしても、その時代の絶滅にかんしては全貌をつかめない。そもそも、腕足動物門は二億五一〇〇万年前のペルム紀－三畳紀境界の大量絶滅を生き残ったが、九〇パーセント以上の「種《しゅ》」は消えてしまっているのだ。多くの微小な真核生物は識別可能な化石を残さないので、氷河による絶滅の規模はある程度しか見積もれない。それでも、化石になる真核生物の記録をたどって、ずいぶん前にゴンサロ・ビダールと私は、多くの原生生物が原生代後期の氷河時代を生き残れなかったことを突き止めた。気候の変動が実際に真核生物の系統樹の枝を刈り込んでいたのだ。とはいうものの、原生代で最もはっきり記録に残るプランクトンの絶滅は、ドウシャントゥオ層（第9章）が堆積した直後に起きている。それは急激な寒冷化と関係があるのかもしれないが、地球規模の氷河作用によるものではない。スノーボールだけが原生代後期の生命に影響を及ぼしたのではないのだ。

では、絶滅と生存のパターンから氷河時代のシナリオがひととおりできるとすれば、原生代後期の氷河と生物の革新を結びつける考えはどうとらえるべきなのだろう？

氷河時代は「魔法の杖」か

ストレスがもたらす変異にかんする研究は、まだ新鮮な興味を呼ぶ未熟な段階だが、現在のところ、ストレスが通常の遺伝的プロセスを逸脱した変異をうながしたり、そうした変異によってストレスの要因以外の条件に動物が適応したりする証拠は、ほとんど見つかっていない。もちろん、原生代後期の環境変化を「スラッシュボール」のシナリオで説明するなら、生き残った個体群は、氷河時代やその直後に必ずしも極端に苛酷な条件にさらされたとはかぎらないし、生き残った数も少なかったとはかぎらない。生物が小さければ、多くの個体が小さな面積に収まる——たとえば一メートル四方の砂浜に、何百万匹もの線虫が住めるのだ。

地球規模の氷河時代は、どのシナリオを採用するにしても、生態系に重大な影響を及ぼしたにちがいない。前の章で、許容性の高い生態系が生物の革命をうながすという話をしたのを思い出してもらおう。地球全体を覆う氷床の成長によって、おそらく地表の多くの部分から生物が消えたはずだ。その後、氷河が退くと、莫大な面積の土地が生息可能になった。首尾よく棲みついた者は、ほとんど競争相手もなく、ひょっとしたら機能的に劣るかもしれない新種が生まれても生き残れた。遺伝子変異は、生物の多様化の必要条件だが、十分条件ではない。個体群を形成するには、生まれたての新種が生存し繁殖できる行動圏が必要なのだ。まさにそれを、原生代後期の氷河時代の終結が提供したわけである。

だが、まだ問題がひとつある。本章の冒頭で、原生代後期の地球には少なくとも四回氷河期が訪れ、そのうち二回は地球規模のものだったという話をした。しかしエディアカラ動物群や多様な藻類は、最後の氷河時代のあとになってようやく現れた。それ以前の原生代の氷河時代は、明確な進化の革命をもたらさなかったのだ。したがって、氷河時代のすべてが進化にとっての魔法の杖というわけではない。

そこで、前の氷河時代とあとの氷河時代で、直後の状況がどう違ったのかと問う必要がある。私は、酸素がその違いを生み出したと考えている。

酸素の増大が鍵か

一九五九年、アルバータ大学の動物学者J・R・ナーサルが、動物は進化史上かなり遅くなってから現れたとする説を提唱した。地球の大気は、原生代末期になってようやく後生動物の生理機能を維持できるだけの酸素濃度に達したから、というのがその理由である。ナーサルの説は、もっぱら比較生物学にもとづいていた——私には、彼が原生代の岩石をちゃんと見たことがあったのかどうかわからない——のだが、古生物学者のあいだで一時《いっとき》人気を博した。しかし、彼の考えに地質学から経験的な裏付けが得られたのは、二〇世紀末のことである。

動物に酸素が必要なことは、疑う余地がない。現代の海盆でも、無酸素の領域に近づくと動物の数も種類も一気に減少する。小さな動物は大きなものよりしぶとく生きられる――線形動物など、海底の砂粒のすきまに棲んでいる小さな動物は、とりわけわずかな酸素しか必要としない。重たい骨格をもつ種はとくに生存しにくい。鎧をもつ動物は、酸素の乏しい環境にはほとんどいないのだ。

早くも一九一九年に、デンマークの生理学者アウグスト・クローグは、組織への酸素の供給を拡散に頼っている海生動物では、体のサイズは周囲の水に含まれる酸素の量によって制限されることを明らかにしていた。クローグが提唱したこの生物物理学的な法則には、さまざまな抜け道がある。刺胞動物のような動物は(また、おそらくはエディアカラ化石に含まれるヴェンド生物群も)、代謝の活発な薄層状の組織で不活性な「ゼリー」や流体を包み込むことによって、大きなサイズに達する。体液の循環や特殊化した呼吸器官(鰓《えら》や肺)も、遠くの組織に酸素を効率的に運ぶのに役立つ。とはいえ、原生代の地球では、動物はまだ高度な循環系を手にしていなかったので、酸素濃度が実質的に動物のサイズを決定していたにちがいない。[3]

ここから原生代後期の生物史が容易に推理できる。わずかな酸素しか必要としない微小な動物なら、エディアカラ化石の時代よりずっと前の原生代の海に生息していたかもしれない。だが、原生代末期に酸素が増加して初めて、大型の(それゆえ化石に残りやすい）動物が生きられるようになったのだ。

この酸素仮説によって、古生物学と分子時計のすり合わせがなされ、原生代末期の海で動物と藻類が同時に多様化した事実も説明できる——第9章で、酸素の豊富な海になって初めて、多細胞の藻類が大陸棚に顕著に見られるようになったと言ったのを思い出してほしい。先ほど簡単に述べたように、原生代末期になってから酸素が増加したとすれば、メタンの供給停止をきっかけに氷河時代が始まったとするシュラグとホフマンの説も成り立ち、そのモデルが正しい場合、動物の時代になってから全地球規模の氷河時代がなくなったことにも理由がつけられる。

そのような出来事は、地球化学的な記録として痕跡を残しているのだろうか？　答えはイエスだ。かつて私は、ジョン・ヘイズと、ジェイ・カウフマンと、ほかの同僚とともに、原生代後期の炭酸塩岩の炭素同位体比が高いことを初めて立証したが、そのときわれわれは、この事実を、酸素の増大を示す決定的証拠ととらえた。第6章で

3　酸素の存在度は、動物に対する生物物理学的な制約となるのはもちろん、生化学的な制約にもなる。たとえばスミソニアン協会のケネス・トウは、ずいぶん前に、コラーゲン——細胞外基質を構成する優れたタンパク質——の生合成にはかなり高濃度の酸素が必要だと指摘している。

語ったように、光合成をするシアノバクテリアや藻類は、二酸化炭素と水を使って有機分子と酸素を作り出す。一方で、呼吸をする生物が、有機物と酸素を反応させて再び二酸化炭素と水に戻す。このため、光合成と呼吸が均衡を保っているかぎり、環境は変化しない。ところが有機物が埋没すると、ふたつの代謝のバランスが崩れ、酸素が大気や海洋に蓄積されるようになる。そして炭素同位体比が高いということは、原生代後期の海洋で、有機物が異常に速く埋没したことを意味するのだ。それどころか、ルー・デリーとジェイ・カウフマンとスタイン・ジェイコブセンは、炭素同位体などの地球化学的なデータをもとに原生代後期の大気の変化をモデル化した際、最後の地球規模の氷河時代の直後に酸素が激増したと結論づけている。原生代後期の地球において、前の氷河時代とあとの氷河時代とで、直後の生命に及んだ影響がなぜ異なるのかという疑問に対しては、これが答えを提供してくれる。

原生代後期に酸素が増加した証拠は、硫黄同位体の記録からも別に得られている。第6章で、原生代中期の海洋は、表層部にそこそこ酸素があり、深いところには硫化水素があったという説をドナルド・キャンフィールドが唱えるに至った知見について触れた。キャンフィールドが得た重要な知見のひとつに、硫黄同位体の分別効果は原生代の終わりまで現代のレベルには達しなかったというものがあった。このとき海が再び硫化物にあふれた（今度は原生代の前半ではなく終わりだが）。原生代の最後になってようやく、硫黄を含む鉱物が、酸素に満ちた海で期待できる分別効果を記録するようになったのである。硫黄同位体はまた、硫酸塩濃度もこのときに現代の値の近くまで上昇したことを示唆しており、これは地表の酸化レベルが全体的に上がっている事実と矛盾しない。

このように、動物の進化は酸素にけしかけられたというナーサルの直感的な見解に対し、地球化学が次々と裏付けを提供しつつある。そして酸素の増加とともに、新しい世界が姿を現した。海藻やプランクトン型藻類は、大陸棚で多様化した。動物についても、大型化をうながす変異が致命的でなくなり、むしろ有利になりだして、新たな機能の登場する余地が生まれた。五億五五〇〇万年前までには、コロニーを形成する原生動物や、海綿動物、刺胞動物（およびヴェンド生物群）、さらには幹部の左右相称動物で、大型化が生じていた。

これ以上語るべきことはないかもしれない。発生のツールキットが存在し、酸素の障害が取り除かれさえすれば、動物は一気に進化できたのかもしれないのだ。しかし、実はもうひとつ探るべき出来事がある。

地球の炭素循環の短期的な大撹乱

ナミビアの化石は、エディアカラ生物群が原生代の最後の最後まで海中を支配していたことを示している。一方、コトゥイカンの崖は、その後、カンブリア紀が始まったときに、多様な左右相称動物が（文字どおり）形をとって現れたことを明らかにしている。興味深いのは、これらふたつの動物相の境目で、炭素同位体比が急降下していることだ。これは、地球の炭素循環に短期的だが大きな撹乱があった事実を教えてくれている。

世界じゅうどこでも、原生代とカンブリア紀の境界に近い炭酸塩岩は、原生代後期の氷河堆積物の上に乗ったキャップ炭酸塩岩と同じかそれより低い炭素同位体比を示す（第11章図53）。それなのに、この境界に漂礫岩の形跡はまず見当たらないし、氷河時代のあとにできた「キャップ」であることを物語る特異な堆積上の特徴も一切見つからない。放射性年代決定からは、異常な同位体比を示す期間が一〇〇万年に満たないことがわかっている。さらに、日本の地球化学者、木村浩人《ひろと》と渡部芳夫《わたなべよしお》が、微量元素にかんする研究（とくにウラン濃縮を扱ったもの）から、沿岸水域の酸素は一時的に乏しくなったのではないかと述べている。

何がこのような攪乱を引き起こしたと考えられるだろう？　確かなところはわからないが、候補は数少なく、妥当な説明はどれも、生物にとってはひどい事態を意味している。そのうえ、もっとあとの時代にも、同じような化学的痕跡が、大きな事件――ペルム紀と三畳紀の境界に起きた最大級の大量絶滅――の存在を示している。ペルム紀‐三畳紀境界に大災害が起きたのは、大陸斜面にたまっていた氷からメタンが大量に噴き出したためかもしれないし、地球の半分を覆うほどもあった太古の海洋で表層と下層の逆転が生じ、酸素は乏しい一方二酸化炭素は豊富に含まれている水が表層へ上がってきたからかもしれない。隕石や彗星の衝突も興味深いが、地球外の影響がペルム紀終わりの大量絶滅をもたらした証拠については、なお議論の余地がある。原生代終わりに起きた環境の攪乱に対してもこれらが候補に挙がるが、たとえそのなかに犯人がいるとしても、どれなのかはまだわからない。

大量絶滅は、エディアカラ動物群とカンブリア紀の動物とのあいだに、地層の分断や形態の隔たりがある事実の説明となりうるのだろうか？　私はなりうると思う。[4]　それどころか、原生代‐カンブリア紀境界をまたぐ海生生物の変遷は、別の大量絶滅があった時代――白亜紀‐第三紀境界――の陸生動物の運命を彷彿とさせる。三畳紀の末ごろに登場した恐竜は、一億五〇〇〇万年近くにわたり、陸の生態系を支配した。

哺乳類もほぼ同じ期間、同じ環境にいたが、体が小さく単純なままだった。やがて、白亜紀－第三紀境界にあたる六五〇〇万年前に巨大な隕石が地球に衝突し、その結果、恐竜は（その流れを汲むが生態の異なる鳥類を除いて）滅びたが、哺乳類は全滅を免れた。その後の許容性の高い環境の世界で、生き残った哺乳類は急速に多様化し、いくつも大きなグループが生まれて、以後平原や森林を彩った。私は、エディアカラ動物群を原生代後期の生態系における「恐竜」と見なし、単純だが生態上優れた生物として左右相称動物の幹部生物群を抑え込んでいたとする考えが気に入っている。エディアカラ動物群が消え去ると、生き残った左右相称動物には広大なスペースが残された。左右相称動物は、このがら空《あ》きの世界で多様化を遂げ、やがて今も海洋を支配している動物相が満ちあふれた――やはりこれも許容性の高い環境の成果なのである（図59）。

だがこの主張は検証が困難だとして批判を受けた。確かにエディアカラ動物群の種類は原生代－カンブリア紀境界に急減しているが、[5]カンブリア紀に穿孔動物が増えて堆積物がかき混ぜられだすと、エディアカラ動物群の痕跡がかき消され、その存在をのぞき見ることのできる窓も閉ざされてしまったというわけだ。これは一〇〇パーセント正しいとまでは言えないが、エディアカラ化石が地層から消えた事実の解釈に対する自信が揺らぐ程度には正論と言える（バージェス頁岩やそれより前のカンブリア紀の頁岩にならい、軟組織の体をもつ動物も探せる。じっさい、ひとつふたつエディアカラ生物の遺物と主張されているものはあるが、カンブリア紀初期の終わりごろまでに、エディアカラ生物が海洋生態系で些末な存在になり果てたのは明らかだ）。

しかし、まだひとつ検証の必要な記録がある。ナマ層群をはじめ、原生代後期の地層に見つかる微生物の礁に、初期の動物のそこそこ多様な骨格が豊富に含まれていることを思い出してもらおう。ジョン・グロッツィンガーは、オマーンでのフィールド・ワーク――オマーンの広大な堆積盆地は十分に調査がなされ（巨大な油田があるからだ！）、いたるところで炭素同位体比の変化が記録されている――によって、同

4　エディアカラ動物群の時代に大量絶滅が起きたという考え自体は、私の発案ではない。一九八四年にアドルフ・ザイラッハーは、エディアカラ動物群はカンブリア紀が始まるかなり前に消滅したと提唱している。しかしジョン・グロッツィンガーが明らかにしたとおり、それは正しくない。私は、原生代とカンブリア紀の境界の堆積物に見られる地球化学的な特徴をもとに、絶滅がカンブリア紀における多様化への道を開いたと考えるようになった。

5　一、二種類のエディアカラ生物は明らかにカンブリア紀初頭の砂岩に見受けられるが、三畳紀の腕足動物がペルム紀終わりの破滅については何も語らないのと同様、これは原生代終わりの絶滅については何も教えてくれない。

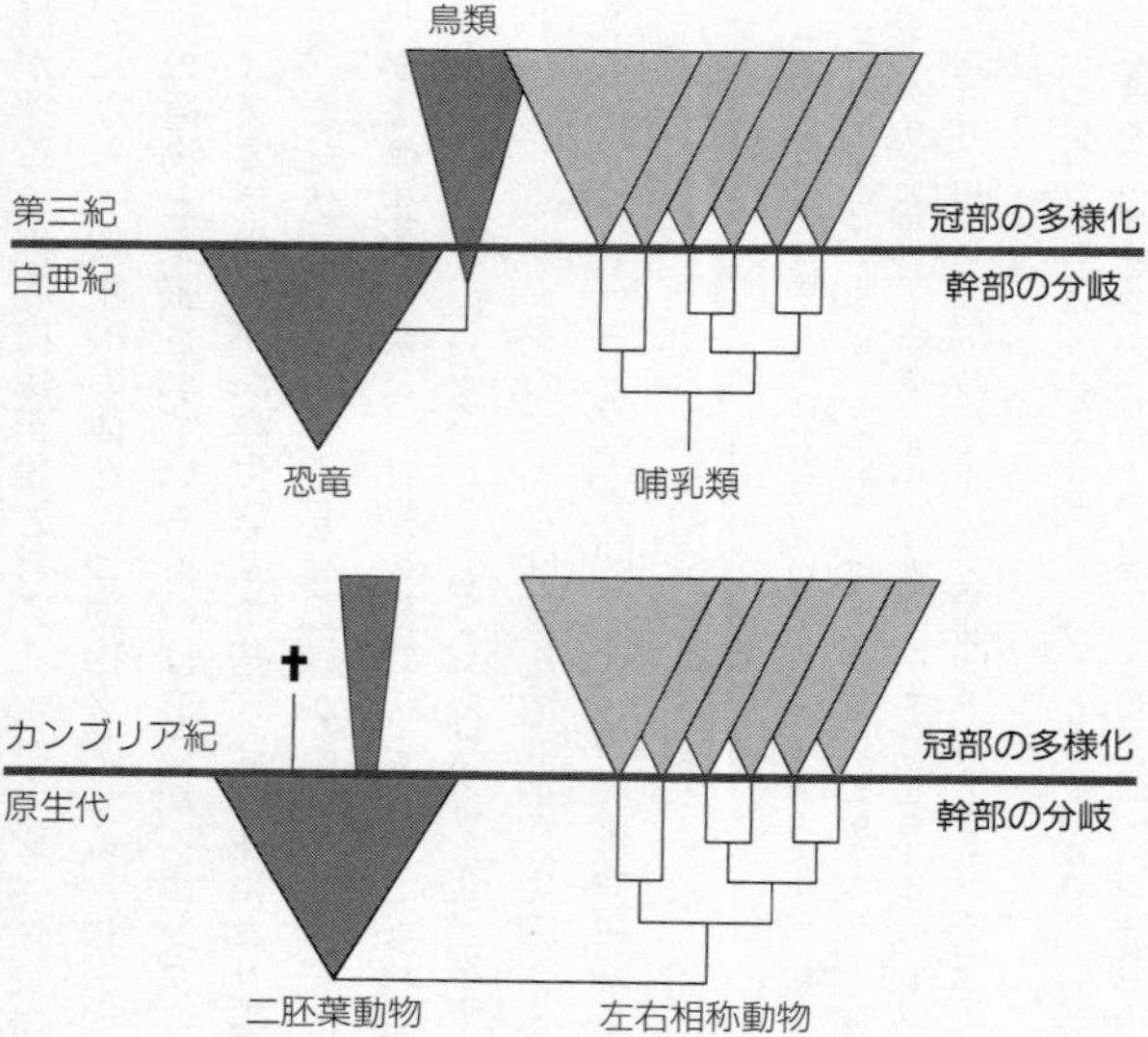

図 59　白亜紀 - 第三紀境界における陸生動物の進化と、原生代 - カンブリア紀境界における海生動物の進化が似ていることを示す図。二胚葉動物は海綿動物や刺胞動物などを指し、大半のエディアカラ動物群もこれに含まれると見ていい。（A. H. Knoll and S. B. Carroll, 1999. Early animal evolution: Emerging views from comparative biology and geology. *Science* 284: 2129-2137（Copyright 1999 American Association for the Advancement of Science）より許可転載）

位体比が急変する層までは、どの礁にもクラウディナやナマカラトゥスなどの骨格化石がふんだんに含まれていることを見出した。微生物の礁はその層より上へも続いているが、そこに骨格は含まれていない。不気味なほど閑散としたその状況は、ペルム紀-三畳紀境界のすぐ上の堆積層とよく似ている。こうしてジョンのおかげで、原生代終わりに環境大変動があったのと同時に生物に変化が生じた決定的証拠が得られたのである。

カンブリア紀が夜明けを迎えたころ、動物にどんな進化もありえたような時期――大量絶滅によって生物が激減した世界で、遺伝子による発生や成長のパターンがはっきり固定される前の段階――があったのかもしれない。そのような時期は、何であれ短かったにちがいないが。多様化する動物たちは、発生の遺伝子の進化に導かれて、今日の節足動物と腕足動物、棘皮動物と脊索動物などといったまとまりと対応のつく生物学的特徴を蓄積しだした。さらに、新たな体制の出現とともにさまざまな機能も生まれ、それが後生動物に区別をもたらし、また同時に種間のつながりを作り出した。藻類も、生物界全体に及ぶカンブリア爆発のさなかに多様化した。

このように、物理的な出来事がカンブリア紀の生物に多様化の機会を与えた可能性もあるが、カンブリア紀の動物が実際にたどった進化の道筋を見ると、発生と生態環境の相互作用を反映している。捕食者と獲物が進化のいたちごっこにはまり込んだ一方、採食性（植物食）動物と藻類はお互いの存在に制約を加えだした。それまでよりさらに、物理的な環境だけでなく生物的な相互作用が生命の形態を決定するようになったのだ。そして世界にさまざまな生物が満ちあふれていくと、それ以上新しい体制が生まれる進化は起きにくくなった。海中で、動物の進化にその後五億年にわたって及ぶことになる制約が加わったのである。

この新しい生態系のもとでも、もちろん古くからの生物代謝の循環はそのまま続いた。三〇億年前と変わらず、細菌が生物に必要な元素を生態系に循環させ、動物の生存が可能な生物圏を維持していたのだ。

生命進化のチャンスと破滅は地球の環境史と結びつく

正直に言うと、環境の影響をまったく持ち出さずに動物の多様化を説明する古生物学者もいることを認めなければならない。その説明によれば、動物は原生代後期の海に初めて登場し、たちまち進化を遂げてエディアカラ動物群として姿を残した。これがさらに、カンブリア紀の弱肉強食の世界で、より高度な左右相称動物や刺胞動物の冠部生物群に取って代わられたのだ。このように見ると、遺伝子と生態系は、カンブリア紀の進化をもたらした大きな原動力にとどまらない。これらが原動力のすべてと言えてしまうのである。

原生代後期の進化に環境の変化は関係していないという考えに対しては、はっきり支持を表明する人々もいるが、私は、原生代後期の地球とその後の生物進化についてこれまで地質学が示してきたことがらと完全に矛盾していると思う。古生物学が進化生物学に対し、生物史そのものの裏付け以外にひとつ教訓を与えているとすれば、それは「生命にとってのチャンスも破滅も地球の環境史と結びついている」というものだ。巨視的な進化――種以上の分類群の時間的変遷――は、遺伝子が明らかにする微視的な進化のプロセスを地球のダイナミックな環境史と結びつけることによって、初めて理解できる。初期の動物進化と同時期に起きた物理的な大事件――地球規模の氷河時代、酸素に満ちた海洋の出現、炭素循環の激しい攪乱――は、地球の環境にかかわる出来事として、最高に重大な部類に属する。それを無視するのはあまりにも危険な賭けだろう。

こうして現生生物の種《たね》が播かれたところで、私の歴史物語は終わりを迎える。カンブリア爆発は、長大な先カンブリア時代の生命史の絶頂であると同時にそこからの劇的な脱却とも言え、生物のプロセスと物理的なプロセスとのユニークな相互作用の結果、もたらされた。遺伝子の重複・変異・転位によって構成された発生のツールキットは、動物の多様化に必要なものではあったが、少なくとも六億年前には揃っていた可能性が高く、それだけでは生物の革命を完遂できなかった。新たな生物界では、特異な遺伝子変異を遂げたものが生き残れる許容性の高い生態環境が存在したうえで、革新的な形態進化の素材を提供する変異種が生き残る必要があった。原生代を終わらせた物理的な大動乱のさなかに、遺伝子が与える可能性と環境が与える機会が見事に組み合わさって、世界の海洋にさまざまな生態系が生まれたのである。

さらに視野を広げれば、地球の長い先カンブリア時代の歴史は、二一世紀の地球科学にも啓発的な見方を与えてくれる。生物は、複雑な相互作用を見せる地表の系において、地質構造や気候、大気や海洋と固く結びついているというわけである。カンブリア紀の壮大な進化の歴史は、生命が不変の惑星を舞台に進化したのではないことを示す決定的かつ劇的な証拠となっている。それどころか、生命と環境は共進化し、お互いに影響を及ぼしながら今日われわれの住む生物圏を形成した。

こうした歴史についての最終的な結論は、まだしばらくは下されないだろう。現時点で、どんなプロセスが大気や海洋の酸素を徐々に増加させたのかは、完全には明らかになっていない。また、原生代の初めと終わりに、気候がなぜどのようにして急激に変化したのかもわかっていない。われわれにできるのは、そのような出来事がどのように生物に影響を与え、また生物の影響を受けたのかを推理することだけだ。現在のわれわれには、多少の手がかりと、なかなかのアイデアと、一〇年前よりはるかに豊富なデータがあるものの、まだ解答は得られていない。読者のなかには明確な結論がなくてがっかりする人もいるかもしれないが、古生物学者である私には、それが日々の生き甲斐となっている。科学者にとって、未解決の問題は、登頂していないエヴェレストのようなもので、たまらない魅力があるのだ。

13 宇宙へ向かう古生物学

火星から飛来した小さな隕石をめぐる論争をきっかけに、「宇宙にはわれわれしかいないのか?」という人類古来の疑問に科学的な関心が集まった。現時点で何がわかっており、宇宙生命探査が始まったばかりのこの時代に、どうしたらもっと多くのことがわかるのか? そして、われわれの知りうることに事実上限界はあるのだろうか?

生命は、初期の地球の表面で物理的なプロセスが進行した結果として誕生し、その後四〇億年近くものあいだ、地殻変動や海洋・大気のプロセスが気候を調節し、生物に必要な物質を循環させたおかげで存続した。なにより重要かもしれないのは、時とともに増加し多様化した生物が、惑星規模の重要なプロセスをみずから生み出すようになったという事実だ。地球上の生命をこのように惑星規模でとらえると、当然ながら、考えはさらに大きくふくらむ。宇宙には、地球のほかにもきっとたくさんの惑星が存在するはずなのだから。

宇宙にはわれわれしかおらず、あとは不毛の空間が広がっているばかりなのか？　それとも、われわれのいるこの一角は、宇宙にありふれた場所なのだろうか？　そのような疑問は、人間ならではのものだ。われわれの祖父母も、そのまた祖父母もそれを問うた。しかし、その答えを見つけるのは、われわれの世代にのみ与えられた特権なのかもしれない。

むろん、ここで重要なのは「われわれ」という言葉の意味だ。この「われわれ」が生命を意味するなら、われわれは宇宙にごまんといておかしくない。そのほとんどは細菌のような単純な微生物だろう。一方、「われわれ」がもっと狭い意味の自分（内観しテクノロジーを生み出す能力のある生命体）を指すのなら、われわれは稀有な存在、いや唯一の存在になるかもしれない。いくら思索をめぐらせても、しょせんわれわれには、どうしたら地球外生命の可能性を見積もれるのかはわからない――一件だけデータはあり、それがわれわれだ。だが、いまや思索は探査に取って代わられようとしている。私は将来こんな朝が来るものと大いに期待している。定年後の静かな余生を送っていたあるとき、一日の始まりにコーヒーを飲みながら新聞を広げると、センセーショナルな見出しが目にとまる――「宇宙に生命発見」。まるであの日のように。

火星から飛んできた隕石

一九九六年八月七日、私は北京のホテルの一室で目覚めた。国際地質学会議に参加していたのだ。よく眠れずぐったりしていた私は、その日の会合に乗り込む前にニュースでも見ようと、のろのろとテレビをつけに向かった。画面がちらちらしてぱっと映像が現れると、CNNの特派員が、バグダッドからの報告でカメラに向かって（私の記憶しているかぎり）こう言っていた。「これは大ニュースだと思っていましたが、火星の生命が見つかった今、もうたいしたニュースとは言えないでしょう」それで一気に目が覚めた。

朝食を食べに食堂へ行ったころには、発表についての意見がさかんに飛び交っていたが、おおかたは否定的なものだった。「化石が小さすぎる」「彼らは隕石の履歴を読み違えている」といった具合に。テレビで聞きかじったわずかな情報以外、詳しいことはだれも知らなかったのに、だれもが自分なりの意見をもっていた。もちろん、われわれは知るべくもなかったが、この北京での朝食の様子は、科学界全体に吹き荒れだしていた論争の嵐の縮図となっていた。

論争の火種を提供したのは、テキサス州ヒューストンのNASAジョンソン宇宙センター（JSC）に勤める紳士的な地質学者、デイヴィッド・マッケイだ。彼は、JSCやスタンフォード大学の仲間とともに、ALH－84001という小さな岩石片――小天体の衝突によって火星から宇宙に吹き飛ばされ、特異な隕石として地球に落下したグレープフルーツ大のかけら――に生物の痕跡を発見したと報告した（図60）。話を鵜呑みにする報道陣を前に意気揚々と語られたところによると、人類古来の疑問の答えは身近にあっただけでなく、一万年以上ものあいだ南極の氷のなかに眠っていた。少なくともNASAの話ではそうだった。

ALH－84001をめぐる議論については、すでに数限りない新聞記事や十数冊の本で語られている。未知の領域への大胆な飛躍と称えるものもあり、期待が判断を鈍らせたと警鐘を鳴らすものもあった。前者の見解は確かにそのとおりと言えるが、後者は疑わしい。だが、かりにデイヴィッド・マッケイのチームが刺激的な仮説に惑わされたのだとしても、彼らの説明は、特異性でなく普遍性を訴えるものであるがゆえに共感を呼びやすい。そして科学者たる者、正しい可能性のある素晴らしいアイデアの後ろ盾を手に入れたら、見込み薄だろうと果敢に突き進むものだ。しかしわれわ

図 60　ALH-84001。火星から飛来したこのグレープフルーツ大の隕石が、火星生物をめぐる論争を巻き起こした。（写真はNASA／JPL／カリフォルニア工科大学提供）

れ科学者の翼は、えてして閉鎖的な学術誌や学会によってもぎとられてしまう。ところが、並々ならぬ大衆の関心が集まったおかげで、火星隕石の論文は、ときに辛辣な批判を浴びながら『ニューズウィーク』誌や『ニューヨーク・タイムズ』紙の俎上に載せられた。

私自身はマッケイの報告に対し、当初色めき立ちもしなければ、手厳しく攻撃することもなかった。実のところどう判断してよいかわからなかったし、中国に来ていたおかげで、あの八月に勃発した大論争に巻き込まれずに済んだのだから、段取りの神様に感謝したほどだ。じっさい、発表直後の論評やそれに続く大衆の反応は、一過性のものでしかなかった。はるかに重要だったのは、今日に至るまでの丹念な分析であり、それにより、どうにもあいまいだったところが少しずつ解明されていった。答えはまだよくわからないが、地球以外の惑星に生命を見つけるというおなじみの問題は、いまや新しいやり方で取り組まなければならないことが明らかになっている。火星古生物学のおぼつかない第一歩として、ALH－84001は、私のこよなく愛する先カンブリア時代の研究がほかの惑星にも応用できることを示してくれた。さらに宇宙生物学の扉を押し開けた存在として、それははるかに多くのものを与えてくれたのである。

マッケイの仮説の前提

ALH－84001をめぐる実際の論争を見ていく前に、議論されなかった点について少しは考えておく必要がある。まず、ALH－84001を火星起源の隕石とするのは間違いだと主張する人はいない。本来、そのこと自体が驚きだ。氷原で見つけた小さな岩の母体となる星を、どうすれば明らかにできるのだろう？　他の隕石と同様、ALH－84001も溶融鉱物の皮膜をもち、それは大気に突入した際の熱履歴を示している。一九七〇年代、ハップ・マクスウィーンとエド・ストルパーというふたりの大学院生が、シャーゴッタイト（知られるかぎり最初のものが一八六五年に落下した、インドのシャーゴッティという村にちなむ）と呼ばれるいくつかの珍しい隕石は火星起源のものだと提唱した。先輩科学者たちの反応は、体《てい》よく言っても懐疑的だった。本書執筆の時点でそれから二〇年以上経ち、マクスウィーンとストルパーはともに著名な科学者となっており、少なくとも一八個の隕石は火星からやってきたものと認められている。とりわけ有力な証拠は、そのうちのいくつかの岩石に含まれるガラスの研究から得られている。天体が衝突し、岩石が宇宙に吹き飛ばされたときにできたのが、このガラスだ。それに含まれる微量のガスは、隕石の母天体の大気サンプルとなる。その混合ガスは、現代・太古いずれの地球の空気とも似ていないが、バイキング火星探査機が測定した火星大気とぴったり一致する。ALH－84001には、大気サンプルが封じ込められたガラスは含まれていないが、構成する鉱物に閉じ込められた酸素をもとに、火星起源のものと解釈できる。この酸素の同位体組成は、地球の岩石とは異なり、ほかの火星隕石と一致しているのだ。

マッケイの仮説を論じるには、基本的にふたつの仮定を受け入れる必要があり、個々の証拠に難癖をつけるのはそのあとの話だ。第一に、太古の火星の生命はこの赤い星の地殻にできた小さな割れ目に住んでいたと認めないといけない。第二に、この小さなエイリアンは生物と解釈できる記録を残し、その記録は四〇億年近くのあいだ保存されたと考えなければならない。もちろん、ここで地球での経験が議論にかかわりはじめる。どちらの条件も地球にあてはまるので、意外なことではない。今日でも地下数百メートル以上の深さで繁殖している細菌がおり、それは網目状に走る地下水脈で、化学合成独立栄養型の代謝によって生き長らえている。またこれまでの章で明らかにしたように、地球の岩石には、初期生命の明白な痕跡が残されている――確かに最古級のものにはあいまいな点もあるが、それは変成作用を受けているせいであって、古さそのものに原因があるわけではない。かつて火星に生命が生まれたのなら、太古の火星の堆積物に痕跡が残っているはずなのである。

四つの「証拠」の検討

ALH－84001は主に、四五億年ほど前に火星が固まった直後に形成された火山岩でできている。およそ三九億年前(地球では生命が初めて足がかりを築いたころ)、その岩に生じた割れ目に、炭酸塩の鉱床がわずかに形成された。炭酸塩が、隕石の衝突による高温条件下でできたのか、もっと穏やかなときに割れ目からしみ出た低温の地下水から析出したのかについては、今も意見が分かれたままだ。成り立ちはともかく、その後この鉱物は、火星表面に次々と隕石がぶつかって生じる一時的な高温高圧の環境で変化を遂げた。さらにずっとあと――今からわずか一六〇〇万年前――にもう一度衝突があったとき、ALH－84001が宇宙に飛び出した。それが地球の重力場にとらえられ、一万三〇〇〇年前、南極大陸のアラン・ヒルズ［Allan Hills］（隕石名のALHはここからとったもの）に身を落ち着けることとなった。

デイヴィッド・マッケイのチームは、この隕石から、火星にかつて微生物の生態系があったことを全体として裏付ける四つの証拠を見つけ出した。すなわち、ALH－84001中の炭酸塩鉱物は、（1）細菌の活動する場所で形成された地球の堆積物に似ており、（2）そこに含まれる磁鉄鉱という酸化鉄鉱物の特徴的な粒子が、細菌の細胞内で作られる磁鉄鉱の結晶と酷似し、（3）生体分子に由来するとおぼしき複雑な有機分子が保存され、（4）微化石と解釈できる小さな円形や棒状の構造が認められるというのだ。

炭酸塩鉱物そのものからわかるのは、アラン・ヒルズの隕石に見られる割れ目が、かつて炭酸イオンなどのイオンを含んだ流体の通り道になっていたことだけだ。太古代の石灰岩に含まれる海底析出物と同じように、これは生物によるプロセスの存在を確実に示すものではない。それでもこの鉱物は、形成された時期の物理的条件を知る手がかりを与えてくれる可能性があり、じっさいわれわれは、地球での経験から、環境条件が純古生物学的な解釈の重要な手がかりになることを知っている。とくに興味深いのは温度だ。われわれの知る生命は、水が液体の状態でいられる温度でしか生きられない。下は零下数℃で、南極の、氷に覆われた塩水の池がそうだ。上は約一一三℃で、海底二〇〇〇メートル付近にある熱水噴出口の温度にあたる。炭酸塩の結晶中の酸素同位体組成をもとに温度を見積もる手はあるが、それは、その鉱物が形成されたときの条件や進行していたプロセスがわかっている場合に限られる。地質学者はすでにALH－84001の同位体組成を注意深く測定しているが、初期の火星についての仮定がコンピュータ・モデルによってまちまちなので、炭酸塩が析出した時点の温度はわからないままだ。水の沸点を優に超える温度でこの鉱物が形成されたのなら、生物は存在していなかったことになる。だが、多くの火星びいきの研究者が考えるように、炭酸塩がもっと低い温度で形成されたとしたら、ALH－84001の割れ目に生物が存在していた可能性がある。もっとも、いずれにせよ炭酸塩の結晶は、生物がいなくても形成しうる。

マッケイのチームが発見した有機分子も、やはりいかようにも解釈できる。この分子は多環式芳香族炭化水素（略してＰＡＨ）と呼ばれ、地球ではよく知られている。石炭や石油のなかに見つかり、もとは生物の化合物だったものが地層中で変質してできる。ＰＡＨは工場の炉や自動車のエンジンでも生じるが、この場合、石炭やガソリンに含まれる有機分子が、高温で分解し再結合している。そのため、この特徴的な化合物は、少量ならほぼいたるところで見つかる。それればかりか、地球に限らず広く宇宙に分布している。外部太陽系で物理的なプロセスによって形成された炭素質隕石からも検出され、惑星間のダスト雲（塵の雲）にも存在する。したがってＰＡＨは、炭酸塩鉱物と同様、必ずしも生命のしるしとは言えない。

スタンフォード大学のサイモン・クレメットらは、ＡＬＨ－８４００１に含まれる微量のＰＡＨがもともとこの隕石にあったもので、地球上で混じった不純物ではないことをはっきり実証した。彼らは、ＰＡＨが生物に由来するものだとは言っていない――炭素質隕石がこの分子を火星に持ち込んだとも考えられるのだ。とはいえ、地球の隣の惑星で四〇億年前の有機分子がそのまま残っていることを実証したクレメットらは、将来の火星探査にとってきわめて重要な情報を提供してくれた。火星で生命が誕生していたのなら、その生命は、火星の地表より下の岩石や堆積物に分子の

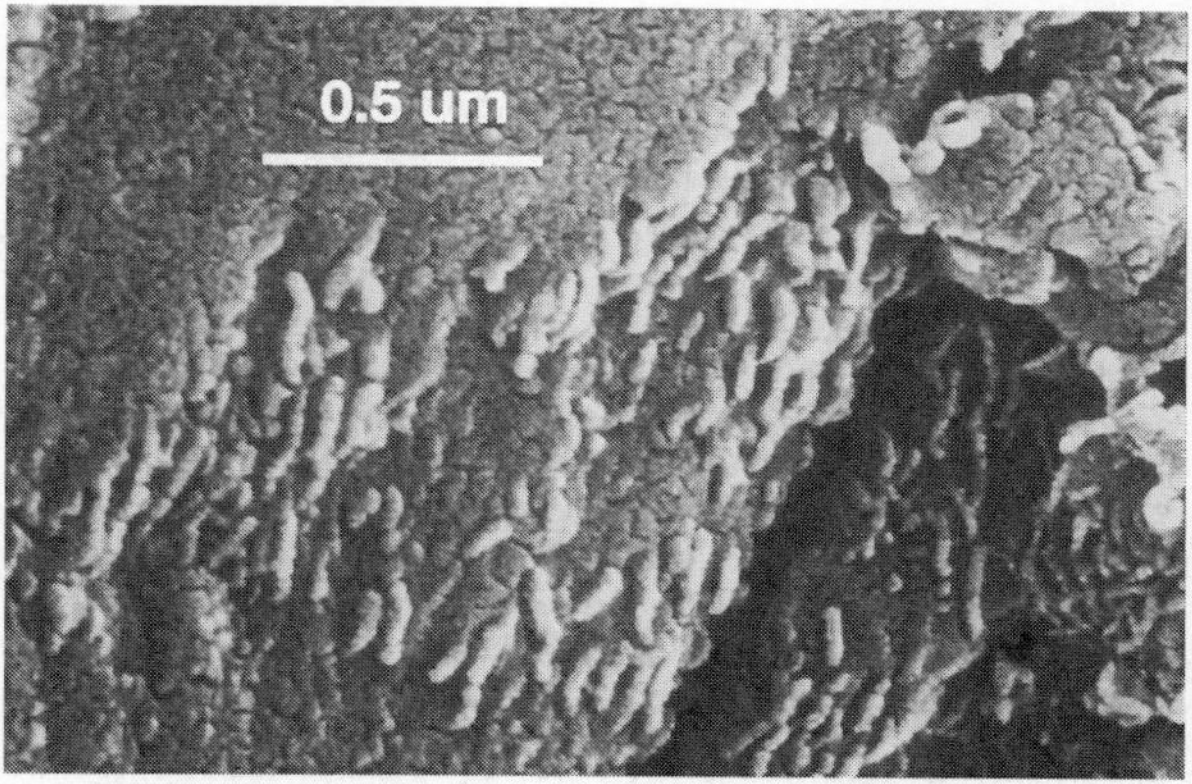

図61　デイヴィッド・マッケイらが超微化石と解釈したALH-84001の微細構造。最長でもわずか100ナノメートルほどで、生体細胞のリボソームほどしかない。（写真はNASA／JPL／カリフォルニア工科大学提供）

痕跡を残している可能性があるのだ。地球の岩石には、そこまで古い有機化合物の存在は知られていない。

微化石と解釈された微細構造についてはどうだろう？　マッケイの写真（図61）に見えるものは、一見したところ細菌の細胞のようだが、小さくて単純な構造であることしかわからない。いや、それどころか途方もなく小さく、長さは一〇〇ナノメートルもなく、幅は二〇～三〇ナノメートルたらずだ。[1]細菌はどれも微小だが、火星の微細構造と地球の細菌を比べると、ネズミとゾウほども大きさが違う。一般的な腸内細菌である大腸菌に含まれる分子で考えても、ＡＬＨ－８４００１の微細構造の体積は小さすぎて分子数個分にしかならないのだ。それでは生物起源である可能性はないのだろうか？　そんなことはない。

一九九八年秋、アメリカ学術研究会議（ＮＲＣ）は、主に火星隕石論争に触発されて、微生物のサイズの下限を検討する討論会を開いた。著名な細胞生物学者の一団は、複数の視点から問題に取り組み、現存する自由生活性の細胞の生化学的機能を、直径二〇〇〜三〇〇ナノメートル（〇・二〜〇・三ミクロン）の球体より小さなサイズに収めることは難しいと結論づけた。微生物生態学者によるディスカッションの見解も見事に一致し、自然界では、自由生活性の細胞のサイズは今述べた下限に近いが、それ以下になることはめったにないと論じた（ウイルスはもっと小さいが、宿主の生化学的な機構にすっかり依存している）。

この結果が、火星隕石論争のどちらの陣営にも曲解されてしまった。本来の主旨は、二〇〇〜三〇〇ナノメートルより小さな細胞はあり得ないというのではなく、自由生活性のナノバクテリア（極微の細菌）がかりに存在するとすれば、それは未知の単純な構造をした細胞にちがいないと言っているにすぎない。それどころか、ＮＲＣの討論会で三番目におこなわれたディスカッションにおいて、分子生物学者のスティーヴ・ベナーは、タンパク質と核酸のどちらかしか持っていない原始的な生物なら（両者を結びつける比較的大きなリボソームが要らなくなるため――第5章で触れたRNAワールドを思い出してほしい）、直径五〇ナノメートルの球体に十分収まりうると言った。事実、信じられないほど小さな細菌が、ヒトの血流をはじめ、地球上のさまざまな環境で見つかっている。火星（や地球）の超微化石を認める人は、そうした事例を知ると救命浮き輪を見つけたようにしがみついたが、微生物学の専門家の大半は、はるかに慎重に受け止めた。保守的な微生物学者（ナノバクテリア説の信奉者の目には、自分たちにとってのガリレオを糾弾する反動的な枢機卿会〔訳注　カトリック教会の全枢機卿で構成された、教皇の最高諮問機関〕のように映っている）は、それらの事例が自由生活性の完全な細胞である証拠を欲しがる。[2] そして当然ながら、サイズの小ささを説明しうる分子的な解釈も求めている。そのうちに、地球のナノバクテリアの存在が立証され、現代の細胞生物学の仮定に再考を迫るかもしれない。だが、そうなった

1　一ナノメートルが一〇〇万分の一ミリ、つまり一〇〇〇分の一ミクロンであることを思い出してもらおう。虫ピンの頭の部分の長さがおよそ一五〇万ナノメートルに相当する。

2　細胞が「自由生活性」であるという条件により、共生体や寄生体は除外される。必要なものの多くを自分以外の細胞から手に入れる生物は、多くの遺伝子を捨てて身軽になれる。これまで知られている自由生活性の細胞より小さな寄生体の存在が明らかになっても、私は驚かない。

としても、それで火星の微細構造についての論争は終わりにならないだろう――非常に小さい細胞がありうるとわかっても、非常に小さなものがすべて細胞だとは言えないのだから。

反対にナノバクテリアの存在が最終的に否定されても、別の面の問題が解決できない。ひょっとしたらＡＬＨ－８４００１の微細構造は、非常に早い段階の生命の痕跡なのかもしれない――複雑な分子構造に進化する前なので、地球の現生生物とは似ていないというわけだ。あるいは、ふつうの細胞が死後の崩壊の過程で縮んだものかもしれず、さらには有機体の一部にすぎないのかもしれない。サイズだけでは結論が出せない。

ここで宇宙古生物学的解釈の核心に至る。岩石の形態的・化学的なパターンを生物によるものと見なせるのは、既知の生物のプロセスとして理解でき、しかも純粋に物理的なメカニズムで作られてはいなさそうな場合だけだ。それが地球上のルールであり（恐竜はどちらの基準も満たすが、ワラウーナのチャートにあるフィラメント状の微細構造はそうではない）、また太陽系のどこでも成り立つルールなのである。

後者の基準は、惑星探査においてとくに重要となる。地球の生物が生命の可能性をすべて試したとは確信できない以上、未知の生物の痕跡を見分ける手だてについては、じっくり考えなければならない。すると、地球外起源の構造や分子が、生物の存在を推定する証拠として認められるのは、物理的なプロセスによって形成されたという代案が排除できる場合に限られる。生物は惑星によってまちまちかもしれないが、物理や化学は変わらないはずなので、生物に対する共通の評価基準になるのだ。

現時点では、非生物的な作用でどこまでのパターンが形成できるのかは判然としない。だからそれがわかったうえで、きちんと選んだサンプルを火星から持ち帰らなければならない。しかし、わかってもなお用心が必要だ。スペインの地球化学者ファン・ガルシア＝ルイスは、茶目っ気たっぷりに、生物と見間違えそうな微小な球やフィラメントやらせんを自然に生み出す混合物をこしらえた。ガルシア＝ルイスが作ったもののなかには、柄の伸びた細胞、トゲだらけの胞子殻、多細胞の細胞糸、マット状のコロニーなど、これまでの章で語った個体群に似た有機組織は（今のところ！）なく、この点は私にはありがたい。だが、そのような組織はＡＬＨ－８４００１にも見つかっていない。火星の微細構造の問題点は、生物の痕跡とするには小さすぎることではなく、単純すぎて非生物的な解釈も否めないところにある。じっさい多くの研究者が、その構造は鉱物学的な作用によると考えている。したがって、あえてここに挙げた厳しい基準で判断すると、デイヴィッド・マッケイが公表したセンセーショナルな写真は、火星に生物が存在する証拠としては不十分なのだ。

ちなみに、カーネギー地球物理学研究所のアンドルー・スティールが、ALH－84001に紛れもない微生物をすでに発見しているが、それは地球上の細菌である。ALH－84001が南極大陸に長いことといたあいだに、この黒っぽい岩石は太陽光を吸収し、不毛の極地における小さなぬくもりの場となった。そこで細菌が、かつて火星の水が流れた割れ目に住みついたのだ。これは、地球上の生命がいろいろな場所でたくましく生きられることを明白に示す証拠だが、火星の生物痕跡を探るうえでは障害となっている。

火星の磁鉄鉱の秘密

当初マッケイのチームが提示した四つの証拠のうち、二一世紀まで否定されずに残ったものがひとつだけある。それは、ALH－84001の炭酸塩の顆粒に含まれる特異な磁鉄鉱の結晶だ。磁鉄鉱が磁性をもつことはよく知られているが、それと生物とのかかわりはあまり知られていない。実は、磁鉄鉱の結晶は、磁性をもつがゆえに生物の存在を示す証拠となる——ある種の細菌は、細胞内で磁鉄鉱の結晶の鎖を作り、それを使って方向を感知する。その鎖を構成する小さな粒の結晶形や化学的純度は、火成岩や変成岩の磁鉄鉱とは異なる。細胞が死んだあと、細菌の作った磁鉄鉱は堆積物に封じ込められるので、二〇億年も昔の岩石から磁石化石が発見されている。そのため、地球上で純度の高い天然の磁鉄鉱が見つかれば、それは生命の痕跡なのだ。ＡＬＨ－８４００１の磁鉄鉱粒子には、いろいろな形やサイズがある。一部の結晶には、生物起源である可能性を排除する構造欠陥が見られる。一方で、なかには地球で生物が生み出すような鉱物学的特徴を示すものもある。スノーボール・アース仮説の生みの親として前に紹介したジョー・カーシュヴィンクは、似たような結晶には似たような説明が必要だと考えている。ジョーにとって、またマッケイのチームにとっても、ＡＬＨ－８４００１に含まれる磁鉄鉱粒子は、火星の生物の存在を示す動かぬ証拠となっている。しかも彼らは、化学的純度の高い磁鉄鉱の微結晶は工業的価値が非常に高い（磁気テープを考えてみるといい）ので、物理的に合成できるものなら、果敢な化学者がとうに作り方を発見しているはずだと主張する。そうかもしれないが、逆の見方もできる。火星の磁鉄鉱の秘密を見破った者は、莫大な商業的価値のある特許をものにできるだろう。

事実ありうる話だ。先ほど、ＡＬＨ－８４００１の炭酸塩が比較的穏やかな温度で生成したにしても、その後次々と隕石がぶつかって、一時的に高温高圧の環境にさらされたと述べた。このことを念頭に、ジョンソン宇宙センターと近隣の土木企業から集まった鉱物学者のチームは、真相究明に迫る実験を考案した。彼らはまず、二酸化炭素の溶け込んだ水に、重炭酸ナトリウム（重曹）、鉄、カルシウム、マグネシウムの塩《えん》を混ぜ（ALH－84001に見つかる析出物の顆粒の化学組成に近い）、比較的低い温度（一五〇℃）で鉱物を析出させた。次に、できた鉱物を隕石の衝突と似た状況にさらすため、反応容器の圧力と温度を短時間で急上昇させた（温度は四七〇℃まで）。混合物が冷めると、ALH－84001のものとよく似た、高純度で構造欠陥のない磁鉄鉱の結晶ができていた。こうして合成された磁鉄鉱は、地球の生物が生み出すのと同じ特異な結晶形をしている。

二〇世紀の偉大な哲学者カール・ポパーは、「科学の仮説は証明不可能で、ただ反証できるだけだ」という有名な主張をしている。黒いハクチョウが一〇〇〇羽いても、すべてのハクチョウは黒いという仮説を証明できないが、一羽でも白いハクチョウがいれば仮説の誤りを示せるのだ〔訳注　ポパー自身は、ハクチョウは白いという仮説に対して、黒いハクチョウの存在で反証する例を挙げている〕。非常に単純なことのようだが、『ニューヨーカー』誌でアダム・ゴプニックが言ったように、実際の科学の論争はなかなかそんなふうには割り切れない。白いハクチョウを突きつけられると、「ハクチョウは黒い」という仮説の支持者はえてしてその証拠を疑ってかかる——ゴプニックのとぼけた口調をなぞれば、「あれがハクチョウだって?」となるのだ。火星の磁鉄鉱にも同じことが言える。この磁鉄鉱を生物の存在の証拠と考える人は、ALH-84001で見つかった結晶と似たようなものを作ったという批判者側の主張を認めようとしないのである。

この議論の行く末はともかく、火星の磁鉄鉱の結晶は生命の関与によってできたという考えをおびやかす証拠がもうひとつある。イギリスのデイヴィッド・バーバーとエドワード・スコットは、電子顕微鏡やX線による丹念な微細構造の研究をもとに、アラン・ヒルズ隕石に含まれる磁鉄鉱粒子の結晶構造や配向方向が、周囲の炭酸塩の結晶の特性を反映していることを確かめた——磁鉄鉱が隕石衝突の際にできたのなら考えられることだが、生物が結晶を成長させたのなら考えにくい。

火星の磁鉄鉱にかんする議論は今も続いているが、生物起源に対する支持は弱まっており、それとともに、地球外生命の問題が一気に解決できる最後の望みも絶たれかけている。スピッツベルゲン、ガンフリント、グレート・ウォールといった原生代の地層を思い起こしてみれば、そこで見つかるような紛れもない生物痕跡がALH-

84001ではまったく見つかっていない事実を認めざるを得ない。火星の磁鉄鉱の結晶構造が議論されるのは、ALH-84001をはじめ、どの火星起源の隕石にも、明瞭な微化石やステランや微生物のマットが存在しないからなのだ。

それではあとどんな手が残っているのだろう？　冷めた見方をする人なら、化石がなければ太古の生命は見つけにくいと答えるかもしれない。一方でもっと前向きに、火星が生物の住む星だったかどうか知りたければそこへ行くしかないと結論することもできる。だが行く前に片付けておくべき宿題がある。

火星における生命探査の今後の課題

ALH-84001が揺籃期の宇宙生物学を育《はぐく》んだのなら、今後この分野が成熟するとどうなるのだろう？　すでに明らかなように、宇宙生物学の考え方がもたらしたひとつの恩恵は、地球の生物を惑星規模の視野で眺められるようになったことだ。今日、微生物生態学者も、生物地球化学者も、古生物学者も、地球というシステム全体を理解するうえで自分たちの新発見がどう影響するかということを、日常的に考えるようになっている。しかし、その名のとおりの課題に挑む宇宙生物学は、いつまでも地球に縛られてはいられない。外へ探査に出る必要があり、宇宙も手招いているのだ。

隕石論争の結論がどうあれ、火星が宇宙生物学の調査の第一目標であることに変わりはなく、それは単に距離が近いためではない。現在の火星は想像以上に厳しい環境で、とうてい生命が見つかりそうな場所ではない。ところが、水路状の地形など、四〇億年も前から残っている表面の特徴は、初期の火星が今よりはるかに地球に似ていたことを物語っている（図62）。どちらの惑星にも、比較的厚い大気と、活発な火山活動と、少なくとも一時的に液体の水が存在した。地球ではこのような条件から生命が誕生したのだから、火星でも誕生できたと考えてもおかしくはない。

宇宙物理学者ポール・デイヴィスが雄弁に擁護する一派は、火星が実は地球より進んだ惑星だったという考えを唱えている。デイヴィスによれば、生命は火星で誕生し、隕石という「宇宙船」で旅して地球に入植したのかもしれないというのだ。ＡＬＨ－８４００１や同類の隕石は、そのための飛行ルートが実在することを示し、したがって隕石の内部にいた単純な生物は、火星から打ち上げられ、宇宙放射線に長期間さらされ、地球に到着するまで生き延びた可能性がある。最大の障害は、おそらく生態環境だったろう――隕石が、そのなかの微生物の代謝に向いた環境に着地する確率はど

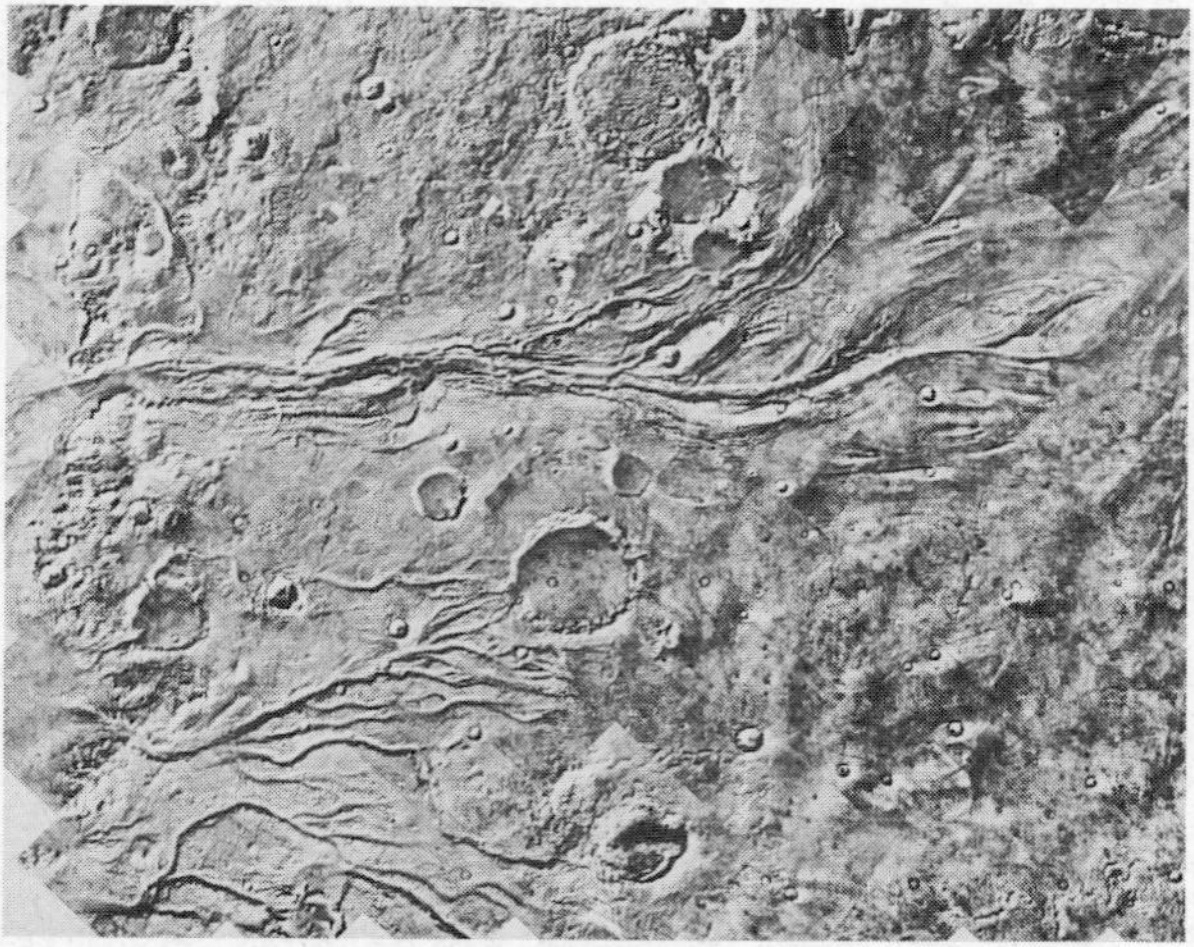

図 62　水の浸食によって火星の表面にできた水路網。これらの水路は、赤い惑星の歴史で早い時期に、主に地下水が次第に地中を蝕み、やがて地表が崩壊してできた。液体の水の量は一時期どれぐらいあったのか ── 初期の火星には、長期的に存在する海や川や湖沼はあったのか ── という点は、依然論争の的となっている。（バイキングの撮影した写真：NASA／JPL／カリフォルニア工科大学提供）

れほどあるというのか？　この「だれもが火星人」説は、創意に富む一方、いささか不穏な考えでもある。この説が正しければ、生命は地球で誕生しなかったことになり、地球に似た惑星があればどこでも生命は誕生しうるという考えが、微妙に揺らいでしまうのだ。しかし、こんな度過ぎたレベルのことを気にする前に、火星にかつて生物がいたのかどうかをまずは知るべきだろう。

以前、コロラド大学の惑星科学者ブルース・ジャコスキーと、暇つぶしに火星の生命の研究を扱った小論のタイトルを考えてみたことがあった。あれこれ（余計な？）議論をしたあげく、ついにできあがったタイトルは、「火星の生命を探る――樽のなかの魚か、干し草のなかの針か、袋のなかのブタか？〔訳注　要するに、朝飯前か、至難の業か、当てずっぽうかという意味〕」というものだった。それから何週間も、あまりの出来の良さにふたりでケタケタ笑っていたが、おそらくは賢明にも、そんな小論を発表することはなかった。タイトル以外に、ほとんど語ることがなかったのだ。

このふざけたタイトルで挙げた可能性のなかで、すぐに排除できるものがひとつある――火星の生命探査は、樽のなかの魚を釣るほど生易しいものではない。いくら楽観的に考えても、今後二〇年間で火星に機械の足が踏み入るのは六回ほどだろう〔訳注　これは二〇〇三年ごろの著者の予想〕。現在ＮＡＳＡでは原子力を動力源とする物体の打ち上げを禁じているので、着陸後のミッションを遂行できる期間は比較的短く、そのため探査可能な範囲も狭い（二〇〇三年に打ち上げられる火星探査車マーズ・ローバーの初期の実地試験が、ラスベガス近郊の荒涼とした峡谷でおこなわれたことがあった。そのとき私は、近くにあった露頭へ向かい、上から下まで見渡してから、ハンマーで表面をたたいて岩石片を削り取り、手早くルーペで調べた。そして用が済むと、岩石片を捨てて皆のところへ戻った。「三分かかった」とプロジェクトの主任研究者を務めるコーネル大学のスティーヴ・スクワイアーズが言った。「火星で同じことをするのに、ローバーなら丸一日かかるだろう」）。

火星の歴史に関心のある地質学者なら、着陸地点はグランド・キャニオンに似た場所がいいと考える。一方、無事に着陸させる責任のある技術者にとっては、カンザスのような平原がいい。着陸機では火星の地形のほんの一部しか調べられないのだから、科学的発見のチャンスと技術的成功の可能性が最大となる着陸地点を選ぶために、周回軌道上からの観測で、できるかぎりの情報をつかんでおく必要がある。すでに先カンブリア時代の古生物学の経験から、われわれには、どこをどのように見るべきかがわかっている。有望なターゲットは、かつて水が湧いていたあたりの沈積物や、太古の水域の下で形成されたきめ細かい泥岩などだ。しかし前にも言ったように、地球での経験は、ここで見つかるものに対して役に立たないかもしれない。地球の生命にかんする生物学や純古生物学の知識は、理解の手引きにもなれば、妨げにもなるのだ。誤った判断をしてしまう可能性は大いにあり、与えられたわずかな機会で正しく理解するのは至難の業だろう。

火星にかつて生命が存在していたという保証はなく、現在の火星の表面はひどく酸化が進んでいるので、ローバーの手の届くところに何か証拠があったとしても、きっと消えてしまっているにちがいない。たとえ堆積岩のなかをくり抜いて、太古の頁岩の酸化されていないサンプルが得られたとしても、宇宙古生物学はひと筋縄ではいくまい。地球では、光合成が地表全体に生命を行きわたらせたおかげで、生物の痕跡がいたるところで見つかる。しかし火星に光合成生物がいなかった場合、生命が存在したとしても、その痕跡は熱水噴出口のすぐそばにしか見つからない可能性がある。

もちろん別のアプローチも考えられる。化石ではなく、現に生きている生物を探るのだ。一部の楽観的な人々は、しばらく前から、化学合成型の微生物が今でも火星の地下深くにある熱水脈のオアシスで生きているのではないかと推理している。確かに当てずっぽうにはちがいないが、データがない以上、どんなことも考えられ、ほとんどは調査に値する。だが、周回軌道上の探査機によるマイクロ波画像から地中の水を検出することはできるにしても、地下深くを実際に掘って調べるのは、現在の技術力ではとうてい不可能だ。そのため宇宙生物学者は、火星の表面に液体の水が過去数百万年以内に存在し、ひょっとすると今も存在するかもしれないとする報告に色めき立った。その証拠は、惑星科学者のマイケル・マリンとケネス・エジェットがマーズ・グローバル・サーベイヤー［訳注　火星表面の詳細な地図の作成などを目的として一九九六年に打ち上げられた探査機］から送られてきた画像に見つけたガリー（谷川状の地形）であり、クレーターや峡谷の壁面から、麓の扇状に広がる崖錐《がいすい》［訳注　急斜面から落下した岩屑が麓にたまってできる堆積地形］まで切れ込んだ形状をしている（図63）。ガリーが作った崖錐の斜面にはほとんどクレーターがなく、火星の地形のなかでも比較的新しくできたことを示している。また、砂丘を横切っているガリーはあっても、ガリーを覆い隠している砂丘はない。この事実は、これらのガリーがせいぜい数百万年前にできたという見方を裏付ける。地球でも水の浸食で同じような地形が生じるので、マリンとエジェットは、火星のガリーは地下水がしみ出て表面を流れた跡だとする説明を支持している。多くの惑星科学者がこの解釈を受け入れているが、「火星の水」の研究の第一人者であるマイケル・カーは、ほかの解釈も可能だと注意をうながす。カーいわく、ガリーは中〜高緯度帯で見られ、その地域の火星表面はきわめて寒冷で、液体の水の存在は

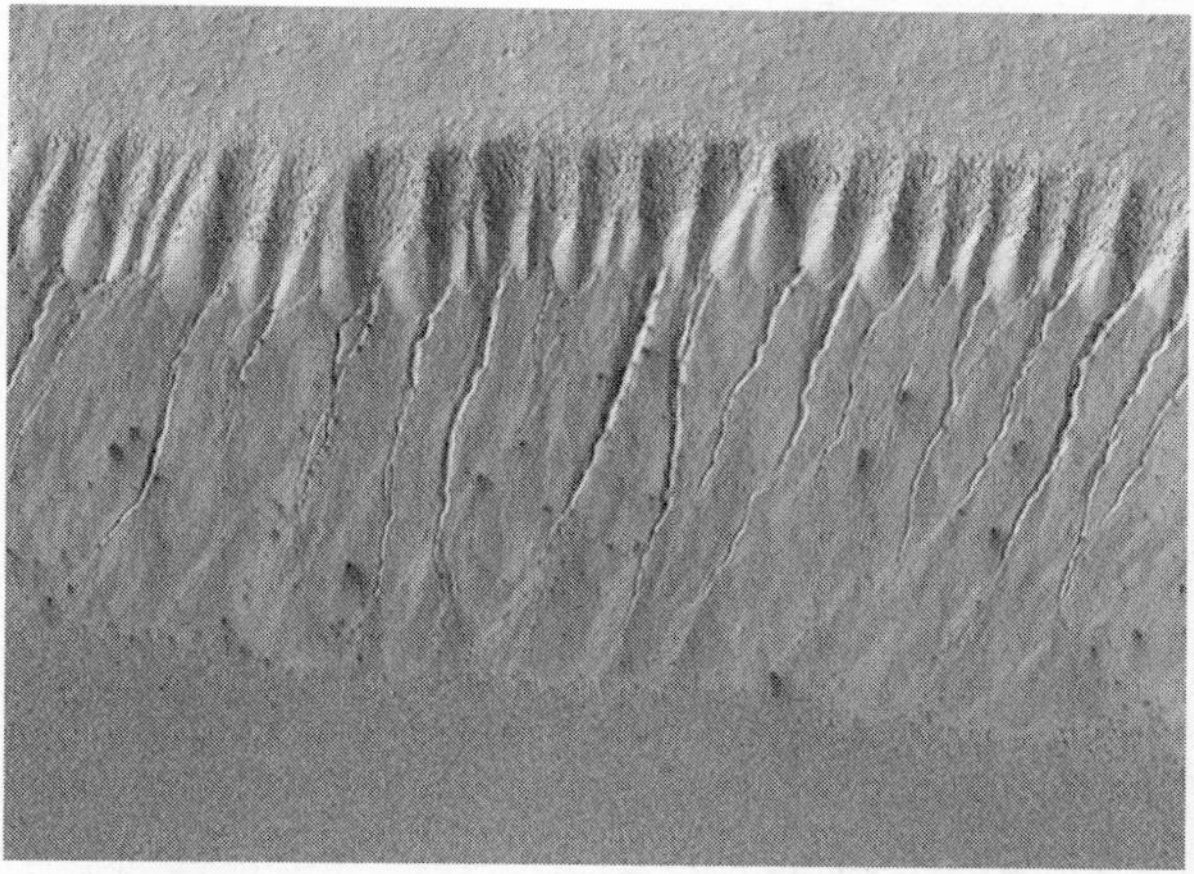

図63　火星のガリー（浸食谷）。クレーターの壁の下にたまった崖錐の斜面を、比較的最近えぐっている。このような地形は、火星の表面に今も液体の水が生じうることを示唆している ―― とはいえ、どれだけ連続的に長い期間生じるのかは、まだよくわからない。（マーズ・グローバル・サーベイヤーからの画像：NASA／JPL／マリン宇宙科学システムズ社提供）

考えにくい。そこでひとつの可能性として、火星の自転軸の向きが歴史的に大きく変わっているとも考えられる。つまり、今は凍結していても、数百万年ごとに解けていたかもしれないのだ。この説は興味深いが、必ずしも宇宙生物学者を喜ばせはしない――液体の水が一〇〇万年ごとに現れたり消えたりする環境では、生命を育むのは困難なのである。

火星で見つかったガリーが提供する興味深い問題は、

火星という惑星について、生命が住めたかどうかはともかく、必ずや多くのことを教えてくれるはずだ。しかし、ガリーに着陸するのは容易ではない。あの「グランド・キャニオンに着陸する」という難題が大きく浮上するからだ。

宇宙における知的生命は？

火星の生命に対する私の考えは、チャンスの問題を重く見るものだ——いわば「干し草のなかの針」という見方である。慎重すぎるだろうか？　そうかもしれないが、鼻息荒い論調が火星の議論には多すぎるので、少しぐらい歯止めをかけるのはいいのではないかと思う。火星の生命探査は簡単だとか、すぐに明白な答えが得られるとか考えてはいけない。火星の生命を探るのは難しいことで、何も見つからない可能性もある。それでも、われわれが隣の惑星を理解しようとする総合的な調査の一環として、生命探査はおこなう価値があるし、それも徹底的にやる価値がある。探査の結果が否定的なものでも、肯定的な答えと同じぐらい重要だということを肝に銘じておこう。分厚い大気と火山活動と液体の水があれば必ず生命が生まれるわけではないのなら、従来の生物発生のモデルは再考を迫られるだろう。一方で、われわれの孤独感が少しばかり増すことにもなる。

火星探査の新時代は今まさに始まろうとしており、私の人生を超えてずっと先まで続きそうだ。何が見つかるかはわからない。だから、少なくとも今のところは、ひとりの詩人に結論を委ねるべきかもしれない。ヘルマン・ヘッセは名作『ガラス玉演戯』〔邦訳は同題の高橋健二訳、新潮社など〕のなかで、火星の生命探査にぴったりの基本理念となる素晴らしい一節を記している。

存在しそうになく、実証できそうもない事物について語るほど困難なことはないが、それでいて、これほど必要とされることもない。真摯で良心的な人々がそうした事物を存在するものとして扱うことがまさに、存在に、また誕生の可能性に近づく一歩なのである。

火星は宇宙生命探査にとってとりわけ魅力的な星かもしれないが、唯一の星ではない。太陽系にはほかにエウロパやタイタンがある。エウロパは木星の衛星で、凍結した表面の下に液体の水の海が広がっている可能性があり、タイタンは土星の衛星で、その大気にはメタンと炭化水素の濃いもやが存在する。もっと遠くの宇宙には、探査対象となる星はいくらでもありそうだが、太陽系を離れると探査のやり方が変わる。いつの日か、人類は物理法則に抜け穴を見つけるかもしれないが、それまでは、太陽系以遠の生命探査は間接的にしかできないのだ。

最近の天文学の成果のなかでもとくに興味深いものとして、太陽以外の恒星を周回する惑星の発見が挙げられる。今のところ、恒星のすぐそばをまわる巨大惑星（土星程度かそれより大きい）しか観測されていないが、宇宙がそのような惑星ばかりとは決めつけられない。現時点では、このような惑星しか見つけられないからなのだ［訳注　二〇〇五年以降、巨大惑星でない地球型惑星も次々と見つかっている］。しかし今（本書執筆時点）から一〇年後までには、地球型惑星探査計画と呼ばれる野心的なプロジェクトにより、近隣の恒星系で地球型惑星が発見できるかもしれない。そればかりか、分光写真によって大気の組成まで判明する可能性がある。

一九七〇年代の初め、ガイア仮説の父ジェームズ・ラヴロックは、惑星の大気は生物の活動を敏感に示すバロメーターになると主張した。その理由を理解するには、地球を見てみさえすればいい。地球の大気には、窒素と二酸化炭素のほか、水蒸気、酸素、それに微量だが測定可能な量のメタンが含まれている。大気の状態が化学平衡にのみ左右されていたころに、酸素とメタンがどのように共存できたのかはわかりづらいが、シアノバクテリア（あるいは葉緑体をもつその子孫）やメタン生成菌が活動していれば、この混合気体は恒久的に維持できる（むろんこの理屈では、地球はその前半の歴史のあいだ、生物の住む惑星ではなかったことになる）。

太陽系外の惑星の生物もＤＮＡやタンパク質を合成するのか？　彼らはすべて単細胞なのか、多細胞のものもいるのか？　水中にも陸上にも住んでいるのか？　その答えはすぐにはわからないだろう。だが、生物が豊富に存在し、それなりの代謝もおこなっていれば、遠くの惑星でも、環境への影響によって生命の存在を確認できるかもしれない。

とはいえ、数十光年以上離れていては、先述の惑星探査計画も役に立たないだろう――もっと遠い銀河にある惑星などになると、暗すぎてこの方法では見つけられないのだ。そのため、広大な宇宙のほとんどの領域については、ただひとつの方法でしか探査できない。われわれの信号に応答するか、自分から交信するかできる程度のテクノロジーをもつ生命からの通信に、耳を傾けるのである。地球では、前世紀のあいだにようやくそうしたテクノロジーが使えるレベルになった。

ピーター・ウォードとドナルド・ブラウンリーは、共著『稀有なる地球（Rare Earth）』において、知的生命は宇宙できわめて珍しいのではないかと訴え、地球で神経の複雑な進化をもたらした、天体としての環境や地質構造上の条件を数多く挙げている。その前にハップ・マクスウィーンも、好著『地球への讃歌（Fanfare for Earth）』で似たような主張をした。これらの主張は、知能が進化するにはすべての条件が「ちょうどよく」なければならないという主旨から「ゴルディロックス」仮説と皮肉られもし、われわれの進化をうながした条件は特殊でめったにないものと見なしている［訳注 ゴルディロックスについては157ページを参照］。しかし、それが正しいのかどうかを知るすべはない。すべての恒星系に何もかも地球に似た惑星があるわけでないことは確かだが、一〇に一つ、一〇〇に一つ、いや一〇〇万に一つでもあったらどうだろう？ 宇宙の規模を考えると、知的生命を育む可能性のある星は膨大な数になる。別の言い方をすれば、知的生命のいる惑星は、比率としてはわずかでも、絶対数は多くなるのだ。その比率をどう見積もったらいいのかは、実のところわからない。さらにもうひとつ意外な問題点がある。われわれが知能を獲得したプロセスが、ありうべき唯一のプロセスなのかどうかはわからないのだ。私は唯一ではないように思うが、その先入観を理論的に裏付ける説明を考えつかない。この問題は、実際の調査で経験的に解決するしかないのである。

宇宙のほとんどの領域では、めったにいそうもない種類の生命しかわれわれに探査できないというのは、なんとも皮肉な話だ。そのうえ残念なことでもある。宇宙生物学の最も根本的なレベルの問題——地球の生物のどの特質が生命の普遍的な特徴で、どれがわれわれ固有の歴史がもたらした特異な特徴なのか——に取り組むのが困難になり、ひょっとしたら不可能になっているかもしれないからだ。火星で生命が見つからず、エウロパの氷や海にも生物を検出できなければ、われわれにはその答えを知りようがないのではなかろうか——どこかのエイリアンが交信してこないかぎりは。

エピローグ

過去とは、議事録の顔つきをした私小説である。
ジュリアン・バーンズ『フロベールの鸚鵡』
（斎藤昌三訳、白水社）より引用

「僕らはどうやって過去の事実を捉えるのだろう？」と小説『フロベールの鸚鵡』で語り手が言う。「書かれたものを読む、知識を蓄える、人に訊ねる、覚えるという調子でつつましく事を進めるしかないわけだが、そうするうち、たまたまぶつかった細かな事実ですべてがまたちょっと違った様相を呈するようになるということがある」［斎藤昌三訳より引用］確かにそのとおりだ。これまで、地球の初期の生命史を解き明かそうとするなかで、何度となくこまごました事実が啓示を与えてきた。一〇億年前のチャートに現れた華麗なシアノバクテリア、太古の土壌に保存された鉄の減少、海底で析出した炭酸塩鉱物の組織に生じた変化――まさしく砂粒のなかの世界だ。こうした個々の事実は些細なことのようだが、全部が合わさると、ダーウィンの言った「温かい水たまり」と、彼を悩ませたカンブリア紀の多様性とを新しい視点でつなぐ叙事詩ができあがる。そこからほんの少しの飛躍で、魚類が現れ、古生代の沼地をよたよた歩きまわる不格好な両生類も、恐竜の足元を逃げまわる小さな哺乳類も生まれ、みずからの進化の歴史を推理できるばかりか、ほかの世界での生命史をも考察できるような生物種も登場した。

したがって、初期の生命進化は、われわれの物語の一部でもある。われわれ人類は、四〇億年以上に及ぶ地球の歴史の産物であり、最後の何章かがまだ書かれていない本に一番最近の一話として加わった存在なのである。ハップ・マクスウィーンが著書『地球への讃歌』に書いているように、「私たちは星くず」というのは「ウッドストック」〔訳注　カナダのシンガーソングライター、ジョニ・ミッチェルがロックの祭典ウッドストック・フェスティバルをテーマに作った曲〕の歌詞にもあるが、ただの自己賛美ではなく、文字どおりの事実なのだ。私の肉体を構成する炭素は、大昔の恒星のるつぼで作り出され、超新星爆発によって宇宙に飛び散り、地球ができるときに岩石や塵とともに集められてから、大気や海や生物のなかを何度も循環し、シアノバクテリアや恐竜の体を通り、（ひょっとすると）ダーウィンの体さえも経由したのちに、少なくとも今のところは、ひとりの古生物学者の脳のなかに落ち着いている。

しかし、進化の物語にヒトが含まれているのは間違いないにしても、この物語はヒトについての話というわけではない。生命の長い歴史は、われわれの存在を説明するのに役立つ一方、生命の系統樹で特定のルートをたどった場合にのみ、ヒトへの道のりと解釈できる。別のルートをたどると、シアノバクテリアの生き抜くさまを追った手に汗握る冒険譚にもなり、三葉虫の凋落を語った訓話にもなり、あるいは、腐った果物を糧にして力強く生きる酵母の感動的なストーリーにもなる。今日生きている一〇〇〇万ほどの生物種は、どれも等しく地球の四〇億年にわたる進化史の産物だ——進化による多様化のために分かれたが、生態系の共依存関係によって結びついている、無数の形態なのである。地球をわれわれの世界と見なすことにどんな利点があろうとも、われわれは細菌や藻類や動植物なくして生きてはいけない。ヒトは進化史上の新参者で、地球の幼年期から編まれた生態系のタペストリーにおいて、とりわけ新しく縫い込まれた糸の一本なのだ。

実のところ、ヒトを特別な存在たらしめているのは、進化でなく生態だ。ヒトは、ほかの何百万もの種とは違って、自然が与える環境にただ適応するわけではない。自分に適した環境をあちこちに作りもし、シベリアでは暖炉のある小屋で、ヒューストンではエアコンのあるマンションの部屋で、快適に過ごす。テクノロジーを武器に、われわれの種は惑星全土にちらばり、驚くべき数となって暮らしている。またその過程で、ほとんどの場所の景観を変え、光合成の産物の多くを利用して、生物地球化学的循環に関与する一員として細菌と張り合うようになった。こうして特別な存在となったわれわれの活動は、地球史の今後の章において、われわれのみならず生物圏全体にとっての筋立てを決めることになるだろう。

言うまでもなく、われわれの物語には別のバージョンもある。しかもそれは、ほかの古生物学者の経験のレンズを通して同じ知見が屈折されてできた、さまざまな「自伝的小説」だけではない。ここで考えようとしているのは、私の説明の手引きにもなり制約にもなっているような事実の裏付けを欠いたバージョンである。すなわち、生態系ではなく断言によってわれわれを特別な存在と認め、本書で述べたほとんどのことがらを否定するものだ。地球と生命について、科学をまったく使わないでする説明を、どう考えたらいいだろうか？

聖書やウパニシャッド〔訳注　古代インドの宗教哲学書〕やオーストラリア先住民に伝わる「夢の時代」といった天地創造の物語は、コペルニクスやニュートン、ダーウィン、アインシュタインが新しい説明を与えるまで、何千年ものあいだ、宇宙を理解する手だてとなっていた。それらは、「心の」宇宙へいざなう雄弁な手引きとして、世代を越えて語り継がれている。じっさい、その大きな影響力の源は、不朽の価値にある――鉄器時代の地中海東岸にいた羊飼いにインスピレーションを与えた言葉が、現代のデトロイトのコンピュータ・アナリストの心を動かすこともあるのだ。これに対し、科学の説明は、時代の束縛を受ける。現代の最新技術は、過去には理解できず、未来には時代遅れになっているだろう。このふたとおりの理解の仕方が形式や目的において混同されることは、私には不合理であると同時に残念に思える。

現代の社会は、信仰と神学に対して大きな試練を与えている。ここですぐに思い浮かぶのは、ホロコーストと、乳児の突然死と、アルツハイマー病だ。一方、伝統的な真理と科学とをすり合わせるのは、ほとんどわけもない。神が存在するとすれば、生まれかけの宇宙にみずからを内在させ、途方もない時間をかけて宇宙を進展させ、特殊相対性理論や核化学や集団遺伝学の法則に従わせるほど偉大な存在だと言ってしまえばいいのだ。しかし、科学による天地創造の物語は、意図ではなくプロセスと歴史を説明する。そして、過去の天地創造の物語を寓話として受け入れれば、対立は回避できる（聖アウグスティヌスも四世紀にそのようなことを述べている）。だがこれだけははっきり言っておかなければならない。科学がかかわると答えはひとつしかないのである。

特殊創造説の支持者はたいてい、進化論を科学の悪鬼として目の敵《かたき》にするが、本書で示した初期の進化についての説明を拒むのであれば、聖書を文字どおりに解釈する人々は、科学的な解釈全般を否定しなければならない。たとえば地質学は、そのパターンとプロセスが聖書のスケジュールと合わないのだから認めてはいけない。物理学や化学も、ジルコンのできた年代を何十億年も前と決定する放射性崩壊を説明するのだから、やはり認めてはいけなくなる。天文学や宇宙物理学はどうだろう？　そんなものは存在すら考えてはなるまい。それどころか、聖書を絶対視する人は、グランド・キャニオンを歩いていてペルム紀の腕足動物や、カンブリア紀の三葉虫や、一七億年前の結晶片岩〔訳注　結晶が一定方向に配列して板状に割れやすい変成岩〕の前を通り過ぎても、地層に年代や順序があるように見えるのは手の込んだ策略で、不信心者をだますために仕掛けた壮大な猿芝居の一部と考えるしかない。どんな神だったらそういうことをするだろう？　狭量で執念深く、みずからの創造物を愛しながらも信頼してはいないような神だ。要するに、われわれによく似た神である。特殊創造説の支持者は、神の御心を知ろうとするあまり、鏡をのぞいてしまっている。

もちろん、聖書には神が自分に似せて人間を創ったとあり、その逆ではない。中東の砂漠でオアシスを渡り歩く遊牧民や中世ヨーロッパの針子《はりこ》に、これが神の姿について文字どおり語ったものと受け取られたとしても仕方がないだろう。一三世紀のトマス・アクィナスから一七世紀のデカルトに至る哲学者は、人間の心に神が映し出されていると考えた。しかし、二〇世紀の科学技術革命は、もっと具体的で、もっと不穏かもしれない見方を示唆している。われわれ人間は、なんと自分たちの住む世界を理解するようになり、その世界を支配するまでになった。物理学や工学のおかげで、人間は原子がもつ力で発電することも大量殺戮することもできる。医学は、足の不自由な人を歩けるようにしている。われわれは誕生の奇跡や死の謎を次々と明らかにし、人間のほかさまざまな生物種の生殺与奪の権を握っている。やはり人間は神の姿に似せて創られたのかもしれない。

結局、宗教と科学の対話が重要であるのは、過去について共通の認識に至る期待があるからというよりも、未来について意見を合わせる必要があるからだ。二一世紀の夜明けを迎え、われわれは地球史の岐路に立っている。人間に生態系の支配権を握らせた技術の叡知が、現在、地球が生涯かけて生み出してきたものをおびやかしている。それゆえ、われわれの孫たちは動物のサイを写真でしか知らないようになり、そのころには熱帯雨林もテーマパークにしか存在しなくなり、サンゴ礁も歴史書のものになってしまうかもしれない。火星の生命を探る一方で、地球の生命を失うおそれがあるのだ。

こんなことを考えると気が重くなる。だが、未来は進化の終焉とはかぎらない。別の可能性もあるのだ。生態系の支配と惑星の歴史を考え合わせたところに、進化の倫理が生まれる余地がある。進化が残した遺産の膨大さを理解したら、われわれはそれを維持しようという気になるのではないか。惑星の管理人という前例のない役目を負っていることに気づいたら、叡知と誇りによって自分たちの責任を果たせるかもしれない。少なくともこの点では、信仰と科学は見解の一致を見ている。神がリョコウバト［訳注　北米に多数生息していたが、一九一四年に絶滅した］の存在を命じたのかどうかはわからないが、もし命じたのなら、われわれが絶滅させてはならなかった。

コペルニクスとダーウィンは、人間の自己認識を大きく変えた。われわれは宇宙の中心に住んでいるのではなく、初めから特別に創られたと訴えることもできない。今後数十年の惑星探査で、われわれがユニークな存在ではないか、少なくとも孤独ではないとわかるかもしれない。しかし、天文学や進化論がどれだけ特権的な自己認識を奪い取るにしても、生態系はその認識を取り戻させる。現在、この惑星は、ヒトが支配している。生命史のこれまでの章を何者が記したにせよ、次の章を書くのはわれわれだ。われわれが何かをしたりしなかったりすることが、孫や曽孫の過ごす世界を決定するのである。賢明な選択をするだけの品位と謙虚さをもとうではないか。

謝辞

本書には、初期の生命の歴史を把握しようとして四半世紀費やして得た考えが凝縮されている。私はまず、一〇年以上も前、本を書くという考えを抱いたが、幸いにもそれは後回しになった。子育てや研究、そして大学で責任ある立場になったことによって、そんな大仕事に取りかかれなかったのだ。ようやく一九九八年の秋、子どもたちが育ち、学部長の任期が終わり、研究休暇が得られると、自分にとって新しい学問の手法を試みるのにちょうどいい頃合いだと思った。もちろん、そのあいだに成長したのは私の子どもたちだけではなかった。だから、この先どんな批判を浴びる運命が本書を待ち構えていようとも、本書が当初の考えをもとに仕上げた場合よりはるかに良いものになっていることだけは、はっきりと言える。

科学者は創意に富む孤独好きなどと言われるが、科学は大いに社会的な活動である。

われわれの世界観は、先人の著作を読み、教え学び、協力し、会話し、議論することによって発展する。本書で述べるアイデアや体験は他者のおかげで得られたものばかりで、そのうち多くの人について、あちこちの章で触れた。エルソ・バーグホーンは、私の学位論文の研究を指導してくださり、さまざまな機会を私に提供し、明らかに一方的だったにもかかわらず、援助や協力を惜しまなかった。大学院では、レイ・シーヴァー、ディック・ホランド、スティーヴ・ゴルビック、故スティーヴン・ジェイ・グールド、故バーニー・クンメルにも教わった。彼らは皆、私自身では決して見つけられなかったはずの素質を見出してくださったのだと思う。

私の研究室の学生やポスドクのフェロー（特別研究員）は、いつも楽しみと知識の滋養とをもたらしてくれた。彼ら全員に感謝する。また、素晴らしい同僚たちからも、多大な恩恵をこうむっている。ハーヴァードでの生物学と地球科学の友人たちは、つねに慎重さを肝に銘じさせてくれた。

ハーヴァードの外の世界では、以下の人々が親しく交際し知的な刺激を与えてくれたことに対し、とくに感謝する。ジョン・グロッツィンガー、サム・バウリング、ジョン・ヘイズ、マルコム・ウォルター、ロジャー・サモンズ、キーン・スウェット、イン・レイミン、ミーシャ・セミハトフ、ミーシャ・フェドンキン、ヴォロージャ・

セルゲーエフ、ジェラード・ジャームス、ステファン・ベングトソン、サイモン・コンウェイ・モリス、ブライアン・ハーランド、ドナルド・キャンフィールド、エアリアル・アンバー、デイヴィッド・デ・マレー、ケン・ニールソン、ショーン・キャロル、そして亡き友たち——チャン・ユン、ゴンサロ・ビダール、プレストン・クラウド。

もちろん、本が書かれる場所は、ふつうオフィスでも野外でもない。週末に講義の下準備を済ませたあと、二階の書斎で仕上げられるのだ。したがって執筆は実に家庭的な仕事と言える。ついついのめり込んでしまいがちな仕事のなかで、子どもたちは生活にほどよい均衡をもたらしてくれた。そして、感謝の気持ちを表現できる言葉がないと言ったとしても、妻マーシャの果たした役割をおろそかにしてしまうおそれがある。

私の長年にわたる研究の多くは、全米科学財団と（宇宙生物学研究所を含む）NASAの資金援助を受けている。これらの支援にも感謝する。さらに、私の草稿を読んで多くの改善案を出してくれた、リチャード・バンバッハ、スザンナ・ポーター、ドナルド・キャンフィールド、ショーン・キャロル、ジャック・レプチェック、クリステン・ゲイジャー、ローレンス・クラウス、マーシャ・ノールにも謝意を表したい。ジョン・ボールドド、ロジャー・ビュイック、ステファン・ベングトソン、マーティン・ブレイジャー、ビルガー・ラスムセン、シャオ・シュウハイ、リチャード・ジェンキンス、レオニード・ポポフ、デイヴィッド・ボットジャー、スティーヴン・ドーンボス、グレッグ・レイ、アンドレアス・テスケ、スザンナ・ポーター、ブルース・リーバーマン、ニック・バターフィールドは、私の文章に彩りを添える一部の図版を提供してくれた。最後になったが、私への支援と信頼を惜しまなかったサム・エルワージーとプリンストン大学出版局にも感謝する。私にとってサムは、あの偉大な編集者マクスウェル・パーキンズのような存在で、すべてのページをより良いものにしてくれた。

訳者あとがき

生命の歴史が語られる場合、原始スープに放電が繰り返されて、生命の種《たね》となるアミノ酸ができたという話のあと、単細胞生物から多細胞生物の進化についてはざっと触れ、さまざまな大型動物が現れた五億四〇〇〇万年あまり前のカンブリア紀あたりから、詳しい説明に入ることが多い。これは、黎明期の生物が残っているような地層が少ないうえに、化石になっているものはなおさら少なく、未知の部分が多いためのようだ。

本書は、世界で屈指と称えられる古生物学者アンドルー・H・ノールが、あえてその「生命最初の三〇億年」という空白期間に的を絞り、現段階でわかっている事実と、状況証拠の真偽をめぐる議論とを、偏りのない視点で丹念に検討し紹介した解説書である。解説書とは言っても、各章のはじめにみずからのフィールド・ワークの体験を流麗な文章で生々しく語るあたり、研究に携わる当事者としての古生物学に対する愛着の深さと、あまり一般的でないテーマを読み物として楽しめるものにしようという意気込みを感じさせる。

じっさい、奇妙きてれつなカンブリア紀の動物や巨体をゆすって闊歩する白亜紀の恐竜のように絵になる生き物がいないせいか、この時期の研究がどうしても素人目に地味なことは否めない。遠くシベリアの奥地やオーストラリアの荒野へ足を運び、重たい石を何十キロも持ち帰ってから、研究室でスライスして顕微鏡で微生物の痕跡を探すなどという話を聞くと、正直「よくもそんな研究を続けられるものだ」と感心してしまう。だが、そこからおぼろげに見えてくる黎明期の生命や初期の地球の姿は、実はなかなかに奇想天外だ。著者も言うように、初期の地球の環境は、大気の組成が劇的に変わったり、地球表面があらかた凍りついたりと、現在の比較的安定した環境に住むわれわれには考えられないほどドラマチックで、そうした苛酷な環境でさまざまな条件に適応する生物が生まれたり滅びたりしていったようなのである。

はじめに言ったように、このあたりを詳しく解説した一般科学書は、訳者の知るかぎりほとんどない。生命史全般を扱った本ならリチャード・フォーティの『生命40億年全史』（渡辺政隆訳、草思社）は興味深く全貌がつかめ、カンブリア爆発につながる環境変化に注目したものならガブリエル・ウォーカーの『スノーボール・アース』（川上紳一監修、渡会圭子訳、早川書房）が全地球凍結のシナリオをエキサイティングに語り、純粋な和書でも『生命と地球の共進化』（川上紳一著、日本放送出版協会）や『生命と地球の歴史』（丸山茂徳・磯﨑行雄著、岩波書店）などは研究者の立場からうまく全体がまとめられているが、カンブリア紀以前の生命史を、平易とは言えないまでも、ここまで丁寧に語り尽くしたものはおそらく本書が初めてではないかと思う。

本書では最後に、地球以外の生命の可能性についても探っている。火星起源の隕石から見つかった生命の痕跡らしきものをめぐる議論が中心だが、古生物学や地質学がいつしか宇宙へも目を向けるようになっているというのは面白くも夢のある話だ。しかもタイムリーなことに、昨年（二〇〇四年）あたりから火星や土星に到着した探査機から、驚くべきデータが次々と送られてきている。火星探査車が分析した岩石からは、硫酸塩、細長い空洞、微小な球体の存在が確認され、かつて相当な量の水がたまって海になっていた可能性が高まっている（硫酸塩は地球の海にも「にがり」として含まれ、空洞や球体は岩石が長期間水に浸かってできるものと似ているらしい)。また土星の衛星タイタンからは、地球の海や陸地と見紛うばかりの映像が送られてきてわれわれを驚嘆させた。それはメタンの雨が凍った地表を浸食してできた造形で、地表には大気中で凝結した有機物が降り積もっているのだという。地球外生命の発見は、いまや目前なのかもしれない。もし発見されたら、生命史の空白期間についても貴重なデータを提供してくれるだろう。

最後になったが、訳稿のチェックや原著にない小見出しの設置などで、さながらノール氏の古生物学のような地味な作業も厭わず、丁寧なサポートをしてくださった紀伊國屋書店出版部の水野寛さんにお礼を申し上げたい。

二〇〇五年五月

(文庫版への追記)

二〇〇五年に本書の邦訳ハードカバーを刊行後、一八年の時が過ぎた。そのあいだ、二〇一五年に新たなまえがきを加えた原書ペーパーバックが刊行されたが、そのまえがきでも触れているとおり、本書の内容は基本的に価値を失っていない。その後の発見で新たにわかってきていることはあるものの、生命黎明期の古生物学について、ほぼ今も通用する内容であり、いまだカンブリア紀以前のとくに古微生物学を扱った和書が少ないなかで、研究へのアプローチも含めてこの分野のテキストとして立派に使えるはずだ。そのようなわけで、このたび光文社から文庫化される運びとなった。

文庫化にあたり、原書ペーパーバックのまえがきを加えたうえで、改めて本文を読みなおし、多少の訳語や情報の刷新と訳文の変更をおこなった。また、光文社の編集者である小都一郎さんと校正者の方にも細部に至る指摘や提案をいただいたおかげで、さらなるブラッシュアップがなされたと思う。記してお礼を申し上げたい。

斉藤隆央

二〇二三年七月

語ったもの。）

Ward, P. D., and D. Brownlee. 2000. *Rare Earth: Why Complex Life Is Uncommon in the Universe.* Copernicus Books, New York.（古生物学者と宇宙科学者がタッグを組み、ずばり書名どおりの問題を論じている。）

エピローグ

Barnes, J. 1984. *Flaubert's Parrot.* Jonathan Cape, London.［邦訳：『フロベールの鸚鵡』（斎藤昌三訳、白水社）］（冒頭の引用の出典。許可を得て転載。）

Bradie, M. 1994. The Secret Chain: Evolution and Ethics. State University of New York Press, Albany, N. Y.（進化と人間倫理を結びつける哲学。）

de Duve, C. 1995. *Vital Dust: Life as a Cosmic Imperative.* Basic Books, New York.［邦訳：『生命の塵』（植田充美訳、翔泳社）］（科学もカトリシズムも知る偉大な細胞生物学者が著した、刺激的な生命史の手引き。）

Gould, S. J. 1999. *Rocks of Ages: Science and Religion in the Fullness of Life.* Ballantine Books, New York.［邦訳：『神と科学は共存できるか？』（狩野秀之・古谷圭一・新妻昭夫訳、日経 BP 社）］（Gould は、科学と宗教を「重なりのない権威」と評している――それぞれ別個の目標と手段をもって真理の探究に励んでいるというわけだ。）

Myers, N., and A. H. Knoll, editors. 2001. The biotic crisis and the future of evolution. *Proceedings of the National Academy of Sciences, USA* 98: 5389–5480.（生命進化の未来をテーマにしたセミナーにもとづく論文。）

O'Hara, R. J. 1992. Telling the tree. *Biology and Philosophy* 7: 135–160.（系統学の時代における進化史について深く考察した小論。）

Ruse, M. 2001. *Can a Darwinian be a Christian*? Cambridge University Press, Cambridge.（科学的思考とキリスト教の考えの接点を哲学的に探る面白い本。絶対にお薦め。）

Sproul, B. C. 1979. *Primal Myths: Creation Myths around the World.* HarperCollins, New York.（天地創造にかんするさまざまな伝説がわかる。）

Tucker, M. E., and J. A. Grim, editors. 2001. Religion and ecology: Can the climate change? *Daedalus* 130（4）: 1–306.（地球規模の大変動の時代における倫理と宗教をめぐる 15 の小論。）

るのか』（青木薫訳、草思社）]（明敏で理路整然と物を語る宇宙物理学者が、タイトルにあるとおりの大きな問題について解説している。）

Des Marais, D., editor. 1997. *The Pale Blue Dot Workshop: Spectroscopic Search for Life on Extrasolar Planets*. NASA Conference Publication 10154, 39 pp.（近隣の恒星系の生命探査の手だてを検討した討論会の報告。地球型惑星探査計画に対し、宇宙生物学から正当な根拠を与えている。）

Farmer, J. D., and D. J. Des Marais. 1999. Exploring for a record of ancient martian life. *Journal of Geophysical Research* 104: 26977–26995.（火星の古生物学的調査の方策を明確に述べている。）

Goldsmith, D., and T. Owen. 2001. *The Search for Life in the Universe*, third edition. University Science Books, Sausalito, Calif.［1980 年刊行の初版の邦訳：『宇宙に生命を探る』（桜井邦朋・深田豊訳、共立出版）］（宇宙とそこに存在するかもしれない生命について、わかりやすく案内してくれる書物。）

Gopnik, A. 2002. The porcupine: A pilgrimage to Popper. *The New Yorker*, April 1, 2002: 88–93.（カール・ポパーと科学の論争の本質について鋭い洞察を示したエッセイ。）

Hesse, H. 1943. *The Glass Bead Game*. Reissue edition by Henry Holt, New York, 1990.［邦訳：『ガラス玉演戯』（高橋健二訳、新潮社）など］（本章引用個所の出典。）

Lissauer, J. J. 1999. How common are habitable planets? *Nature* 402: C11–C14.（ひとつの難問を扱った思慮深い論文。）

Lunine, J. I. 1999. In search of planets and life around other stars. *Proceedings of the National Academy of Sciences, USA* 96: 5353–5355.（太陽系外惑星の探査について語った読みやすい概論。その宇宙生物学的な意味も考察している。）

Malin, M. C., and K. S. Edgett. 2000. Evidence for recent groundwater seepage and surface runoff on Mars. *Science* 288: 2330–2335.（火星の表面に比較的最近、水が存在していたことを示唆する新しい知見。）

McSween, H. Y., Jr. 1997. *Fanfare for Earth: The Origin of Our Planet and Life*. St. Martin's Press, New York.（地球の歴史とその宇宙の生命にとっての意味を魅力的に語っている。）

Shostak, S., B. Jakosky, and J. O. Bennett. 2002. *Life in the Universe*. Addison-Wesley, Boston.（宇宙生物学全般にかんする優れた手引き。）

Tarter, J. C., and C. F. Chyba. 1999. Is there life elsewhere in the universe? *Scientific American* 281（12）: 118–123.（SETI〔地球外知的生命探査プロジェクト〕などの地球外生命探査について。）

Walter, M. R. 1999. *The Search for Life on Mars*. Perseus Books, Reading Mass.（先カンブリア時代の古生物学の第一人者が宇宙生物学の概況をひととおり

Sciences, USA 99: 6556–6561.
Bradley, J. P., R. P. Harvey, and H. Y. McSween, Jr. 1996. Magnetite whiskers and platelets in the ALH84001 Martian meteorite: Evidence of vapor phase growth. *Geochimica et Cosmochimica Acta* 60: 5149–5155.
Clemett, S. J., X. D. F. Chiller, S. Gillette, R. N. Zare, M. Maurette, C. Engrand, and G. Kurat. 1998. Observation of indigenous polycyclic aromatic hydrocarbons in "giant" carbonaceous antarctic micrometeorites. *Origins of Life and Evolution of the Biosphere* 28: 425–448.
Gibson, E. K., Jr., D. S. McKay, K. Thomas-Keprta, and C. S. Romanek. 1997. The case for relic life on Mars. *Scientific American* 277（12）: 58–65.
Golden, D. C., D. W. Ming, H. V. Lauer, Jr., C. S. Schwandt, R. V. Morris, G. E. Lofgren, and G. A. McKay. 2002. Inorganic formation of "truncated hexa-octahedral" magnetite: Implications for inorganic processes in Martian meteorite ALH-84001. *Abstracts, Lunar and Planetary Science Conference.*
Golden, D. C., D. W. Ming, C. S. Schwandt, H. V. Lauer, Jr., R. A. socki, R. V. Morris, G. E. Lofgren, and G. A. McKay. 2001. A simple inorganic process for formation of carbonates, magnetite, and sulfides in Martian meteorite ALH84001. *American Mineralogist* 86: 370–375.
Kerr, R. A. 2002. 第４章の文献を参照。
McKay, D. S., E. K. Gibson, Jr., K. L. Thomas-Keprta, H. Vali, C. S. Romaneck, S. J. Clemett, X. D. F. Chillier, C. R. Maechling, and R. N. Zare. 1996. Search for past life on Mars: Possible relic biogenic activity in martian meteorite ALH84001. *Science* 273: 924–930.
Mittlefeldt, D. W. 1994. ALH84001, a cumulate orthopyroxenite member of the martian meteorite clan. *Meteoritics* 29: 214–221.
Thomas-Keprta, K. L., and 9 others. 2001. Truncated hexa-octahedral magnetite crystals in ALH84001: Presumptive biosignatures. *Proceedings of the National Academy of Sciences, USA* 98: 2164–2169.
Treiman, A. Recent scientific papers on ALH 84001 explained, with insightful and totally objective commentaries. http://www.lpi.usra.edu/lpi/meteorites/alhnpap.html（アラン・ヒルズ隕石にかんする論文を客観的に紹介する優れたウェブサイト。2000年12月12日以後更新されていないのが惜しまれる。）

宇宙生物学と宇宙古生物学にかんする文献

Carr, M. 1996. *Water on Mars.* Oxford University Press, Oxford.（火星の生命の重要な条件について説明した、専門的だが権威ある書物。）
Davies, P. 1995. *Are We Alone?* Penguin Books, London.［邦訳：『宇宙に隣人はい

382: 127–132.
Derry, L. A., A. J. Kaufman, and S. B. Jacobsen. 1992. Sedimentary cycling and environmental change in the late Proterozoic: Evidence from stable and radiogenic isotopes. *Geochimica et Cosmochimica Acta* 56: 1317–1329.
Graham, J. B. 1988. Ecological and evolutionary aspects of integumentary respiration: Body size, diffusion, and the Invertebrata. *American Zoologist* 28: 1031–1045.
Knoll, A. H., J. M. Hayes, J. Kaufman, K. Swett, and I. Lambert. 1986. Secular variation in carbon isotope ratios from upper Proterozoic successions of Svalbard and East Greenland. *Nature* 321: 832–838.
Nursall, J. R. 1959. Oxygen as a prerequisite to the origin of the metazoa. *Nature* 183: 1170–1172.
Rhoads, D. C., and J. W. Morse. 1971. Evolutionary and ecological significance of oxygen-deficient marine basins. *Lethaia* 4: 413–428.
Runnegar, B. 1982. Oxygen requirements, biology and phylogenetic significance of the late Precambrian worm *Dickinsonia*, and the evolution of the burrowing habit. *Alcheringa* 6: 223–239.
Towe, K. M. 1970. Oxygen-collagen priority and the early metazoan fossil record. *Proceedings of the National Academy of Sciences, USA* 65: 781–788.

原生代－カンブリア紀境界における環境の攪乱とその生物への影響にかんする文献

Amthor, J. E., J. P. Grotzinger, et al. 2003. Extinction of *Cloudina and Namacalathus* at the Precambrian-Cambrian boundary in Oman. *Geology* 31: 431–434.
Bartley, J. K., M. Pope, A. H. Knoll, M. A. Semikhatov, and P. Yu. Petrov. 1998. A Vendian-Cambrian boundary succession from the northwestern margin of the Siberian Platform: Stratigraphy, paleontology, chemostratigraphy, and correlation. *Geological Magazine* 135: 473–494.
Kimura, H., and Y. Watanabe. 2001. Oceanic anoxia at the Precambrian-Cambrian boundary. *Geology* 29: 995–998.
Knoll, A. H., and S. B. Carroll. 1999. 第 11 章の文献を参照。

13　宇宙へ向かう古生物学

火星隕石論争にかんする主要文献

Barber, D. J., and E. R. D. Scott. 2002. Origin of supposedly biogenic magnetite in martian meteorite Allan Hills 84001. *Proceedings of the National Academy of*

の見方。）

Wray, G. A., J. S. Levinton, and L. H. Shapiro. 1996. Molecular evidence for deep Precambrian divergences among metazoan phyla. *Science* 274: 568–573.（分子時計を用いて初期の動物の分岐を論じている。）

12　激変する地球、許容性の高い生態系

原生代後期の氷河時代にかんする主要文献

Evans, D. A. D. 2000. Stratigraphic, geochronological, and paleomagnetic constraints upon the Neoproterozoic climatic paradox. *American Journal of Science* 300: 347–433.

Harland, W. B., and M. S. Rudwick. 1964. The great Infra-Cambrian ice age. *Scientific American* 211（2）: 28–36.

Hoffman, P. F. 1999. The break-up of Rodinia, birth of Gondwana, true polar wander, and the Snowball Earth. *Journal of African Earth Sciences* 28: 17–33.

Hoffman, P. F., A. J. Kaufman, G. P. Halverson, and D. P. Schrag. 1998. A Neoproterozoic Snowball Earth. *Science* 281: 1342–1346.

Hoffman, P. F., and D. P. Schrag. 2002. The snowball Earth hypothesis: testing the limits of global change. *Terra Nova* 14: 129–155.

Hyde, W. T., T. J. Crowley, S. K. Baum, and W. R. Peltier. 2000. Neoproterozoic 'Snowball Earth' simulations with a coupled climate/ice sheet model. *Nature* 405: 425–429.

Kennedy, M. J., N. Christie-Blick, and A. R. Prave. 2001. Carbon isotopic composition of Neoproterozoic glacial carbonates as a rest of paleoceanographic models for Snowball Earth phenomena. *Geology* 29: 1135–1138.

Kirschvink, J. 1992. Late Proterozoic low latitude glaciation: The Snowball Earth, pp. 51–52 in J. W. Schopf and C. Klein, editors, *The Proterozoic Biosphere: A Multidisciplinary Study*. Cambridge University Press, Cambridge.

Schrag, D. P., R. A. Berner, P. F. Hoffman, and G. P. Halverson. 2002. On the initiation of a snowball Earth. *Geochemistry Geophysics Geosystems* 3: art. no. 1036.（電子ジャーナル、インターネットでアクセス可能。）

Vidal, G., and A. H. Knoll. 1982. Radiations and extinction of plankton in the late Proterozoic and Early Cambrian. *Nature* 297: 57–60.

原生代後期の酸素の増大と動物にかんする文献

Canfield, D. E., and A. Teske. 1996. Late Proterozoic rise in atmospheric oxygen concentration inferred from phlyogenetic and sulphur-isotope studies. *Nature*

"Little Gidding" より抜粋。Copyright 1942 by T. S. Eliot and renewed 1970 by Esme Valerie Eliot. Harcourt, Inc. の許可により転載。)

Fortey, R. A., D. E. G. Briggs, and M. A. Wills. 1996. The Cambrian evolutionary 'Explosion': Decoupling cladogenesis from morphological disparity. *Biological Journal of the Linnaean Society* 57: 13–33.(動物の系統は早い時期に分岐していたかもしれないが、特徴的な体制が進化したのはカンブリア紀になってからだと主張している。)

Garey, J. R., and A. Schmidt-Rhaesa. 1998. The essential role of "minor" phyla in molecular studies of animal evolution. *American Zoologist* 38: 907–917.(「マイナーな生物」——系統関係の分析においてめったに考慮されない小さな動物門——を熱烈に擁護していると同時に、分子的なデータから明らかにした動物の系統関係にかんする優れた議論でもある。)

Gould, S. J. 1989. *Wonderful Life: The Burgess Shale and the Nature of History*. Norton, New York.[邦訳:『ワンダフル・ライフ』(渡辺政隆訳、早川書房)](バージェス動物群についての的確な記述とともに、純古生物学による——異論はあるが——刺激的な解釈がなされ、ページをめくる手が止まらない本。)

Jensen, S. 1992. Trace fossils from the lower Cambrian Mickwitzia sandstone, south-central Sweden. *Fossils and Strata* 42: 1–111.(原生代とカンブリア紀の境界をまたぐ時期の生痕化石について知るのに手ごろな文献。)

Knoll, A. H., and S. B. Carroll. 1999. Early animal evolution: Emerging views from comparative biology and geology. *Science* 284: 2129–2137.(発生遺伝学と古生物学による洞察の統合を試みた論文——本章の虎の巻。)

Miklos, G. L. G. 1993. Emergence of organizational complexities during metazoan evolution: Perspectives from molecular biology, palaeontology, and neo-Darwinism. *Association of Australasian Palaeontologists, Memoir* 15: 7–41.(生体の系——とくに初期の動物の神経系——に進化の過程で生じる新たな特性の重要性を強調している。)

Ruppert, E. E., and R. D. Barnes. 1994. *Invertebrate Zoology*, sixth edition. Saunders College Publishing, Fort Worth.(動物の途方もない多様性について知るのに手ごろな本。)

Smith, A. 1999. Dating the origins of metazoan body plans. *Evolution and Development* 1: 138–142.(初期の動物が分岐した時期について、分子時計と地質学の折り合いをつけようとした思慮深い論文。)

Valentine, J. W., D. Jablonski, and D. H. Erwin. 1999. Fossils, molecules and embryos: New perspectives on the Cambrian Explosion. *Development* 126: 851–859.(初期の動物進化の研究で遺伝学と古生物学をすり合わせるもうひとつ

11　そしてカンブリア紀へ

Bengtson, S. 1994. The advent of animal skeletons, pp. 414–425 in S. Bengtson, editor, *Early Life on Earth*. Nobel Symposium 84, Columbia University Press, New York.（捕食性とカンブリア紀における無機質の骨格の進化との関係を思慮深く語った解説。）

Bengtson, S., S. Conway Morris, B. J. Cooper, P. A. Jell, and B. N. Runnegar. 1990. Early Cambrian fossils from South Australia. *Memoirs of the Association of Australasian Paleontologists* 9: 1–364.（カンブリア紀の微小な有殻化石について、ことのほか見事に論じている。）

Bowring, S. A., and D. H. Erwin. 1998. A new look at evolutionary rates in deep time: Uniting paleontology and high-precision geochronology. *GSA Today* 8（9）: 1–8.（初期の動物の多様化について、時間的関係を明らかにしたもの。）

Budd, G. E., and S. Jensen. 2000. A critical reappraisal of the fossil record of the bilaterian phyla. *Biological Reviews* 75: 253–295.（カンブリア紀の動物にかんする批判的だが重要な論文。大半は左右相称動物の門または綱の幹部生物群だと力説している。）

Carroll, S. B., J. K. Grenier, and S. C. Weatherbee. 2001. *From DNA to Diversity*. Blackwell Scientific, Oxford.［邦訳：『DNAから解き明かされる形づくりと進化の不思議』（上野直人・野地澄晴監訳、羊土社）］（発生遺伝学と動物進化にかんする優れた手引き。）

Chen, J., and G. Zhou. 1997. Biology of the Chengjiang fauna. *Bulletin of the National Museum of Natural Science*（*Taiwan*）10: 11–106.（バージェス化石群の兄のような化石群の詳細な解説。）

Conan Doyle, A. 1892. *Silver Blaze*, reprinted in *Complete Sherlock Holmes*. Doubleday, New York, 1960.［邦訳：「シルヴァー・ブレイズ号事件」、『シャーロック・ホームズの回想』（大久保康雄訳、早川書房）所収など］（吠えなかった犬の話の引用元。）

Conway Morris, S. 1998. 第１章の文献を参照。

Davidson, E. H. 2001. *Genomic Regulatory Systems: Development and Evolution*. Academic Press, New York.（発生遺伝学とその進化上の意味について語った素晴らしくも高度な議論。初期の動物が現代の幼虫に似ており、「保留細胞（set-aside cell）」が進化して初めて大型の複雑な体を作る能力が得られたとする、刺激的で物議を醸している Davidson の仮説も論じられている。）

Eliott, T. S. 1942. Little Gidding, in *The Complete Poems and Plays, 1909–1950*. Harcourt Brace and World, New York.［邦訳：「リトル・ギディング」、『エリオット全集１』（二宮尊道訳、中央公論社）所収など］（Four Quartets の

Buss, L. W., and A. Seilacher. 1994. The phylum Vendobionta: A sister group of the eumetazoa? *Paleobiology* 20: 1–4.（ヴェンド生物群の系統的位置づけを考察した刺激的な論文——絶滅した界とする説から「一歩譲った」もの。）

Fedonkin, M. A. 1990. Systematic description of the Vendian metazoa, pp. 71–120 in B. S. Sokolov and A. B. Iwanowski, editors, *The Vendian System*, volume I. Springer-Verlag, Berlin.（白海〔ロシア〕のエディアカラ化石を調べたFedonkinの革新的成果をまとめた、最良の英語文献。）

Fedonkin, M. A., and B. M. Waggoner. 1997. The late Precambrian fossil *Kimberella* is a mollusc-like bilaterian organism. *Nature* 388: 868–871.（白海で新たに見つかった化石にもとづく重要な研究結果。エディアカラの生物種を左右相称動物の系統と結びつけている。）

Gehling, J. M. 1999. Microbial mats in terminal Proterozoic siliciclastics: Ediacaran death masks. *Palaios* 14: 40–57.（エディアカラ動物群がどのように化石になったのかという疑問に対し、今のところ最良の答えを提供するもの。）

Gehling, J. G., G. M. Narbonne, and M. M. Anderson. 2000. The first named Ediacaran body fossil, *Aspidella terranovica*. *Palaeontology* 43: 427–456.（エディアカラの円盤状化石とその生物学的解釈をまとめた優れた文献。）

Glaessner, M. F. 1983. *The Dawn of Animal Life: A Biohistorical Study*. Cambridge University Press, Cambridge, 244 pp.（エディアカラの古生物学を研究した先駆的な大家が最後に著した本。オーストラリアとナミビアの化石にかんするGlaessnerの研究をまとめている。）

Jenkins, R. J. F. 1992. Functional and ecological aspects of Ediacaran assemblages, pp. 131–176 in J. H. Lipps and P. W. Signor, editors, *Origin and Evolution of the Metazoa*. Plenum, New York.（エディアカラ化石の解釈を提供したもうひとりの権威が寄稿した重要な論説。）

Narbonne, G. M. 1998. The Ediacara biota: A terminal Proterozoic experiment in the evolution of life. *GSA Today* 8（2）: 1–7.（エディアカラの古生物学を学ぶうえで最初に読むのに良い手引き。）

Runnegar, B. 1995. Vendobionta or Metazoa? Developments in understanding the Ediacara "fauna." *Neues Jahrbuch für Geologie und Paläontologie, Abhandlungen* 195: 303–318.（エディアカラ化石の形態、機能、生物学的関係を深く考察した論文。）

Seilacher, A. 1992. Vendobionta and psammocorallia: Lost constructions of Precambrian evolution. *Geological Society of London Journal* 149: 607–613.（Seilacherの刺激的で議論を呼んだ解釈が十分に練り上げられた形で記されている。）

Palaeontologists Memoir 12: 1–132.（ドウシャントゥオのチャートやリン酸塩岩のものによく似た微化石についての、見事な発見の記述。新種の命名に熱心すぎるきらいはあるが、説明は素晴らしい。）

10　動物の登場

ナマの地質学と古生物学にかんする主要文献

Droser, M. L., S. Jensen, and J. G. Gehling. 2002. Trace fossils and substrates of the terminal Proterozoic-Cambrian transition: Implications for the record of early bilaterians and sediment mixing. *Proceedings of the National Academy of Sciences, USA* 99: 12572–12576.

Germs, G. J. B. 1972. New shelly fossils from the Nama Group, Namibia（South West Africa）. *American Journal of Science* 272: 752–761.

Germs, G. J. B., A. H. Knoll, and G. Vidal. 1986. Latest Proterozoic microfossils from the Nama Group, Namibia（South West Africa）. *Precambrian Research* 73: 137–151.

Grant, S. W. F. 1990. Shell structure and distribution of *Cloudina*, a potential index fossil for the terminal Proterozoic. *American Journal of Science* 290A: 261–294.

Grotzinger, J. P., S. A. Bowring, B. Z. Saylor, and A. J. Kaufman. 1995. Biostratigraphic and geochronologic constraints on early animal evolution. *Science* 270: 598–604.

Grotzinger, J. P., W. A. Watters, and A. H. Knoll. 2000. Calcified metazoans in thrombolite-stromatolite reefs of the terminal Proterozoic Nama Group, Namibia. *Paleobiology* 26: 334–359.

Gürich, G. 1933. Die Kuibis-Fossilien der Nama Formation von Südwest-Afrika. *Paläontologische Zeitschrift* 15: 137–154.

Narbonne, G. M., B. Z. Saylor, and J. P. Grotzinger. 1997. The youngest Ediacaran fossils from southern Africa. *Journal of Paleontology* 71: 953–967.

Pflug, H. D. 1970, 1970, 1972. Zur Fauna der nama-Schichten in Südwest Afrika. I. Pteridinia, Bau und systematische Zugehörigkeit. *Palaeontographica Abteilung A* 134: 226–262; Ⅱ. Rangidae, Bau und systematische Zugehörigkeit. *Palaeontographica Abteilung A* 135: 198–231; Ⅲ. Erniettomorpha, Bau und systematische Zugehörigkeit. *Palaeontographica Abteilung A* 139: 134–170.

Wood, R. A., J. P. Grotzinger, and J. A. D. Dickson. 2002. Proterozoic modular biomineralized metazoan from the Nama Group. *Science* 296: 2383–2386.

エディアカラ化石とその解釈にかんする一般的文献

Hofmann, H. J. 1994. Problematic carbonaceous compressions（“metaphytes” and “worms”）, pp. 342–358 in S. Bengtson, editor, *Early Life on Earth*. Columbia University Press, New York.（原生代の岩石に見つかる巨視的な圧縮化石についての権威ある解説。）

Javaux, E., A. H. Knoll, and M. R. Walter. 2001. Ecological and morphological complexity in early eukaryotic ecosystems. *Nature* 412: 66–69.（原生代中期の沿岸水域で見つかる真核生物の化石の特質や分布を記録している。）

Knoll, A. H. 1994. Proterozoic and Early Cambrian protists: Evidence for accelerating evolutionary tempo. *Proceedings of the National Academy of Sciences, USA* 91: 6743–6750.（原生代後期に真核生物が多様性を増し、進化のテンポを速めたことについて語っている。）

Porter, S. M., and A. H. Knoll. 2000. Testate amoebae in the Neoproterozoic Era: Evidence from vase-shaped microfossils in the Chuar Group, Grand Canyon. *Paleobiology* 26: 360–385.（瓶《かめ》形の微化石と、有殻アメーバという現生の原生動物との関係を明らかにしている。）

Shen, Y., D. E., Canfield, and A. H. Knoll. 2002. The chemistry of mid-Proterozoic oceans: Evidence from the McArthur Basin, northern Australia. *American Journal of Science* 302: 81–109.（17 億 3000 万～16 億 4000 万年前の海盆に硫化物の豊富な深層水があったことを示す地球化学的な証拠。）

Summons, R. E., S. C. Brassell, G. Eglinton, E. Eaavans, R. J. Horodyski, N. Robinson, and D. M. Ward. 1988. Distinctive hydrocarbon biomarkers from fossiliferous sediment of the late Proterozoic Walcott Member, Chuar Group, Grand Canyon, Arizona. *Geochimica et Cosmochimica Acta* 52: 2625–2637.（原生代後期の岩石に含まれる真核生物のバイオマーカー分子を対象とした、重要な研究。）

Swift, J. 1733. From *Poetry, A Rhapsody*, reprinted in *Bartlett's Familiar Quotations*, tenth edition（1919）. Little, Brown, Boston.（スウィフトの有名な詩句の引用元。）

Vidal, G. 1976. Late Precambrian microfossils from the Visingsö beds in southern Sweden. *Fossils and Strata* 9: 1–57.（原生代の生層序学に対する世界的な関心に火を付けた論文。）

Vidal, G., and M. Moczydlowska Vidal. 1997. Biodiversity, speciation, and extinction trends of Proterozoic and Cambrian phytoplankton. *Paleobiology* 23: 230–246.（初期の真核生物の進化にかんする別の見方。Knoll 1994 を補完している。）

Zang, W., and M. R. Walter. 1992. Late Proterozoic and Cambrian microfossils and biostratigraphy, Amadeus Basin, central Australia. *Association of Australasian* a terminal Proterozoic shale: A systematic reassessment of the Miaohe biota, South China. *Journal of Paleontology* 76: 347–376.

Yuan, X., and H. J. Hofmann. 1998. New microfossils from the Neoproterozoic (Sinian) Doushantuo Formation, Weng'an, Guizhou Province, southwestern China. *Alcheringa* 22: 189–222.

Yuan, X., S. Xiao, L. Yin, A. H. Knoll, C. Zhao, and X. Mu. 2002. *Doushantuo Fossils: Life on the Eve of Animal Radiation*. University of Science and Technology of China Press, Beijing.（中国語で書かれているが、ドウシャントゥオ化石のカラー写真が多く載っているので、入手する価値はある。）

Zhang, Y. 1989. Multicellular thallophytes with differentiated tissues from late Proterozoic phosphate rocks of South China. *Lethaia* 22: 113–132.

Zhang, Y., L. Yin, S. Xiao, and A. H. Knoll. 1998. Permineralized fossils from the terminal Proterozoic Doushantuo Formation, South China. *Paleontological Society Memoir* 50: 1–52.

原生代の真核生物の生物学にかんする主要文献

Anbar, A., and A. H. Knoll. 2002. Proterozoic ocean chemistry and evolution: A bioinorganic bridge? *Science,* 297: 1137–1142.（硫化物に富んだ海が、微量元素の濃度、一次生産、さらには原生代の海における藻類の進化に対して及ぼす影響を探っている。）

Butterfield, N. J. 2000. *Bangiomorpha pubescens* n. gen., n. sp;implications for the evolution of sex, multicellularity, and the Mesoproterozoic/Neoproterozoic radiation of eukaryotes. *Paleobiology* 26: 386–404.（現生藻類と同系統に分類できる最古の真核生物の化石。）

Butterfield, N. J., A. H. Knoll, and K. Swett. 1994. 第３章の文献を参照。

Fedonkin, M. A., and E. L. Yochelson. 2002. Middle Proterozoic (1.5 Ga) *Horodyskia moniliformis* Yochelson and Fedonkin, the oldest known tissuegrade colonial eucaryote. *Smithsonian Contributions to Paleobiology* 94: 1–29.（北米で見つかった原生代中期の岩石に含まれる、「数珠状」の巨視的な化石について記録している。）

German, T. N. 1990. *Organic world one billion years ago*. Nauka, Leningrad, 52 pp.（シベリアの岩石に存在する初期の真核生物の化石を知るための手引き。図版が多く、二か国語で記されている。）

Grey, K., and I. R. Williams. 1990. Problematic bedding-plane markings from the middle Proterozoic Manganese Subgroup, Bangemall Basin, Western Australia. *Precambrian Research* 46: 307–327.（原生代中期の砂岩の層理面に痕跡を残す、巨視的な「数珠状」化石について、豊富な図版とともに語っている。）

Sogin, M. 1997. History assignment: When was the mitochondrion founded? *Current Opinion in Genetics and Development* 7: 792–799.（真核細胞におけるミトコンドリアの起源にかんする別の仮説を語った刺激的な論文。）

Sogin, M. L., J. H. Gunderson, H. J. Elwood, R. A. Alonso, and D. A. Peattie. 1989. Phylogenetic meaning of the kingdom concept—an unusual ribosomal-RNA from *Giardia lamblia. Science* 243: 75–77.（真核生物の系統関係を、リボソームの小さなサブユニットの RNA の遺伝子から推測して検討した古典的な論文。）

Thomas, L. 1979. *The Medusa and the Snail.* Viking Press, New York.［邦訳：『歴史から学ぶ医学』（大橋洋一訳、思索社）］（委員会と生物にかんする Thomas の名言はここからとった。）

9　初期の真核生物の化石

ドウシャントゥオの地質学と古生物学にかんする主要文献

ここに挙げた論文の大半は英語で書かれている。だがこれらの文献は、興味のある読者に対し、中国語の参考文献も多く紹介している。

Barfod, G. H., F. Albarède, A. H. Knoll, S. Xiao, J. Baker, and R. Frei. 2002. New Lu-Hf and Pb-Pb age constraints on the earliest animal fossils. *Earth and Planetary Science Letters* 201: 203–212.

Chen, M., and Z. Zhao. 1992. Macrofossils from upper Doushantuo Formation in eastern Yangtze Gorges, China. *Acta Palaeontologica Sinica* 31: 513–529.

Li, C.-W., J.-Y. Chen, and T.-E. Hua. 1998. Precambrian sponges with cellular structures. *Science* 279: 879–882.

Steiner, M. 1994. Die neoproterozoischen Megalgen Südchinas. *Berliner geowissenschaftliche Abhandlungen (E)* 15: 1–146.

Xiao, S., and A. H. Knoll. 2000a. Phosphatized animal embryos from the Neoproterozoic Doushantuo Formation at Weng'an, Guizhou, South China. *Journal of Paleontology* 74: 767–788.

Xiao, S., and A. H. Knoll 2000b. Eumetazoan fossils in terminal Proterozoic phosphorites? *Proceedings of the National Academy of Sciences, USA* 97: 13684–13689.

Xiao, S., M. Yuan, and A. H. Knoll. 1998. Morphological reconstruction *of Maiohephyton bifurcatum*, a possible brown alga from the Doushantuo Formation（Neoproterozoic）, South China, and its implicatiuons for stramenopile evolution. *Journal of Paleontology* 72: 1072–1086.

Xiao, S., X. Yuan, M. Steiner, and A. H. Knoll. 2002. Carbonaceous macrofossils in

Enigmatic Smile. Columbia University Press, New York.（やや内容が古いが、Lynn Margulis のアイデアを理解するための魅力的な手引き。）

Embley, T. M., and R. P. Hirt. 1998. Early branching eukaryotes? *Current Opinion in Genetics and Development* 8: 624–629.（真核生物の系統関係にかんする最近の研究成果を読みやすくまとめたもの。ミトコンドリアのない真核生物の核内ゲノムに存在するミトコンドリア遺伝子の研究について論じ、あれこれ言及している。）

Hartman, H., and A. Federov. 2002. The origin of the eukaryotic cell: A genomic investigation. *Proceedings of the National Academy of Sciences, USA* 99: 1420–1425.（真核生物だけに見つかる遺伝子が、真核細胞を誕生させた原初の共生に第三のパートナーが存在した事実を記録している、と主張する論文。）

Khakhina, L. N. 1992. *Concepts of Symbiogenesis. A Historical and Critical Account of the Research of Russian Botanists*. Yale University Press, New Haven, Conn.（Merezhkovsky をはじめ、細胞内共生説の初期の提唱者の成果を論じた手引き。）

Margulis, L. 1981. *Symbiosis in Cell Evolution*. W. H. Freeman, San Francisco.［邦訳：『細胞の共生進化』（永井進監訳、学会出版センター）］（Margulis の見方を記した名著。1993 年に改訂新版が刊行されている。）

Martin, W., and M. Müller. 1998. The hydrogen hypothesis for the first eukaryote. *Nature* 392: 37–41.（Martin と Müller の興味深い仮説。挑戦的ではあるが刺激的。）

Moreira, D., and P. López-Garcia. 1998. Symbiosis between methanogenic Archaea and δ-Proteobacteria as the origin of eukaryotes: The syntrophic hypothesis. *Journal of Molecular Evolution* 47: 517–530.（真核生物が生命史の初期に古細菌とプロテオバクテリアの共生によって生まれたというアイデアを独自に提唱している。細かい点でマーティン－ミュラーの仮説とは違う。）

Palmer, J. D. 1997. Organelle genomes: Going, going, gone! *Nature* 275: 790–791.（ヒドロゲノソームがミトコンドリアと似た内部共生体に由来し、すべての遺伝子を失ったとする仮説を裏付ける研究を〔参考文献とともに〕論じた読みやすい総説。）

Roger, A. J. 1999. Reconstructing early events in eukaryotic evolution. *The American Naturalist* 154, supplement: S146–S163.（真核生物の進化に対する分子生物学的なアプローチをうまくまとめている。）

Sagan, L. 1967. On the origin of mitosing cells. *Journal of Theoretical Biology* 14: 225–274.（Lynn Margulis――このころは Lynn Sagan――がミトコンドリアと葉緑体の内部共生的な起源について述べた最初の論文。当時は異論も多かったが、今では権威ある古典と見なされている。）

についてまとめたもの――ストロマトライトの「種《しゅ》」とは実のところ何かわからないと思ったら、大雑把に定量化した議論として読むといい。)

Schopf, J. W. 1968. Microflora of the Bitter Springs Formation, late Precambrian, central Australia. *Journal of Paleontology* 42: 651–688.(原生代のチャートに含まれたシアノバクテリアについて語った先駆的文献。)

Walter, M. R. 1994. Stromatolites: The main source of information on the evolution of the early benthos, pp. 270–286 in S. Bengtson, editor, *Early Life on Earth*. Columbia University Press, New York.(1976年に Walter が編纂した名著の内容を個人的に更新したもの――第3章の文献を参照。)

Whitton, B. A., and M. Potts, editors. 2000. *The Ecology of Cyanobacteria: Their Diversity in Time and Space*. Kluwer Academic Publishers, Dordrecht, Netherlands.(シアノバクテリアの生態を解説した最新の手引き。)

8 真核細胞の起源

真核生物の進化と系統関係にかんする主要文献

Baldauf, S. L., A. J. Roger, I. Wenk-Siefert, and W. F. Doolittle. 2000. A kingdom-level phylogeny of eukaryotes based on combined protein data. *Science* 290: 972–977.(真核生物の系統関係を知るための最良の手引き。)

Bui, E. T. N., P. J. Bradley, and P. J. Johnson. 1996. A common evolutionary origin for mitochondria and hydrogenosomes. *Proceedings of the National Academy of Sciences, USA* 93: 9651–9656.(ヒドロゲノソームをミトコンドリアやプロテオバクテリアと関係づけた重要な論文。)

Clark, C. G., and A. J. Roger. 1995. Direct evidence for secondary loss of mitochondria in *Entamoeba histolytica*. *Proceedings of the National Academy of Sciences, USA* 92: 6518–6521.(この論文は、ミトコンドリアのない真核生物の細胞核に存在する「ミトコンドリアに由来する遺伝子」の研究の端緒となった。その意味でこれは、真核生物の初期の進化に対するわれわれの見方を一変させた。)

Delwiche, C. F. 1999. Tracing the thread of plastid diversity through the tapestry of life. *American Naturalist* 154: S164–S177.(一次、二次、三次共生によって真核生物に光合成が広まったプロセスを見事にまとめている。)

Douglas, S., and 9 others. 2001. The highly reduced genome of an enslaved algal nucleus. *Nature* 410: 1091–1096.(真核生物の系統に葉緑体が定着する際に共生体と宿主のあいだでなされる相互作用について、ゲノムの観点から取り組んだ研究。)

Dyer, B. D., and R. A. Obar. 1994. *Tracing the History of Eukaryotic Cells: The*

Archaeoellipsoides: Akinetes of heterocystous cyanobacteria. *Lethaia* 28: 285–298.
Knoll, A. H., and M. A. Semikhatov. 1998. The genesis and time distribution of two distinct Proterozoic stromatolite microstructures. *Palaios* 13: 408–422.
Sergeev, V. N., A. H. Knoll, and J. P. Grotzinger. 1995. Paleobiology of the Mesoproterozoic Billyakh Group, Anabar Uplift, northern Siberia. *Paleontological Society Memoir* 39, 37 pp.
Veis, A. F., and N. G. Vorbyeva. 1992. Riphean and Vendian microfossils of the Anabar Uplift. *Izvestia RAN, Seria geologocheskaya* 1: 114–130.（ロシア語）

シアノバクテリアとストロマトライトにかんする文献

Giovannoni, S. J., S. Turner, G. L. Olsen, S. Barns, D. J. Lane, and N. R. Pace. 1988. Evolutionary relationships among cyanobacteria and green chloroplasts. *Journal of Bacteriology* 170: 3584–3692.（シアノバクテリア同士の進化上の関係を推測するのに分子配列のデータを利用している重要な論文。）
Golubic, S. 1973. The relationship between blue-green algae and carbonate deposits, pp. 434–472 in N. G. Carr and B. A. Whitton, editors, *The Biology of Blue-Green Algae*. Oxford University Press, Oxford.（シアノバクテリアと炭酸塩岩が互いにどう影響し合っているのかに興味がある人のための基本的な解説。）
Grotzinger, J. P., and A. H. Knoll. 1999. 第3章の文献を参照。
Knoll, A. H., and S. Golubic. 1992. Living and fossil cyanobacteria, pp. 450–462 in M. Schidlowski, S. Golubic, M. M. Kimberley, and P. A. Trudinger, editors, *Early Organic Evolution: Implications for Mineral and Energy Resources*. Springer-Verlag, Berlin.（シアノバクテリアの化石と現生種を細かく比較することでシアノバクテリアの進化に対する理解が増した事実について、まとめている。）
Lenski, R., and M. Travasiano. 1994. Dyanmics of adaptation and diversification: A 10,000 generation experiment with bacterial populations. *Proceedings of the National Academy of Sciences, USA* 91: 6808–6814.（長期的な実験で細菌の進化のテンポを調べた重要な論文。）
Niklas, K. J. 1994. Morphological evolution through complex domains of fitness. *Proceedings of the National Academy of Sciences, USA* 91: 6772–6779.（適応地形に急峻なものとなだらかなものがある理由を深く探った研究。）
Provine, W. B. 1986. *Sewall Wright and Evolutionary Biology*. University of Chicago Press, Chicago, IL.（Wright と彼の成果——適応地形の概念も含む——について。）
Raaben, M. E., and M. A. Semikhatov. 1994. Dynamics of the global diversity of the suprageneric groupings of Proterozoic stromatolites. *Doklady, Russian Academy of Sciences* 349: 234–238.（ストロマトライトの多様性の経時的変化

考えるうえで重要な論文。)

Catling, D. C., K. J. Zahnle, and C. P. McKay. 2001. Biogenic methane, hydrogen escape, and the irreversible oxidation of early Earth. *Science* 293: 839–843.(原生代初期に酸素濃度が上昇しだしたのはなぜかという謎に対し、ひとつの解答を提示している。)

Cloud, P. E. 1968. A working model of the primitive Earth. *American Journal of Science* 272: 537–548.(大気の歴史についての伝統的な見方を、考案した主唱者のひとりが要点をまとめたもの。)

Des Marais, D. J. 1997. 第3章の文献を参照。

Farquhar J., H. M. Bao, and M. Thiemens. 2000. Atmospheric influence of Earth's earliest sulfur cycle. *Science* 289: 756–758.(質量に依存しない硫黄同位体分別効果を大気の歴史の議論に持ち込んだ論文。)

Habicht K. S., and D. E. Canfield. 1996. Sulphur isotope fractionation in modern microbial mats and the evolution of the sulphur cycle. *Nature* 382: 342–343.(現生の細菌による硫黄同位体分別効果の測定結果をもとに、地球化学的な記録の解釈を絞り込んだ、重要な論文。)

Ohmoto, H. 1996. Evidence in pre-2.2 Ga paleosols for the early evolution of atmospheric oxygen and terrestrial biotas. *Geology* 24: 1135–1138.(酸素が太古代の大気や海水に比較的豊富にあったとする少数派の見方が、わかりやすく表明されている。)

Rasmussen, B., and R. Buick. 1999. Redox state of the Archean atmosphere: Evidence from detrital heavy minerals in ca. 3250–2750 Ma sandstones from the Pilbara Craton, Australia. *Geology* 27: 115–118.(太古代後期の地層に含まれる砕屑状の菱鉄鉱その他の鉱物が、初期の大気に酸素が乏しかった事実を示すと語っている、重要な論文。)

Rye, R., and H. D. Holland. 1998. Paleosols and the evolution of atmospheric oxygen: A critical review. *American Journal of Science* 298: 621–672.(Holland らが大気の変遷を精査するのに使った太古の土壌層位のデータを概説している。)

7　微生物のヒーロー、シアノバクテリア

ビリャフ層群の化石と地質学にかんする主要文献

Bartley, J. K., A. H. Knoll, J. P. Grotzinger, and V. N. Sergeev. 1999. Lithification and fabric genesis in precipitated stromatolites and associated peritidal dolomites, Mesoproterozoic Billyakh Group, Siberia. *SEPM Special Publication* 67: 59–74.

Golubic, S., V. N. Sergeev, and A. H. Knoll. 1995. Mesoproterozoic

詳細に述べられている。）
Szostak, J. W., D. P. Bartel, and P. L. Luisi. 2001. Synthesizing life. *Nature* 409: 387–390.（触媒となるRNA分子が進化を促すことを実証する実験の手引き。）

6 酸素革命

ガンフリントその他の太古代後期／原生代初期の古生物学にかんする主要文献

Amard, B., and J. Bertrand-Sarfati. 1997. Microfossils in 2000 My old cherty stromatolites of the Franceville Group, Gabon. *Precambrian Research* 81: 197–221.
Awarmik, S. M., and E. S. Barghoorn. 1977. The Gunflint microbiota. *Precambrian Research* 20: 357–374.
Barghoorn, E. S., and S. M. Tyler. 1965. Microfossils from the Gunflint chert. *Science* 147: 563–577.
Brocks J. J., G. A. Logan, R. Buick, and R. E. Summons. 1999. Archean molecular fossils and the early rise of eukaryotes. *Science* 285: 1033–1036.
Cloud, P. 1965. The significance of the Gunflint (Precambrian) microflora. *Science* 148: 27–35.
Golubic, S., and H. J. Hofmann. 1976. Comparison of Holocene and mid-Precambrian Entophysalidaceae (Cyanophyta) in stromatolitic algal mats: Cell division and degradation. *Journal of Paleontology* 50: 1074–1082.
Hofmann, H. J. 1976. Precambrian microflora, Belcher Islands, Canada: Significance and systematics. *Journal of Paleontology* 50: 1040–1073.
Knoll, A. H., E. S. Barghoorn, and S. M. Awramik. 1978. New organisms from the Aphebian Gunflint Iron Formation, Ontario. *Journal of Paleontology* 52: 976–992.
Knoll, A. H., P. K. Strother, and S. Rossi. 1988. Distribution and diagenesis of microfossils from the lower Proterozoic Duck Creek Dolomite, Western Australia. *Precambrian Research* 38: 257–279.
Lanier, W. P. 1989. Interstitial and peloidal microfossils from the 2.0 Ga Gunflint Formation: Implications for the paleoecology of the Gunflint stromatolites. *Precambrian Research* 45: 291–318.
Simonson, B. M. 1985. Sedimentological constraints on the origins of Precambrian iron-formations. *Geological Society of America Bulletin* 96: 244–252.

原生代初期の酸素革命にかんする主要文献

Canfield D. E. 1998. A new model for Proterozoic ocean chemistry. *Nature* 396: 450–453.（原生代初期の海洋で硫化水素の生成が盛んになったために鉄鉱層が消えたという説を明快に語っている——生物圏の酸化還元の歴史について

理的なプロセスで生じたと主張しているもうひとつの文献。）

5　生命誕生の謎

Brack, A., editor. 1999. *The Molecular Origins of Life: Assembling Pieces of the Puzzle.* Cambridge University Press, Cambridge.（生命の起源を探る研究の第一人者らによる小論をまとめた優れた本。）

Darwin, C. 1969. *The Life and Letters of Charles Darwin*, volume 3. Johnson Reprint Corporation, New York. Originally published in 1887 by J. Murray, London.（Darwin の Hooker に宛てた手紙が載っている。）

Darwin, E. 1804. *The Temple of Nature.* Reprinted by Pergamon, Elmsford, New York.（Erasmus Darwin が生命の起源と進化のあらましを詩で表現している。）

Fry, I. 2000. *The Emergence of Life on Earth: A Historical and Scientific Overview.* Rutgers University Press, New Brunswick, N. J.（生命の起源の話を一冊で語ったものとしては最高の本。著者は科学哲学者。）

Gilbert, W. 1986. The RNA world. *Nature* 319: 618.（生命の起源に対する RNA 酵素の意味について述べた、短いが重要な論文。）

James, K. D., and A. D. Ellington. 1995. The search for missing links between self-replicating nucleic acides and the RNA world. *Origins of Life and Evolution of the Biosphere* 25: 515–530.（RNA ワールドにつながる前駆体を綿密に解説したもの。）

Joyce, G. F. 2002. The antiquity of RNA-based evolution. *Nature* 418: 214–221.（生命誕生に RNA が果たした役割について論じた、優れた総説。）

Lee, D. H., J. R. Granja, J. A. Martinez, Kay Severin, and M. R. Ghadiri. 1996. A self-replicating peptide. *Nature* 382: 525–528.（生命の起源にタンパク質様の単純な分子による自己複製が関係している可能性について、実験的証拠を提示している。）

Miller, S. L. 1953. A production of amino acids under possible primitive Earth conditions. *Science* 117: 527–528.（生命の起源を探る端緒となった実験。）

Orgel, L. E. 1994. The origin of life on the Earth. *Scientific American* 271（10）: 77–83.（化学的な進化を解説した権威ある手引き。）

Pace, N., and T. Marsh. 1986. RNA catalysis and the origin of life. *Origins of Life* 16: 97–116.（リボザイムの発見と、それが生命誕生以前および初期の生物の進化に果たした役割について語った、優れた論文。）

Wächtershäuser, G. 1992. Groundwork for an evolutionary biochemistry: The iron-sulphur world. *Progress in Biophysics and Molecular Biology* 58: 85–201.（生命が熱水噴出口で発生したという、代謝が最初と考えた Wächtershäuser の見方が、

Westall, F., M. J. de Wit, J. Dann, S. van der Gaast, C. E. J. de Ronde, and D. Gerneke. 2001. Early Archean fossil bacteria and biofilms in hydrothermally influenced sediments from the Barberton greenstone belt, South Africa. *Precambrian Research* 106: 93–116.

太古代初期の地球にかんする一般的文献

Bowring, S. A., and T. Housh. 1995. The Earth's early evolution. *Science* 269: 1535–1540.（最近得られた地球化学的なデータが初期の地球史に対する見方をどう変えつつあるかという話をまとめたもの。）

Fedo, C. M., and M. J. Whitehouse. 2002. Metasomatic origin of quartz-pyroxene rock, Akilia, Greenland, and implications for Earth's earliest life. *Science* 296: 1448–1452.（Mojzsis ら――下を参照――がアキリアの岩石に見つけた生物痕跡らしきものが、実は変成作用における物理的なプロセスで生じたと主張している。）

Kasting, J. F. 1993. Earth's early atmosphere. *Science* 259: 920–926.（地球化学的なデータと大気のモデリングを利用して太古代の空気を推測している優れた総説。）

Mojzsis, S. J., G. Arrhenius, K. D. McKeegan, T. M. Harrison, A. P. Nutman, and C. R. L. Friend. 1996. Evidence for life on Earth before 3,800 million years ago. *Nature* 384: 55–59.（非常に古い岩石に存在する同位体の生物痕跡を支持する論拠を述べているが、現在は論議の的となっている。）

Mojzsis, S. J., T. M. Harrison, and R. T. Pidgeon. 2001. Oxygen-isotope evidence from ancient zircons for liquid water at the Earth's surface 4,300 Myr ago. *Nature* 409: 178–181.（太古の砂岩に含まれる鉱物粒の化学組成をもとに、初期の地球の状況を考察している。）

Rasmussen, B. 2000. Filamentous microfossils in a 3,235-million-year-old volcanogenic massive sulphide. *Nature* 405: 676–679.（微生物の化石と確実に言えそうな最古のものかもしれない。）

Rosing, M. T., 1999. C-13-depleted carbon microparticles in ＞ 3700-Ma sea-floor sedimentary rocks from west Greenland. *Science* 283: 674–676.（太古の岩石の同位体組成を調べた結果。）

Schopf, J. W., editor. 1983. *Earth's Earliest Biosphere*. Princeton University Press, Princeton, N. J., 543 pp.（初期の地球と生命にかんする情報の宝庫――内容は古いが刺激的。）

Van Zuilen, M., A. Lepland, and G. Arrhenius. 2002. Reassessing the evidence for the earliest traces of life. *Nature* 418: 627–630.（Mojzsis ら――上を参照――がアキリアの岩石に見つけた生物痕跡らしきものが、実は変成作用における物

American 245 (10) : 64–73.

Hofmann, H. J., K. Grey, A. H. Hickman, and R. I. Thorpe. 1999. Origin of 3.45 Ga coniform stromatolites in Warrawoona Group, Western Australia. *Geological Society of America Bulletin* 111: 1256–1262.

Kerr, R. A. 2002. Reversals reveal pitfalls in spotting ancient and E. T. life. *Science* 296: 1384–1385.

Lowe, D. R. 1983. Restricted shallow water sedimentation of early Archaean stromatolitic and evaporitic strata of the Strelley Pool chert, Pilbara Block, Western Australia. *Precambrian Research* 19: 239–248.

Lowe, D. R. 1994. Abiological origin of described stromatolites older than 3.2. Ga. *Geology* 22: 387–390.

Schopf, J. W. 1993. Microfossils of the early Archean Apex Chert: New evidence of the antiquity of life. *Science* 260: 640–646.

Schopf, J. W., A. B. Kudryavtsev, D. G. Agresti, T. Wdowiak, and A. D. Czaja. 2002. Laser-Raman imagery of Earth's earliest fossils. *Nature* 416: 73–76.

Schopf, J. W., and B. Packer. 1987. Early Archean (3.3-billion to 3.5-billion-year-old) microfossils from Warrawoona Group, Australia. *Science* 237: 70–73.

Shen, Y., D. Canfield, and R. Buick. 2001. Isotopic evidence for microbial sulphate reduction in the early Archaean ocean. *Nature* 410: 77–81.

Walter, M. R., R. Buick, and J. S. R. Dunlop. 1980. Stromatolites 3,400–3,500 Myr old from the North Pole area, Western Australia. *Nature* 284: 443–445.

バーバートンの古生物学にかんする主要文献

Byerly, G. R., D. R. Low, and M. M. Walsh. 1986. Stromatolites from the 3,300–3,500-Myr Swaziland Supergroup, Barberton Mountain Land, South Africa. *Nature* 319: 489–491.

Knoll, A. H., and E. S. Barghoorn. 1977. Archean microfossils showing cell division from the Swaziland System of South Africa. *Science* 198: 396–398.

Lowe, D. R., and G. R. Byerly, editors. 1999. Geological evolution of the Barberton Greenstone Belt, South Africa. *Geological Society of America Special Paper* 329.

Walsh, M. M. 1992. Microfossils and possible microfossils from the early Archean Onverwacht Group, Barberton Mountain Land, South Africa. *Precambrian Research* 54: 271–293.

Walsh, M. M., and D. R. Lowe. 1999. Modes of accumulation of carbonaceous matter in the early Archean: A petrographic and geochemical study of the carbonaceous cherts of the Swaziland Supergroup. *Geological Society of America Special Paper* 329: 115–132.

時代の微化石を論じた、図版の豊富な最新の総説。)
Knoll, A. H., and D. E. Canfield. 1998. Isotopic inferences on early ecosystems. *The Paleontological Society Papers* 4: 211–243.(先カンブリア時代の研究にかんして、同位体と古生物学と系統関係の情報をまとめた初歩的な解説。)
Schopf, J. W. 1999. *Cradle of Life*. Princeton University Press, Princeton, N. J.[邦訳:『失われた化石記録』(阿部勝巳訳、講談社)](先カンブリア時代の古生物学について、初期の進展を当事者が語った本。)
Schopf, J. W., and C. Klein, editors. 1992. *The Proterozoic Biosphere: A Multidisciplinary Study*. Cambridge University Press, Cambridge.(先カンブリア時代の純古生物学の全要素をカバーする大部の権威書だが、今ではやや内容が古い。)
Summons, R. E., and M. R. Walter. 1990. Molecular fossils and microfossils of prokaryotes and protists from Proterozoic sediments. *American Journal of Science* 290A: 212–244.(先カンブリア時代の堆積岩に含まれるバイオマーカーについて述べた、専門的かつ手ごろな手引き。)
Walter, M. R., editor. 1976. *Stromatolites*. Elsevier, Amsterdam.(20年以上昔の本だが、今なお先カンブリア時代のストロマトライト研究のバイブル。)

4　生命の最初の兆し

ワラウーナの地質学と古生物学にかんする主要文献

Barley, M. E., and S. E. Loader, editors. 1998. The tectonic and metallogenic evolution of the Pilbara Craton. *Precambrian Research* 88: 1–265.(ワラウーナ層群および関連する岩石についての地殻構造的・地質年代的なデータの概論。重晶石の塊をはじめ、ワラウーナの地質学的特徴を扱ったNijmanらの論文を含む。)
Brasier, M. D., O. R. Green, A. P. Jephcoat, A. K. Kleppe, M. J. van Kranendonk, J. F. Lindsay, A. Steele, and N. V. Grassineau. 2002. Questioning the evidence for Earth's oldest fossils. *Nature* 416: 76–81.
Buick, R., J. S. R. Dunlop, and D. I. Groves. 1983. Stromatolite recognition in ancient rocks: An appraisal of irregularly laminated structures in an early Archaean chert-barite unit from North Pole, Western Australia. *Alcheringa* 5: 161–181.
Buick, R., J. R. Thornett, N. J. McNaughton, J. B. Smith, M. E. Barley, and M. Savage. 1996. Record of emergent continental crust ~3.5 billion years ago in the Pilbara Craton of Australia. *Nature* 375: 574–577.
Groves, D. I., J. S. R. Dunlop, and R. Buick. 1981. An early habitat of life. *Scientific*

Stetter, K. O. 1996. Hyperthermophiles in the history of life. *Ciba Foundation Symposium* 202: 1–18.（この生物にかんする研究の草分けのひとりが書いた、古細菌の多様性と生態の解説。）

Woese, C. R. 1987. Bacterial evolution. *Microbiological Reviews* 51: 221–271.（Woeseの先駆的な見方をまとめた総説。リボソームの小さなサブユニットのRNAについて、遺伝子の分子配列を比較して、細菌の系統史を明らかにしている。）

3　太古の岩石に刻まれた生命のしるし

スピッツベルゲンを対象とした先カンブリア時代の古生物学にかんする主要文献

Butterfield, N. J., A. H. Knoll, and K. Swett. 1994. Paleobiology of the Neoproterozoic Svanbergfjellet Formation, Spitsbergen. *Fossils and Strata* 34: 1–84.

Harland, W. B. 1997. *The Geology of Svalbard.* Geological Society Memoir 17,521 pp.

Knoll, A. H., J. M. Hayes, A. J. Kaufman, K. Swett, and I. B. Lambert. 1986. Secular variation in carbon isotopic ratios from upper Proterozoic successions of Svalbard and East Greenland. *Nature* 321: 832–838.

Knoll, A. H., and K. Swett. 1990. Carbonate deposition during the late Precambrian era: An example from Spitsbergen. *American Journal of Science* 290A: 104–131.

Knoll, A. H., K. Swett, and J. Mark. 1991. Paleobiology of a Neoproterozoic tidal flat/lagoonal complex: The Draken Conglomerate Formation, Spitsbergen. *Journal of Paleontology* 65: 531–570.

先カンブリア時代の純古生物学にかんする一般的文献

Des Marais, D. J. 1997. Isotopic evolution of the biogeochemical carbon cycle during the Proterozoic eon. *Organic Geochemistry* 27: 185–193.（同位体のデータを利用した太古の生物地球化学的システムの再現について述べた、難解だが読みごたえのある論説。）

Grotzinger, J. P., and A. H. Knoll. 1999. Precambrian stromatolites: Evolutionary milestones or environmental dipsticks? *Annual Review of Earth and Planetary Sciences* 27: 313–358.（太古のストロマトライトの解釈にかんする詳細な議論。）

Knoll, A. H. 1996. Archean and Proterozoic paleontology, pp. 51–80 in J. Jansonius and D. C. MacGregor, editors, *Palynology: Principles and Applications*, volume I. American Association of Stratigraphic Palynologists Press, Tulsa.（先カンブリア

Gould, S. J., and N. Eldredge. 1993. Punctuated equilibrium comes of age. *Nature* 366: 223–227.（断続平衡説の考えと、層序パターンと進化のプロセスとの関連性についての論説。）

2　生命の系統樹

Bult, C. L., and 40 others. 1996. Complete genome sequence of the methanogenic archaeon *Methanococcus janaschii. Science* 273: 1058–1073.（微生物のゲノムを公表した初期の文献のなかでも、この論文はまぎれもなく古細菌特有の生物学的性質を明らかにしたものと言える。）

Doolittle, W. F. 1994. Tempo, mode, the progenote, and the universal ancestor. *Proceedings of the National Academy of Sciences, USA* 91: 6721–6728.（分子生物学者たちが重複遺伝子を使って生命の系統樹の根を探した経緯を生き生きと綴った概説。）

Doolittle, W. F. 2000. Uprooting the Tree of Life. *Scientific American* 282（2）: 90–95.（遺伝子にもとづく系統樹と、生物の系統史と、微生物の進化研究からわかった両者の違いにかんする議論。）

Fitz-Gibbon, S. T., and C. H. House. 1999. Whole genome-based phylogenetic analysis of free-living microorganisms. *Nucleic Acids Research* 27: 4218–4222.（リボソーム RNA の配列にもとづく系統樹と全ゲノム解析にもとづく系統史を丹念に比較した結果を示す。）

Madigan, M. T., J. M. Martinko, and J. Parker. 1999. *Brock Biology of Microorganisms,* eighth edition. Prentice Hall, New York.［原著第 9 版の邦訳：『Brock 微生物学』（室伏きみ子・関啓子監訳、オーム社）］（細菌と古細菌にかんする生物学とそれらの多様性について学ぶのに良い教科書。）

Miller, R. V. 1998. Bacterial gene swapping in nature. *Scientific American* 278（1）: 67–71.（細菌による遺伝子の水平移動にかんする初歩的な解説。）

Nealson, K. H. 1997. Sediment bacteria: Who's there, what are they doing, and what's new? *Annual Review of Earth and Planetary Science* 25: 403–434.（微生物の代謝と生態にかんする優れた手引き。）

Ochman, H., J. G. Lawrence, and E. A. Grossman. 2000. Lateral gene transfer and the nature of bacterial innovation. *Nature* 405: 299–304.（細菌の進化で遺伝子の水平移動が演じた役割について、次々と明らかになっている事実を語った最新の解説。上記 Miller 1998 よりも論じ方が高度。）

Pace, N. R. 1997. A molecular view of microbial diversity and the biosphere. *Science* 276: 734–740.（分子生物学が微生物の進化と生態の理解をどう変えたかをまとめた見事な論文。）

参考文献

プロローグ

Whitman, W. 1993. When I heard the learn'd astronomer, p. 340 in Leaves of Grass. Reprint of the "Deathbed Edition," originally published in 1892. Modern Library, New York.［邦訳：『草の葉』（酒本雅之訳、岩波書店）］

1　初めに何があった?

コトゥイカンの地質と古生物にかんする主要文献

Bowring, S. A., J. P. Grotzinger, C. E. Isachsen, A. H. Knoll, S. M. Pelechaty, and P. Kolosov. 1993. Calibrating rates of Early Cambrian evolution. *Science* 261: 1293–1298.

Kaufman, A. J., A. H. Knoll, M. A. Semikhatov, J. P. Grotzinger, S. B. Jacobsen, and W. Adams. 1996. Integrated chronostratigraphy of Proterozoic-Cambrian boundary beds in the western Anabar region, northern Siberia. *Geological Magazine* 133: 509–533.

Khomentovsky, V. V., and G. A. Karlova. 1993. Biostratigraphy of the Vendian-Cambrian beds and the lower Cambrian boundary in Siberia. *Geological Magazine* 130: 29–45.

Rozanov, A. Yu. 1984. The Precambrian/Cambrian boundary in Siberia. *Episodes* 7: 20–24.

一般的文献

Barnes, J. 1986. *Staring at the Sun*. Jonathan Cape, London.［邦訳：『太陽をみつめて』（加藤光也訳、白水社）］（冒頭の引用の出典。許可を得て転載。）

Conway Morris, S. 1998. *The Crucible of Creation: The Burgess Shale and the Rise of Animals*. Oxford University Press, Oxford.（カンブリア爆発についての、個性的でありながら信頼のできる記述。）

Darwin, C. 1859. *On the Origin of Species by Means of Natural Selection*. J. Murray, London.［邦訳：『種の起原』（渡辺政隆訳、光文社）］（あちこちで引用されるこの Darwin の最高傑作は、近代生物学の礎となっている。）

Fortey, R. 1996. *Life: A Natural History of the First Four Billion Years of Life on Earth*. Alfred Knopf, New York.［邦訳：『生命 40 億年全史』（渡辺政隆訳、草思社）］（古生物学とその研究者について知るための入門書だが、初期の動物の進化については言い残しが多い。）

【ま─も】

【は―ほ】

【な一の】

【たーと】

【さ―そ】

索引

光文社未来ライブラリーは、
海外·国内で評価の高いノンフィクション·学術書籍を
厳選して文庫化する新しい文庫シリーズです。
最良の未来を創り出すために必要な「知」を集めました。

本書は2005年7月に紀伊國屋書店より
単行本として刊行された作品に
新たな「まえがき」を追加して文庫化したものです。

光文社未来ライブラリー

生命《せいめい》　最初《さいしょ》の30億年《おくねん》
地球《ちきゅう》に刻《きざ》まれた進化《しんか》の足跡《そくせき》

著者 アンドルー・H・ノール
訳者 斉藤隆央《さいとうたかお》

2023年9月20日　初版第1刷発行

カバー表1デザイン　華本達哉（aozora）
本文・装幀フォーマット　bookwall
発行者　三宅貴久
印　刷　新藤慶昌堂
製　本　ナショナル製本
発行所　株式会社光文社
〒112-8011東京都文京区音羽1-16-6
連絡先　mirai_library@gr.kobunsha.com（編集部）
03（5395）8116（書籍販売部）
03（5395）8125（業務部）
www.kobunsha.com
落丁本・乱丁本は業務部へご連絡くだされば、お取り替えいたします。

ISBN978-4-334-10049-0　Printed in Japan

光文社未来ライブラリー　好評既刊

ありえない138億年史
宇宙誕生と私たちを結ぶビッグヒストリー

ウォルター・アルバレス
山田美明 訳

今の世界を理解するには、宇宙誕生から現在までの通史――「ビッグヒストリー」の考え方が必要だ。恐竜絶滅の謎を解明した地球科学者による科学エッセイ。鎌田浩毅氏推薦・解説。

昆虫はもっとすごい

丸山宗利
養老孟司
中瀬悠太

「昆虫の面白すぎる生態」「社会生活は昆虫に学べ！」「あっぱれ！　昆虫のサバイバル術」「昆虫たちの生きる環境は今？」――〝虫屋〟トリオが昆虫ワールドの魅力を語りつくす！

数字が苦手じゃなくなる

山田真哉

168万部の『さおだけ屋はなぜ潰れないのか？』の続編にして52万部の『食い逃げされてもバイトは雇うな』シリーズ（上・下）を合本。数字の見方・使い方を2時間でマスター！

誰もが嘘をついている
ビッグデータ分析が暴く人間のヤバい本性

セス・スティーヴンズ＝ダヴィドウィッツ
酒井泰介 訳

検索は口ほどに物を言う！　グーグルやポルノサイトの膨大な検索履歴から、人々の秘められた欲望、社会の実相をあぶり出した全米ベストセラー。（序文・スティーブン・ピンカー）

子どもは40000回質問する
あなたの人生を創る「好奇心」の驚くべき力

イアン・レズリー
須川綾子 訳

「好奇心格差」が「経済格差」に！　知ることへの意欲＝好奇心は成功や健康にまで大きな影響を及ぼす。好奇心はなぜ人間に必要なのか、どのように育まれるかを解明する快著。